计算机专业"十四五"精品教材

算法与数据结构

主　编　陈　吉　龚道军　王红冉
副主编　谭红英　李会珍　王　超
　　　　杨　柳　杨立辉

北京希望电子出版社
Beijing Hope Electronic Press
www.bhp.com.cn

内 容 简 介

本书由浅入深地讲解了算法的核心内容，并通过大量实例讲解算法的应用与算法实现，将理论知识贯穿于应用中，体现了理论与应用相结合的理念。全书共 8 章，内容包括：算法是程序的灵魂，常用的算法思想，线性表、栈和队列，树，图，查找算法，内部排序算法，经典问题的算法与实现，等等。

本书结构合理，内容翔实，语言精炼，案例经典实用且覆盖面广，本书既可作为应用型本科院校、职业院校计算机及信息管理等专业的教材，也适合从事软件开发的程序员及编程爱好者使用。书中的有些实例来自实际项目，读者可以参考使用。

图书在版编目（CIP）数据

算法与数据结构 / 陈吉，龚道军，王红冉主编. --北京：北京希望电子出版社，2022.12
ISBN 978-7-83002-846-6

Ⅰ. ①算… Ⅱ. ①陈… ②龚… ③王… Ⅲ. ①算法分析②数据结构 Ⅳ. ①TP301.6②TP311.12

中国版本图书馆 CIP 数据核字（2022）第 212464 号

出版：北京希望电子出版社	封面：赵俊红
地址：北京市海淀区中关村大街 22 号	编辑：付寒冰
中科大厦 A 座 10 层	校对：龙景楠
邮编：100190	开本：787mm×1092mm 1/16
网址：www.bhp.com.cn	印张：19
电话：010-82626270	字数：486 千字
传真：010-62543892	印刷：唐山唐文印刷有限公司
经销：各地新华书店	版次：2023 年 1 月 1 版 1 次印刷

定价：59.80 元

前　言

算法可以理解为由基本运算及规定的运算顺序所构成的完整的解题步骤，或者看成按照要求设计好的有限的确切的计算序列，并且这样的步骤和序列可以解决某一类问题。对于任何一门编程语言来说，算法是程序的灵魂。正是因为算法如此重要，所以笔者精心编写了本书。本书将带领广大读者一起探讨学习算法这门神奇技术的奥秘，带领广大读者真正步入程序开发的核心世界。这是一本用 C 语言讲解算法核心内容和具体用法的书，本书以"讲清算法、学以致用"为指导思想，不仅仅将笔墨局限于算法讲解上，还通过一个个鲜活、典型的实例来达到学以致用的目的。

算法还重要吗？

我们先不要给算法是否还重要轻易下结论。在程序开发领域，基本上每个月都会公布编程语言使用情况的排名，而编程语言又能体现出算法的相关价值。也许一名程序员会好几种语言，但随着工作时间增加和对技术研究的深入，他会发现不是具体的技术、而是算法成为了制约技术发展的软肋。Ruby 之父松本行弘就曾表示，注重的是算法而不是工具，如果没有自己的思维方式和 编程逻辑，很容易对某种具体的技术或者工具产生依赖，而这些编程工具和技术往往是 国外开发的。假设有一天没有这些现成的工具和技术了，我们该怎么办？岂不是成了一穷二白了吗？但是如果有了稳固的算法思维，那么编程世界里任何情况都不可怕。

算法是本质

现实世界的变化真是快，仿佛前天刚刚出了 Java，而昨天又出了一个 C#，明天和后天还不知道又要出一个什么样的新语言或新技术，于是广大程序员们就成了赶潮大军中的一员。越往后走就会发现：越深入步伐走得越慢，需要了解的技术就越多，造成越来越力不从心的感觉。导致这种情况的原因是"内功"不到位，所谓"内功"即是指算法。无论是 C、C#还是 Java，它们只是用来解决问题的方式，而算法才是这些花哨方式之后的本质。

本书特色

本书内容丰富，实例覆盖全面，在内容的编写上具有以下特色：

（1）结构合理，涵盖面广。从用户的实际需要出发，科学安排知识结构，具有很强的知识性和实用性。

（2）条理清晰，易学易懂。本书条理清晰、语言简洁，可帮助读者快速掌握每个知识点。每部分既相互连贯又自成体系。读者既可以按照本书编排的章节顺序进行学习，也可以根据自己的需求对某一章节进行针对性的学习。

（3）案例经典，剖析深入。本书所选的算法案例，均为广大读者耳熟能详的国内外经典案例。通过对案例的深入剖析，逐步提升读者对算法的理解。

（4）提供代码，方便自学。读者可以通过北京希望电子出版社微信公众号、微博账号下载本书实例部分的程序代码，以便在自学过程中调试使用。

本书作者团队

本书由陈吉（重庆工程学院）、龚道军（金山集团）和王红冉（河北省机电工程技师学院）担任主编，由谭红英（重庆工贸职业技术学院）、李会珍（云南林业职业技术学院）、王超（河南科技学院高职学院）、杨柳（信阳航空职业学院）和杨立辉（河北女子职业技术学院）担任副主编。本书的相关资料和售后服务可扫描本书封底的微信二维码或登录 www.bjzzwh.com 下载获得。

本书难免有疏漏和不当之处，敬请各位专家及读者批评指正。

编　者

目 录

第1章 算法是程序的灵魂 ………… 1

1.1 开始学习算法 ………………… 1
1.1.1 算法的特征和发展由来 …… 1
1.1.2 何为算法 …………………… 2
1.2 在计算机中对算法的描述 ……… 2
1.2.1 认识计算机中的算法 ……… 3
1.2.2 为什么算法是程序的
灵魂？ ………………………… 4
1.3 现实中表示算法的方法 ………… 4
1.3.1 用流程图表示算法 ………… 5
1.3.2 用N-S流程图表示算法 …… 7
1.3.3 用计算机语言表示算法 …… 7
1.4 学好算法的秘诀 ………………… 8
思考与练习 ………………………… 8

第2章 常用的算法思想 ……………… 9

2.1 枚举算法思想 …………………… 9
2.1.1 枚举算法基础 ……………… 9
2.1.2 实践演练—使用枚举法解决
"百钱买百鸡"问题 ………… 10
2.1.3 实践演练—使用枚举法解决
"填写运算符"问题 ………… 11
2.2 递推算法思想 …………………… 14
2.2.1 递推算法基础 ……………… 14
2.2.2 实践演练—使用顺推法解决
"斐波那契数列"问题 ……… 14
2.3 递归算法思想 …………………… 16

2.3.1 递归算法基础 ……………… 16
2.3.2 实践演练—解决"汉诺塔"
问题 …………………………… 16
2.3.3 实践演练—使用逆推法解决
"八皇后"问题 ……………… 19
2.4 分治算法思想 …………………… 23
2.4.1 分治算法基础 ……………… 23
2.4.2 实践演练—解决"大数相乘"
问题 …………………………… 23
2.4.3 实践演练—使用分治算法
解决循环赛日程安排问题 …… 28
2.5 贪心算法思想 …………………… 30
2.5.1 贪心算法基础 ……………… 31
2.5.2 实践演练—解决"装箱"
问题 …………………………… 31
2.5.3 实践演练—使用贪心算法
解决"找零方案"问题 ……… 35
2.6 试探法算法思想 ………………… 37
2.6.1 试探法算法基础 …………… 37
2.6.2 实践演练—使用试探法解决
"八皇后"问题 ……………… 38
2.6.3 实践演练—体彩29选7彩票
组合 …………………………… 41
2.7 迭代算法思想 …………………… 44
2.7.1 迭代算法基础 ……………… 44
2.7.2 实践演练—解决"求平方根"
问题 …………………………… 44
2.8 模拟算法思想 …………………… 46
2.8.1 模拟算法的思路 …………… 46

2.8.2 实践演练—使用模拟算法
　　　　 解决"猜数字游戏"问题 ⋯⋯ 46
　　2.8.3 实践演练—使用模拟算法
　　　　 解决"掷骰子游戏"问题 ⋯⋯ 48
思考与练习 ⋯⋯⋯⋯⋯⋯⋯⋯⋯⋯⋯⋯ 49

第3章　线性表、队列和栈 ⋯⋯⋯ 50

3.1 线性表 ⋯⋯⋯⋯⋯⋯⋯⋯⋯⋯⋯⋯ 50
　　3.1.1 线性表的特性 ⋯⋯⋯⋯⋯⋯ 50
　　3.1.2 顺序表操作 ⋯⋯⋯⋯⋯⋯⋯ 51
　　3.1.3 实践演练—顺序表操作
　　　　 函数 ⋯⋯⋯⋯⋯⋯⋯⋯⋯⋯ 55
　　3.1.4 链表操作 ⋯⋯⋯⋯⋯⋯⋯⋯ 58
3.2 先进先出的队列 ⋯⋯⋯⋯⋯⋯⋯⋯ 65
　　3.2.1 什么是队列 ⋯⋯⋯⋯⋯⋯⋯ 65
　　3.2.2 链队列和循环队列 ⋯⋯⋯⋯ 66
　　3.2.3 顺序队列的基本操作 ⋯⋯⋯ 67
　　3.2.4 队列的链式存储 ⋯⋯⋯⋯⋯ 68
　　3.2.5 实践演练—实现一个排号
　　　　 程序 ⋯⋯⋯⋯⋯⋯⋯⋯⋯⋯ 70
3.3 后进先出的栈 ⋯⋯⋯⋯⋯⋯⋯⋯⋯ 73
　　3.3.1 什么是栈 ⋯⋯⋯⋯⋯⋯⋯⋯ 73
　　3.3.2 栈的基本分类 ⋯⋯⋯⋯⋯⋯ 74
　　3.3.3 实践演练—栈操作函数 ⋯⋯ 77
思考与练习 ⋯⋯⋯⋯⋯⋯⋯⋯⋯⋯⋯⋯ 80

第4章　树 ⋯⋯⋯⋯⋯⋯⋯⋯⋯⋯⋯ 81

4.1 树的基础知识 ⋯⋯⋯⋯⋯⋯⋯⋯⋯ 81
　　4.1.1 什么是树 ⋯⋯⋯⋯⋯⋯⋯⋯ 81
　　4.1.2 树的相关概念 ⋯⋯⋯⋯⋯⋯ 82
4.2 二叉树 ⋯⋯⋯⋯⋯⋯⋯⋯⋯⋯⋯⋯ 83
　　4.2.1 二叉树的定义 ⋯⋯⋯⋯⋯⋯ 83
　　4.2.2 二叉树的存储 ⋯⋯⋯⋯⋯⋯ 84

　　4.2.3 二叉树的操作 ⋯⋯⋯⋯⋯⋯ 87
　　4.2.4 遍历二叉树 ⋯⋯⋯⋯⋯⋯⋯ 91
　　4.2.5 线索二叉树 ⋯⋯⋯⋯⋯⋯⋯ 95
　　4.2.6 实践演练—测试二叉树操
　　　　 作函数 ⋯⋯⋯⋯⋯⋯⋯⋯⋯ 99
　　4.2.7 实践演练—实现各种线索
　　　　 二叉树的操作 ⋯⋯⋯⋯⋯⋯ 102
4.3 霍夫曼树 ⋯⋯⋯⋯⋯⋯⋯⋯⋯⋯⋯ 107
　　4.3.1 霍夫曼树基础 ⋯⋯⋯⋯⋯⋯ 107
　　4.3.2 实践演练—实现各种霍夫曼
　　　　 树的操作 ⋯⋯⋯⋯⋯⋯⋯⋯ 109
思考与练习 ⋯⋯⋯⋯⋯⋯⋯⋯⋯⋯⋯⋯ 115

第5章　图 ⋯⋯⋯⋯⋯⋯⋯⋯⋯⋯⋯ 116

5.1 什么是图 ⋯⋯⋯⋯⋯⋯⋯⋯⋯⋯⋯ 116
5.2 图的相关概念 ⋯⋯⋯⋯⋯⋯⋯⋯⋯ 117
5.3 图的存储结构 ⋯⋯⋯⋯⋯⋯⋯⋯⋯ 121
　　5.3.1 邻接矩阵 ⋯⋯⋯⋯⋯⋯⋯⋯ 121
　　5.3.2 邻接表 ⋯⋯⋯⋯⋯⋯⋯⋯⋯ 123
　　5.3.3 十字链表 ⋯⋯⋯⋯⋯⋯⋯⋯ 124
　　5.3.4 实践演练—创建一个邻接
　　　　 矩阵 ⋯⋯⋯⋯⋯⋯⋯⋯⋯⋯ 125
　　5.3.5 实践演练—用邻接表
　　　　 保存图 ⋯⋯⋯⋯⋯⋯⋯⋯⋯ 128
5.4 图的遍历 ⋯⋯⋯⋯⋯⋯⋯⋯⋯⋯⋯ 130
　　5.4.1 深度优先搜索 ⋯⋯⋯⋯⋯⋯ 131
　　5.4.2 广度优先搜索 ⋯⋯⋯⋯⋯⋯ 133
　　5.4.3 实践演练—实现图的遍历
　　　　 操作方法 ⋯⋯⋯⋯⋯⋯⋯⋯ 137
5.5 图的连通性 ⋯⋯⋯⋯⋯⋯⋯⋯⋯⋯ 141
　　5.5.1 无向图连通分量 ⋯⋯⋯⋯⋯ 141
　　5.5.2 最小生成树 ⋯⋯⋯⋯⋯⋯⋯ 142
　　5.5.3 实践演练—创建一个最小
　　　　 生成树 ⋯⋯⋯⋯⋯⋯⋯⋯⋯ 144

5.6 求最短路径·················· 147
    5.6.1 求某一顶点到其他各顶点的最短路径·············· 147
    5.6.2 任意一对顶点间的最短路径···················· 147
    5.6.3 实践演练—实现最短路径··· 149
思考与练习··························· 152

第6章 查找算法··············· 153

6.1 和查找相关的几个概念········ 153
6.2 基于线性表的查找法·········· 154
    6.2.1 顺序查找法················ 154
    6.2.2 实践演练—实现顺序查找算法···················· 155
    6.2.3 实践演练—改进的顺序查找算法···················· 156
    6.2.4 折半查找法················ 158
    6.2.5 分块查找法················ 159
6.3 基于树的查找法·············· 160
    6.3.1 二叉排序树················ 161
    6.3.2 实践演练—将数据插入到二叉排序树节点中········· 165
    6.3.3 平衡二叉排序树············ 167
6.4 哈希法······················ 173
    6.4.1 哈希法的基本思想·········· 173
    6.4.2 构造哈希函数·············· 174
    6.4.3 处理冲突·················· 176
    6.4.4 分析哈希法的性能·········· 178
6.5 索引查找···················· 179
    6.5.1 索引查找的过程············ 179
    6.5.2 实践演练—索引查找法查找指定的关键字··········· 180
    6.5.3 实践演练—实现索引查找并插入一个新关键字······ 182

思考与练习··························· 185

第7章 内部排序算法············ 186

7.1 排序基础···················· 186
    7.1.1 排序的目的和过程·········· 186
    7.1.2 内部排序与外部排序········ 187
7.2 插入排序法·················· 187
    7.2.1 直接插入排序·············· 187
    7.2.2 实践演练—使用直接插入排序算法对数据进行排序·· 188
    7.2.3 折半插入排序·············· 190
    7.2.4 表插入排序················ 190
    7.2.5 希尔排序·················· 191
    7.2.6 实践演练—使用希尔排序算法对数据进行排序······ 191
    7.2.7 实践演练—使用希尔排序处理数组················ 193
7.3 交换类排序法················ 194
    7.3.1 冒泡排序（相邻比序法）···· 194
    7.3.2 快速排序·················· 197
7.4 选择类排序法················ 200
    7.4.1 直接选择排序·············· 200
    7.4.2 树形选择排序·············· 200
    7.4.3 堆排序···················· 202
7.5 归并排序法·················· 206
    7.5.1 归并排序思想·············· 206
    7.5.2 两路归并算法的思路········ 207
    7.5.3 实现归并排序·············· 208
    7.5.4 实践演练—用归并算法实现排序处理············· 209
    7.5.5 实践演练—使用归并排序算法求逆序对············ 211
7.6 基数排序法·················· 213
    7.6.1 多关键字排序·············· 213

7.6.2 链式基数排序 …………… 214
7.7 比较各种排序方法的效率 …… 215
思考与练习 ………………………… 216

第8章 经典问题的算法与实现 …… 217

8.1 "计算机进制转换 ……………… 217
  8.1.1 栈操作 ……………………… 217
  8.1.2 转换为十进制 ……………… 218
  8.1.3 将十进制转换为其他进制 … 220
  8.1.4 主函数main() …………… 221
8.2 中序表达式转换为后序表达式 … 222
  8.2.1 问题描述 …………………… 222
  8.2.2 具体实现 …………………… 222
8.3 最大公约数和最小公倍数 …… 227
  8.3.1 算法分析 …………………… 227
  8.3.2 具体实现 …………………… 228
8.4 完全数 ………………………… 229
  8.4.1 什么是完全数 ……………… 229
  8.4.2 算法分析 …………………… 230
  8.4.3 具体实现 …………………… 231
8.5 水仙花数 ……………………… 232
  8.5.1 问题描述 …………………… 232
  8.5.2 算法分析 …………………… 232
  8.5.3 具体实现 …………………… 232
8.6 阶乘 …………………………… 233
  8.6.1 使用递归法解决阶乘问题 … 233
  8.6.2 实现大数的阶乘 …………… 234
8.7 一元多项式运算 ……………… 241
  8.7.1 一元多项式的加法运算 …… 241
  8.7.2 一元多项式的减法运算 …… 246
8.8 方程求解 ……………………… 250

  8.8.1 用高斯消元法解方程组 …… 251
  8.8.2 用二分法解非线性方程 …… 255
  8.8.3 用牛顿迭代法解非线性
      方程 ………………………… 256
8.9 "借书方案"问题 ……………… 258
  8.9.1 问题描述 …………………… 259
  8.9.2 算法分析 …………………… 259
  8.9.3 具体实现 …………………… 259
8.10 "三色球"问题 ………………… 260
  8.10.1 算法分析 ………………… 260
  8.10.2 具体实现 ………………… 261
8.11 "捕鱼和分鱼"问题 …………… 262
  8.11.1 问题描述 ………………… 262
  8.11.2 算法分析 ………………… 262
  8.11.3 具体实现 ………………… 262
8.12 "迷宫"问题 …………………… 263
  8.12.1 问题描述 ………………… 263
  8.12.2 算法分析 ………………… 263
  8.12.3 具体实现 ………………… 263
  8.12.4 找出"迷宫"问题中的所有
       路径 ……………………… 270
8.13 "背包"问题 …………………… 273
  8.13.1 使用动态规划法解决
       "背包"问题 ……………… 273
  8.13.2 使用递归法解决
       "背包"问题 ……………… 280
8.14 "停车场管理"问题 …………… 283
  8.14.1 问题描述 ………………… 283
  8.14.2 算法分析 ………………… 283
  8.14.3 具体实现 ………………… 284
思考与练习 ………………………… 294
参考文献 …………………………… 295

第1章 算法是程序的灵魂

> 本书的主角"算法",是指一种解决问题的方法。它是程序员编码解决问题的思路,是程序的灵魂。本章将讲解计算机算法的基础知识,为后面的学习打下基础。

1.1 开始学习算法

在大学期间,学编程的时候,简单的问题可以很容易地通过编程解决,例如,简单的数学运算和输出语句。后来随着知识点的深入,面对复杂问题时,总是不知道从何下手。例如,一个简单的俄罗斯方块游戏,不知道该如何实现方块的旋转和排列功能。后来步入职场,面对的项目越来越大,解决的问题越来越复杂,我更加不知道该如何实现了。幸亏我只是一名普通的程序员,有项目经理和软件工程师在前面冲锋陷阵。他们会告诉我具体实现方法,只需要遵循他们提出的方案进行编码就可以了。

直到有一天,一位前辈告诉我说程序的灵魂是算法,只有掌握了算法,才能轻松地驾驭程序。原来编程不是按部就班,正确的做法是选择一种算法去实现功能,这个算法正是解决问题的有力武器,也是对一个项目"下手"的第一步。算法能够告诉我在面对一个应用时用什么思路去实现,有了这个思路后,编码工作只需遵循这个思路去实现即可。算法是一个程序的编码思路,是程序员解决问题的指路明灯。

1.1.1 算法的特征和发展由来

算法的英文名称是Algorithm,这个词在1957年之前在*Webster's New World Dictionary*(《韦氏新世界词典》)中还未出现,只能找到带有古代含义和较老形式的"Algorism"(算术),是指用阿拉伯数字进行算术运算的过程。在中世纪时,珠算家用算盘进行计算,而算术家用算术进行计算。

在一本早期的德文数学词典*Vollstandiges Mathematisches Lexicon*(《数学大全辞典》)中给出了Algorithmus(算法)的详细定义:

"在这个名称之下,组合了四种类型的算术计算的概念,即加法、乘法、减法、除法"。拉丁短语Algorithmus Infinitesimalis(无限小方法),在当时就用来表示Leibnitz(莱布尼兹)所发明的以无限小量进行计算的微积分方法。

在1950年,Algorithm一词经常同欧几里得算法(Euclid's Algorithm)联系在一起。这个"算法"就是在欧几里得的《几何原本》中所阐述的求两个数的最大公约数的过程,即辗转相除法。从此以后,Algorithm这一叫法一直沿用至今。

长期以来，算法这门科学得到了长足的发展。根据经验和发展结论进行总结，算法应该具有如下5个重要的特征。

（1）有穷性：保证执行有限步骤之后结束。

（2）确切性：每一步骤都有确切的定义。

（3）输入：每个算法有0个或多个输入，以刻画运算对象的初始情况，所谓0个输入是指算法本身定出了初始条件。

（4）输出：每个算法有1个或多个输出，显示对输入数据加工后的结果。没有输出的算法是毫无意义的。

（5）可行性：在原则上，算法能够精确地运行，进行有限次后即可完成一种运算。

1.1.2 何为算法

为了理解什么是算法，先看一道有趣的智力题。

"烧水泡茶"有如下5道工序：

①烧开水②洗茶壶③洗茶杯④拿茶叶⑤泡茶

烧开水，洗茶壶、茶杯、拿茶叶是泡茶的前提。其中，烧开水需要15分钟，洗茶壶需要2分钟，洗茶杯需要1分钟，拿茶叶需要1分钟，泡茶需要1分钟。

下面是两种"烧水泡茶"的方法。

方法1：

第1步：烧水。

第2步：水烧开后，洗刷茶具，拿茶叶。

第3步：沏茶。

方法2：

第1步：烧水。

第2步：烧水过程中，洗刷茶具，拿茶叶。

第3步：水烧开后沏茶。

问题：比较这两个方法有何不同，并分析哪个方法更优。

上述两个方法都能最终实现"烧水泡茶"的功能，每种方法的3个步骤就是一种"算法"。算法是指在有限步骤内求解某一问题所使用的一组定义明确的规则。通俗点说，就是计算机解题的过程。在这个过程中，无论是形成解题思路还是编写程序，都是在实施某种算法。前者是推理实现的算法，后者是操作实现的算法。

1.2 在计算机中对算法的描述

众所周知，做任何事情都需要一定的步骤。计算机虽然很神奇，能够帮助人们解决很多问题。但是计算机在解决问题时，也需要遵循一定的步骤。人们在编写程序实现某个项目功能的时候，也需要遵循一定的算法。算法的地位非常重要，重要到号称是程序的"灵魂"。本节将一起探寻算法在计算机中的地位，探索程序灵魂在计算机中的基本应用知识。

1.2.1　认识计算机中的算法

计算机中的算法可分为如下两大类：
（1）数值运算算法：求解数值。
（2）非数值运算算法：事务管理领域。
假设有一个下面的运算：
$1×2×3×4×5$

为了计算上述运算结果，最普通的做法是按照如下步骤进行计算。

第1步：先计算$1×2$，得到结果2。

第2步：将步骤1得到的乘积2乘以3，计算得到结果6。

第3步：将6再乘以4，计算得到结果24。

第4步：将24再乘以5，计算得到结果120。

最终计算结果是240。上述第1步到第4步的计算过程就是一个算法。如果想用编程的方式来解决上述运算，通常会使用如下算法来实现。

第1步：假设定义$t=1$。

第2步：使$i=2$。

第3步：使$t×i$，乘积仍然放在在变量t中，可表示为$t×i→t$。

第4步：使i的值+1，即$i+1→i$。

第5步：如果$i≤5$，返回重新执行步骤3以及其后的步骤4和步骤5；否则，算法结束。

由此可见，上述算法实现的就是数学中的"$n!$"公式。既然有公式了，在具体编码的时候，只需使用这个公式就可以解决上述运算的问题。

再看下面的一个数学应用问题。

假设有80个学生，要求打印输出成绩在60分以上的学生。

在此假设用n表示学生学号，n_i表示第i个学生学号；cheng表示学生成绩，$cheng_i$表示第i个学生成绩。根据题目要求，可以写出如下算法。

第1步：$1→i$。

第2步：如果$cheng_i ≥ 60$，则打印输出n_i和$cheng_i$，否则不打印输出。

第3步：$i+1→i$。

第4步：如果$i≤80$，返回步骤2；否则，结束。

由此可见，算法在计算机中的地位十分重要。所以在面对一个项目应用时，一定不要立即埋头苦干编写代码,而是要仔细思考解决这个问题的算法是什么。确定算法之后,然后以这个算法为指导思想来编码。

1.2.2 为什么算法是程序的灵魂?

在当今程序员的世界,算法已经成为衡量一名程序员水平高低的参照物。高水平的程序员都会看重数据结构和算法的作用,水平越高,就越能理解算法的重要性。算法不仅是运算工具,它更是程序的灵魂。在项目开发过程中,很多实际问题需要精心设计算法才能有效解决。

算法是计算机处理信息的本质,因为计算机程序本质上是一个算法,它告诉计算机以确切的步骤来执行一个指定的任务,如计算职工的薪水或打印学生的成绩单。一般来说,当使用算法处理信息时,数据是从输入设备读取,写入输出设备,也可能保存起来供以后使用。

著名计算机科学家沃思提出了下面的公式:

数据结构+算法=程序　　　　　　　　　　　　　　　　　　　　(1.1)

实际上,一个程序应当采用结构化程序设计方法进行程序设计,并且用某一种计算机语言来表示,因此,可以用下面的公式表示。

程序=算法+数据结构+程序设计方法+语言和环境　　　　　　　(1.2)

上述公式中的4个方面是一名程序设计人员所应具备的知识。在这4个方面中,算法是灵魂,数据结构是加工对象,语言是工具,编程需要采用合适的方法。算法来解决"做什么"和"怎么做"的问题。

实际上程序中的操作语句就是算法的体现,所以说不了解算法就谈不上程序设计。

数据是操作对象,对操作的描述即是操作步骤,操作的目的是对数据进行加工处理并得到期望的结果。举个通俗的例子,厨师做菜肴,需要有菜谱。菜谱上一般应包括:

(1)配料(数据)。

(2)操作步骤(算法)。

这样,面对同样的原料可以加工出不同风味的菜肴。

1.3 现实中表示算法的方法

算法的表示方法即算法的描述和外在表现,在前面1.2.1中演示的算法都是通过语言描述来体现的。其实除了语言描述之外,还可以通过其他方法来描述算法。在接下来的内容中,将简单介绍几种表示算法的方法。

1.3.1 用流程图表示算法

流程图的描述格式如图1-1所示。

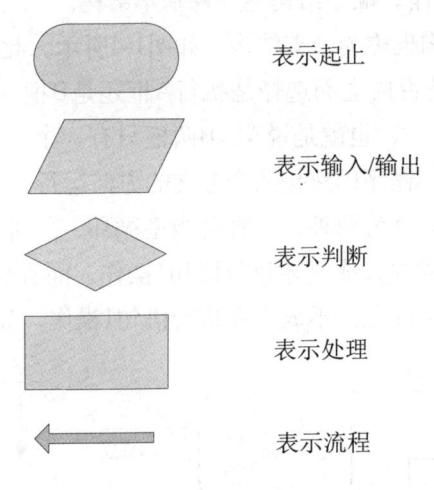

图 1-1 流程图标识说明

- 表示起止
- 表示输入/输出
- 表示判断
- 表示处理
- 表示流程

再次回到前面1.2.1中的问题：

假设有80个学生，要求打印输出成绩在60分以上的学生。

针对上述问题，可以使用图1-2所示的算法流程图来表示。

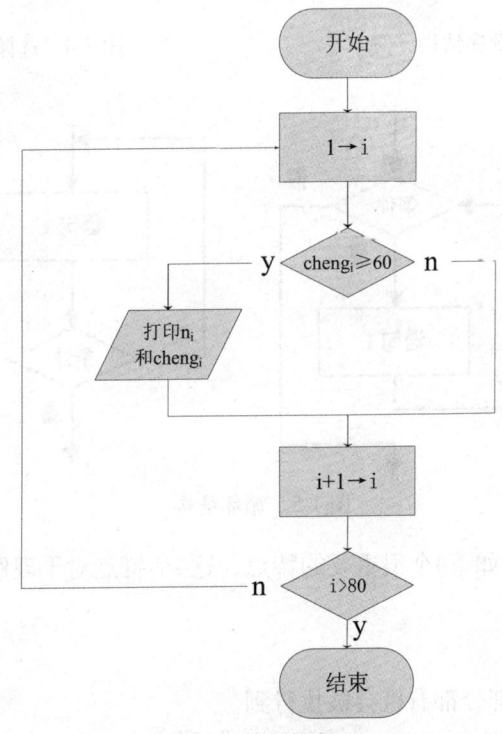

图 1-2 算法流程图

流程：开始 → $1 \to i$ → 判断 $cheng_i \geq 60$ → 若 y 则打印 n_i 和 $cheng_i$ → $i+1 \to i$ → 判断 $i>80$ → 若 n 则返回判断 $cheng_i \geq 60$，若 y 则结束

在流程设计应用中，通常使用如下3种流程图结构。
- 顺序结构：顺序结构如图1-3所示，其中A和B两个框是顺序执行的，即在执行完A以后再执行B的操作。顺序结构是一种基本结构。
- 选择结构：选择结构也称为分支结构，如图1-4所示。此结构中必含一个判断框，根据给定的条件P是否成立而选择是执行A框还是B框。无论条件P是否成立，只能执行A框或B框之一，也就是说A、B两框只有一个，也必须有一个被执行。若两框中有一框为空，程序仍然按两个分支的方向运行。
- 循环结构：循环结构分为两种，一种是当型循环，一种是直到型循环。当型循环是先判断条件是否成立，成立才执行语句1操作，而直到型循环是先执行语句1操作，再判断条件是否成立，不成立才执行语句1操作，如图1-5所示。

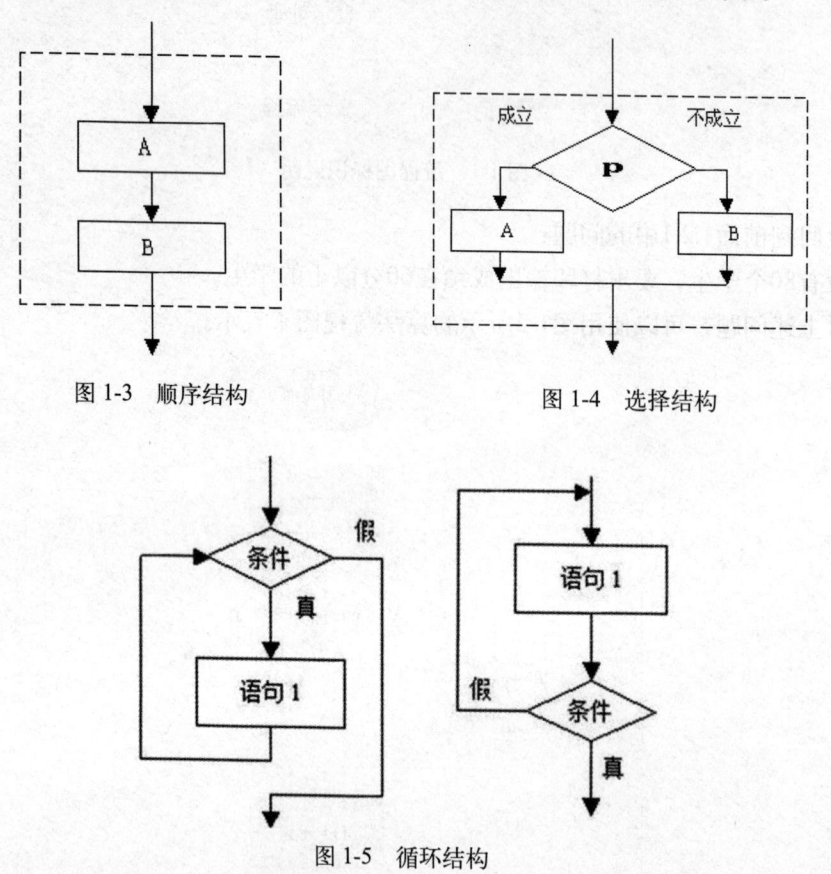

图 1-3 顺序结构

图 1-4 选择结构

图 1-5 循环结构

上述3种基本结构有如下4个很重要的特点，这4个特点对于理解算法是很有帮助的。
(1) 只有一个入口。
(2) 只有一个出口。
(3) 结构内的每一部分都有机会被执行到。
(4) 结构内不存在"死循环"。

1.3.2 用N-S流程图表示算法

在1973年，美国学者提出了N-S流程图的概念，通过它可以表示计算机的算法。N-S流程图由一些特定意义的图形、流程线及简要的文字说明构成，能够比较清晰明确地表示程序的运行过程。N-S图的推出背景很有渊源，人们在使用传统流程图的过程中发现流程线不一定是必须的，所以设计了一种新的流程图，这种新的方式可以把整个程序写在一个大框图内，这个大框图由若干个小的基本框图构成，这种流程图简称N-S图。

遵循N-S流程图的特点，顺序结构表示为图1-6所示的结构，选择结构表示为图1-7所示的结构，循环结构表示为图1-8所示的结构。

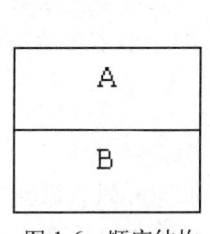

图 1-6　顺序结构 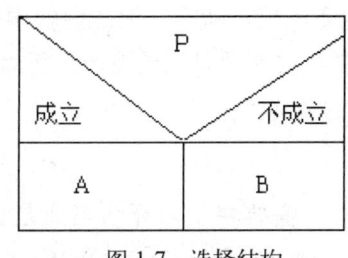　　　　图 1-7　选择结构 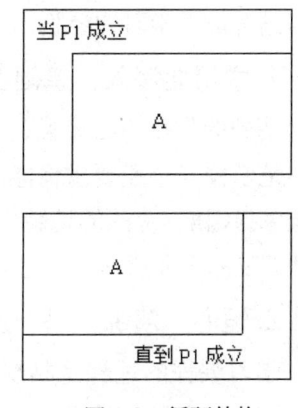　　　　图 1-8　循环结构

1.3.3 用计算机语言表示算法

因为算法可以解决计算机中的编程问题，是计算机程序的灵魂，所以可以使用计算机语言来表示算法。当用计算机语言表示算法时，必须严格遵循所用语言的语法规则。

再次回到前面1.2.1中的如下问题。

1×2×3×4×5

如果用C语言编程来解决上述问题，可以通过如下代码实现。

```c
main(){
  int i,t;         //定义两个变量
  t=1;
  i=2;             //t初始值为1，i初始值为2
  while(i<=5){
    t=t*i;
    i=i+1;
  }
  printf("%d",t);
}
```

上述代码是根据前面1.2.1中的语言描述算法编写的，因为是用C语言编写的，所以需要严格遵循C语言的语法。例如在上述代码中，主函数main()、变量和printf()输出信息都遵循了C语言的语法规则。

1.4 学好算法的秘诀

在生活中到处充斥着"一个月打造高级程序员"的口号，书店里也随处可见"傻瓜""入门""捷径"等书籍。有过学习经验和工作经验的笔者深有体会，这些宣传都是误人子弟的！学习编程之路需要付出辛苦与汗水，需要付出相当的时间和精力。

结合前人学习的经验，笔者总结出如下3条经验和大家一起分享。

1. 学得要深入，基础要扎实

基础的作用不必多说，在大学课堂上曾经讲过很多次，在此重点说明"深入"。职场不是学校，企业要求你能高效地完成项目功能，但是现实中的项目种类繁多，需要从根上掌握C语言算法的精髓。走马观花式地学习已经被社会所淘汰，入门水平不会被从事软件开发的企业所接受，它们需要的是高手。

2. 恒心、演练、举一反三

学习编程的过程是枯燥的过程，需要将学习算法当成是自己的乐趣，只有做到持之以恒才能有机会学好。另外编程最注重实践，最害怕闭门造车。每一个语法，每一个知识点，都要反复用实例来演练，这样才能加深对知识的理解。同时，更要做到举一反三，只有这样才能对知识有深入的理解。

3. 语言之争的时代更要学会坚持

当今新技术、新思想、新名词层出不穷，令人眼花缭乱。新与旧混杂在一起，各种技术领域越来越走向分化，程序员距离计算机底层实现越来越远，不懂的领域越来越多，也会感到越来越焦虑，大有从计算机的主人变成了它的奴隶的趋势。建议大家做一名立场坚定的程序员。人们都说C语言已经老掉牙了，但现实是C语言永远是我们学习高级语言的基础，永远是内核和嵌入式开发的首选语言。因此，只要认定自己的选择，就要坚持下去。

思考与练习

1. 什么是算法，为什么说算法是程序的灵魂？
2. 现实中常用的表示算法的方法有哪几种？

第2章 常用的算法思想

> 算法思想有很多，业界公认的常用算法思想有8种：枚举、递推、递归、分治、贪心、试探法、动态迭代和模拟。这8种只是一个大概的划分，是一个"仁者见仁、智者见智"的问题。本章将详细讲解这8种算法思想的基础知识，希望读者理解并掌握这8种算法思想的基本用法和核心知识，为学习本书后面的知识打下基础。

2.1 枚举算法思想

枚举算法思想的最大特点是在面对任何问题时它会去尝试每一种解决方法。在进行归纳推理时，如果逐个考察了某类事件的所有可能情况，因而得出一般结论，那么这个结论是可靠的，这种归纳方法叫作枚举法。

2.1.1 枚举算法基础

枚举算法的思想是：将问题所有可能的答案一一列举，然后根据条件判断此答案是否合适，保留合适的，丢弃不合适的。在C语言中，枚举算法一般使用while循环实现。使用枚举算法解题的基本思路如下：

（1）确定枚举对象、枚举范围和判定条件。

（2）逐一列举可能的解，验证每个解是否是问题的解。

枚举算法一般按照如下3个步骤进行。

（1）题解的可能范围，不能遗漏任何一个真正解，也要避免有重复。

（2）判断是否是真正的解。

（3）使可能解的范围降至最小，以便提高解决问题的效率。

枚举算法的主要流程如图2-1所示。

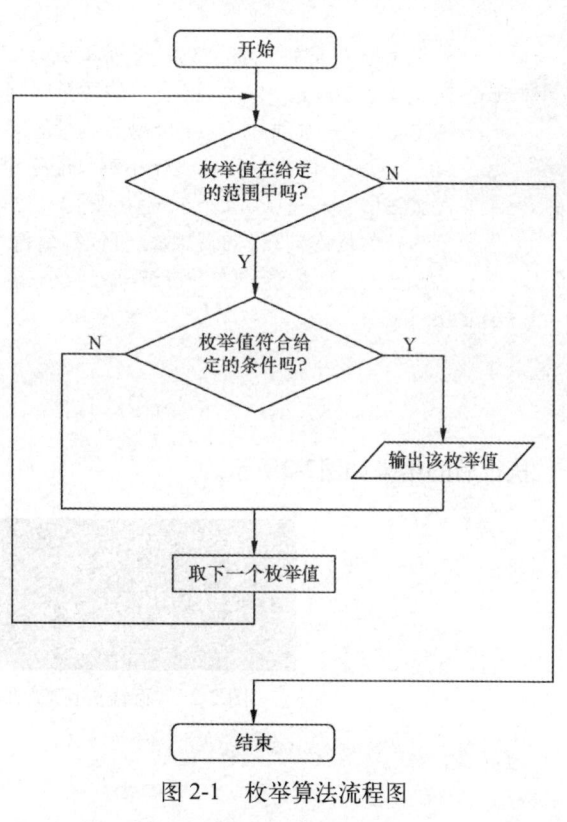

图2-1 枚举算法流程图

2.1.2 实践演练—使用枚举法解决"百钱买百鸡"问题

为了说明枚举算法的基本用法,接下来将通过一个具体实例的实现过程,详细讲解枚举算法思想在编程中的基本应用。

实例2-1	使用枚举法解决"百钱买百鸡"问题
源码路径	素材\daima\2\xiaoji.c

问题描述:我国古代数学家在《算经》中有一道题:"鸡翁一,值钱五;鸡母一,值钱三;鸡雏三,值钱一。百钱买百鸡,问鸡翁、母、雏各几何?"意为:公鸡每只5元,母鸡每只3元,小鸡3只1元。用100元钱买100只鸡,问公鸡、母鸡、小鸡各多少?

算法分析:根据问题的描述,可以使用枚举法解决这个问题。以3种鸡的个数为枚举对象(分别设为mj、gj和xj),以3种鸡的总数($mj+gj+xj=100$)和买鸡用去的钱的总数($xj/3+mj\times3+gj\times5=100$)作为判定条件,穷举各种鸡的个数。

具体实现:根据上述问题描述,用枚举算法解决实例2-1的问题。根据"百钱买百鸡"的枚举算法分析,编写实现文件xiaoji.c,具体实现代码如下所示。

```c
#include <stdio.h>
int main()
{
    int i,j,k; /*分别代表公鸡、母鸡和小鸡*/
    for(i=0;i<=20;i++)     /*公鸡的数量区间是0~20,否则就会超过100元*/
      for(j=0;j<=33;j++)  /*母鸡的数量区间是0~33*/
        for(k=3;k<=99;k++)  /*小鸡只能三个三个买,最多买99个*/
          if(i+j+k==100&&i*5+j*3+k/3*1==100&&k%3==0)
              /*依次判断鸡的总数,价钱和是否为100并且小鸡数量一定要被3整除*/
              printf("公鸡=%d  母鸡=%d   小鸡=%d\n",i,j,k);
    return 0;
}
```

执行后的结果如图2-2所示。

```
公鸡=0   母鸡=25  小鸡=75
公鸡=4   母鸡=18  小鸡=78
公鸡=8   母鸡=11  小鸡=81
公鸡=12  母鸡=4   小鸡=84
```

图2-2 "百钱买百鸡"问题执行结果

2.1.3 实践演练——使用枚举法解决"填写运算符"问题

一个实例不能说明枚举算法思想的基本用法，在下面的实例中将详细讲解使用枚举法解决"填写运算符"的问题。

实例2-2	使用枚举法解决"填写运算符"问题
源码路径	素材\daima\2\yunsuan.c

问题描述：在下面的算式中，添加"+""–""×""÷"4个运算符，使这个等式成立。

5 5 5 5 5＝5

算法分析：上述算式由5个数字构成，一共需要填入4个运算符。根据题目要求，知道每两个数字之间的运算符只能有4种选择，分别是"+""–""×""÷"。在具体编程时，可以通过循环来填入各种运算符，然后再判断算式是否成立。同时保证当填入除号时，其右侧的数不能是0，并且"×""÷"运算符的优先级高于"+""–"。

具体实现：根据上述"填写运算符"的枚举算法分析，编写实现文件yunsuan.c，具体实现代码如下所示。

```c
#include <stdio.h>
int main()
{
    int j,i[5];         //循环变量j,数组i用来表示4个运算符
    int sign;           //累加运算时的符号
    int result;         //保存运算式的结果值
    int count=0;        //计数器,统计符合条件的方案数
    int num[6];         //保存操作数
    float left,right;   //保存中间结果
    char oper[5]={' ','+','-','*','/'}; //运算符
    printf("输入5个数,之间用空格隔开: ");
    for(j=1;j<=5;j++)
        scanf("%d",&num[j]);
    printf("输入结果: ");
    scanf("%d",&result);
    for(i[1]=1;i[1]<=4;i[1]++)//循环4种运算符,1表示+,2表示-,3表示*,4表示/
    {
        if((i[1]<4) || (num[2]!=0))//运算符若是/,则第二个运算数不能为0
        {
            for(i[2]=1;i[2]<=4;i[2]++)
            {
                if((i[2]<4) || (num[3]!=0))
```

```
            {
                for(i[3]=1;i[3]<=4;i[3]++)
                {
                    if((i[3]<4) || num[4]!=0)
                    {
                        for(i[4]=1;i[4]<=4;i[4]++)
                        {
                            if((i[4]<4) || (num[5]!=0))
                            {
                                left=0;
                                right=num[1];
                                sign=1;
                                for(j=1;j<=4;j++)
                                {
                                    switch(oper[i[j]])
                                    {
                                        case '+':
                                            left=left+sign*right;
                                            sign=1;
                                            right=num[j+1];
                                            break;
                                        case '-':
                                            left=left+sign*right;
                                            sign=-1;
                                            right=num[j+1];
                                            break;//通过f=-1实现减法
                                        case '*':
                                            right=right*num[j+1];
                                            break;//实现乘法
                                        case '/':
                                            right=right/num[j+1];
                                            break;//实现除法
                                    }
                                }
                                if(left+sign*right==result)
                                {
                                    count++;
                                    printf("%3d: ",count);
                                    for(j=1;j<=4;j++)
                                        printf("%d%c",num[j],oper[i[j]]);
                                    printf("%d=%d\n",num[5],result);
                                }
```

```
                    }
                }
            }
        }
    }
}
if(count==0)
    printf("没有符合要求的方法!\n");
getch();
return 0;
}
```

在上述代码中，定义了left和right两个变量，left用于保存上一步的运算结果，right用于保存下一步的运算结果。因为"×"和"÷"的优先级高于"+"和"-"，所以计算时先计算"×"和"÷"，再计算"+"和"-"。执行后的结果如图2-3所示。

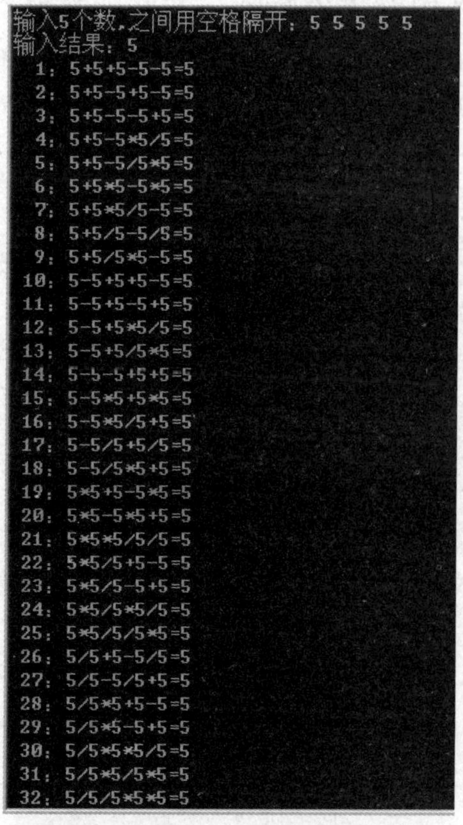

图2-3 "填写运算符"问题执行结果

2.2 递推算法思想

与枚举算法思想相比，递推算法能够通过已知的某个条件，利用特定的关系得出中间推论，然后逐步递推，直到得到结果为止。由此可见，递推算法要比枚举算法聪明，它不会尝试每种可能的方案。

2.2.1 递推算法基础

递推算法可以不断利用已有的信息推导出新的东西，在日常应用中有如下两种递推算法：

（1）顺推法：从已知条件出发，逐步推算出要解决问题的方法。例如斐波那契数列就可以通过顺推法不断递推算出新的数据。

（2）逆推法：从已知的结果出发，用迭代表达式逐步推算出问题开始的条件，即顺推法的逆过程。

2.2.2 实践演练—使用顺推法解决"斐波那契数列"问题

为了说明递推算法的基本用法，接下来将通过一个具体实例的实现过程，详细讲解递推算法思想在编程过程中的基本应用。

实例2-3	使用顺推法解决"斐波那契数列"问题
源码路径	素材\daima\2\shuntui.c

问题描述：斐波那契数列因数学家列昂纳多·斐波那契以兔子繁殖为例子而引入，故又称为"兔子数列"。一般而言，兔子在出生两个月后，就有繁殖能力，一对兔子每个月能生出一对小兔子来。如果所有兔子都不死，那么一年以后可以繁殖多少对兔子？

算法分析：以新出生的一对小兔子进行如下分析。

（1）第一个月小兔子没有繁殖能力，所以还是一对。

（2）两个月后，一对小兔子生下了一对新的小兔子，所以共有两对兔子。

（3）三个月以后，老兔子又生下一对，因为小兔子还没有繁殖能力，所以一共是3对。

……

以此类推可以列出关系表，如表2-1所示。

表2-1 月数与兔子对数关系表

月	1	2	3	4	5	6	7	8	…
对	1	1	2	3	5	8	13	21	…

表中数字1,1,2,3,5,8……构成了一个数列,这个数列有个十分明显的特点:前面相邻两项之和,构成了后一项。这个特点的证明:每月的大兔子数为上月的兔子数,每月的小兔子数为上月的大兔子数,某月兔子的对数等于其前面紧邻两个月的和。

由此可以得出具体算法如下所示:

设置初始值为F_0=1,第1个月兔子的总数是F_1=1。

第2个月的兔子总数是F_2= F_0+F_1。

第3个月的兔子总数是F_3= F_1+F_2。

第4个月的兔子总数是F_4= F_2+F_3。

……

第n个月的兔子总数是F_n= F_{n-2}+F_{n-1}。

具体实现:根据上述问题描述,根据"斐波那契数列"的顺推算法分析,编写实现文件shuntui.c,具体实现代码如下所示。

```c
#include <stdio.h>
int fun(int n)
{
    if(n==1||n==2)//通过数列的规律发现,前两项都为1,作为递归的终止条件
    {
        return 1;
    }
    else
    {
        return fun(n-1)+fun(n-2);   //要求第n项,就是求n-1项和n-2项的和
    }
}
int main()
{
    int i,n;
    printf("请输入你要打印的斐波那契数列项数:\n");
    scanf("%d",&n);                 //n为打印的项数
    printf("斐波那契数列:");
    for(i=1;i<=n;i++)
    {
        printf("%d ",fun(i));//fun函数返回的是第i项,所以用for循环打印每一项
    }
    return 0;
}
```

执行后如果输入12,则会输出显示前12个月的兔子数,执行结果如图2-4所示。

图 2-4 "斐波那契数列"问题执行结果

2.3 递归算法思想

因为递归算法思想往往用函数的形式来体现，所以递归算法需要预先编写功能函数。这些函数是独立的功能，能够实现解决某个问题的具体功能，当需要时直接调用这个函数即可。在本节的内容中，将详细讲解递归算法思想的基础知识。

2.3.1 递归算法基础

在计算机编程应用中，递归算法对解决大多数问题是十分有效的，它能够使算法的描述变得简洁而且易于理解。递归算法有如下3个特点。

（1）递归过程一般通过函数或子过程来实现。

（2）递归算法是在函数或子过程的内部直接或者间接地调用自己的算法。

（3）递归算法实际上是把问题转化为规模缩小的同类问题的子问题，然后再递归调用函数或过程来表示问题的解。

在使用递归算法时，读者应该注意如下4点。

（1）递归是在过程或函数中调用自身的过程。

（2）在使用递归策略时，必须有一个明确的递归结束条件，这称为递归出口。

（3）递归算法通常显得很简洁，但是运行效率较低，所以一般不提倡用递归算法设计程序。

（4）在递归调用过程中，系统用栈来存储每一层的返回点和局部量。如果递归次数过多，则容易造成栈溢出，所以一般不提倡用递归算法设计程序。

2.3.2 实践演练—解决"汉诺塔"问题

为了说明递归算法的基本用法，将通过一个具体实例的实现过程，详细说明递归算法思想在编程中的基本应用。

实例2-4	使用递归算法解决"汉诺塔"问题
源码路径	素材\daima\2\hannuo.c

问题描述：寺院里有3根柱子，第1根有64个盘子，从上往下盘子越来越大。方丈要

求小和尚A_1把这64个盘子全部移动到第3根柱子上。在移动的时候，始终只能小盘子压着大盘子，而且每次只能移动一个。

方丈发布命令后，小和尚A_1就马上开始了工作，下面看他的工作过程。

（1）小和尚A_1在移动时，觉得很难，聪明的他于是找来A_2来帮他。他觉得要是A_2能把前63个盘子先移动到第2根柱子上，自己再把最后一个盘子直接移动到第3根柱子上，再让A_2把刚才的前63个盘子从第2根柱子上移到第3根柱子上，整个任务就完成了。于是他对小和尚A_2下了如下命令：

①把前63个盘子移动到第2根柱子上。

②把第64个盘子移动到第3根柱子上。

③再把前63个盘子移动到第3根柱子上。

（2）小和尚A_2接到任务后也觉得很难，他也和A_1想的一样：要是有一个人能把前62个盘子先移动到第3根柱子上，再把最后一个盘子直接移动到第2根柱子，再让那个人把刚才的前62个盘子从第3根柱子上移动到第2根柱子上，任务就算完成了。所以他也找了另外一个小和尚A_3，对A_3下了如下命令：

①把前62个盘子移动到第3根柱子上。

②把第63个盘子移动到第2根柱子上。

③再把前62个盘子移动到第2根柱子上。

（3）小和尚A_3接了任务，又把移动前61个盘子的任务"依葫芦画瓢"地交给了小和尚A_4，这样一直递推下去，直到把任务交给了第64个小和尚A_{64}为止。

（4）此时此刻，任务马上就要完成了，下面来看A_{63}和A_{64}的工作。

小和尚A_{64}移动第1个盘子，把它移开，然后小和尚A_{63}移动给他分配的第2个盘子。

小和尚A_{64}再把第1个盘子移动到第2个盘子上。到这里A_{64}的任务完成，A_{63}完成了A_{62}交给他的任务的第1步。

算法分析：从上面小和尚的工作过程可以看出，只有A_{64}的任务完成后，A_{63}的任务才能完成；只有小和尚A_2的任务完成后，小和尚A_1剩余的任务才能完成；只有小和尚A_1剩余的任务完成，才能完成方丈吩咐给他的任务。由此可见，整个过程是一个典型的递归问题。接下来我们以有3个盘子来分析。

第1个小和尚命令：

①第2个小和尚先把第1根柱子前2个盘子移动到第2根柱子，借助第3根柱子。

②第1个小和尚自己把第1根柱子最后的盘子移动到第3根柱子。

③第2个小和尚把前2个盘子从第2根柱子移动到第3根柱子。

非常显然，第②步很容易实现。

其中第1步，第2个小和尚有2个盘子，他就命令：

①第3个小和尚把第1根柱子第1个盘子移动到第3根柱子（借助第2根柱子）。

②第2个小和尚自己把第1根柱子第2个盘子移动到第2根柱子上。
③第3个小和尚把第1个盘子从第3根柱子移动到第2根柱子。

同样，第②步很容易实现，但第3个小和尚只需要移动1个盘子，所以他也不用再下派任务了（注意：这就是停止递归的条件，也叫边界值）。

第1个小和尚命令中的第③步可以分解为，第2个小和尚还是有2个盘子，于是命令：
①第3个小和尚把第2根柱子上的第1个盘子移动到第1根柱子。
②第2个小和尚把第2个盘子从第2根柱子移动到第3根柱子。
③第3个小和尚把第1根柱子上的盘子移动到第3根柱子。

分析组合起来就是：1→3，1→2，3→2，借助第3根柱子移动到第2根柱子；1→3是第1个小和尚留给自己的活；2→1，2→3，1→3是借助别人帮忙，第1根柱子移动到第3根柱子一共需要7步来完成。

如果是4个盘子，则第1个小和尚的命令中第①步和第③步各有3个盘子，所以各需要7步，共14步，再加上第1个小和尚的第①步，所以4个盘子总共需要移动7+1+7=15步；同样，5个盘子需要15+1+15=31步，6个盘子需要31+1+31=63步……由此可以知道，移动n个盘子需要（2^n-1）步。

假设用hannuo(n,a,b,c)表示把第1根柱子a上的n个盘子借助第2根柱子b移动到第3根柱子c。由此可以得出如下结论。
第①步的操作是 *hannuo*(n-1,1,3,2)，第③步的操作是 *hannuo*(n-1,2,1,3)。

具体实现：根据上述算法分析，编写实现文件hannuo.c，具体代码如下所示。

```
#include <stdio.h>
// 汉诺塔
void hanoi ( int n,char a,char b,char c )
                        //这里代表将a柱子上的盘子借助b柱子移动到c柱子
{   if  (1 == n)        //如果是一个盘子直接将a柱子上的盘子移动到c
    {
        printf("%c-->%c\n",a,c);
    }
    else
    {
        hanoi ( n-1,a,c,b ) ;    //将a柱子上n-1个盘子借助c柱子，移动到b柱子
        printf("%c-->%c\n",a,c) ; //再直接将a柱子上的最后一个盘子移动到c
        hanoi ( n-1,b,a,c ) ;     //然后将b柱子上的n-1个盘子借助a移动到c
    }
}
int main ()
{   int  n ;
```

```
    printf( "Input the number of diskes:") ;
    scanf("%d",&n) ;
    hanoi ( n, 'A' , 'B' , 'C' ) ;
    return 0;
}
```

执行后先输入移动盘子的个数,按【Enter】键后将会显示出移动的具体步骤。例如输入4后的执行结果如图2-5所示。

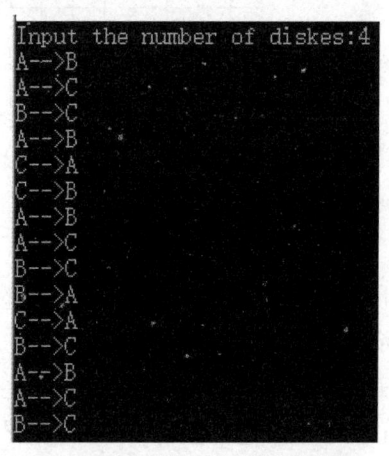

图 2-5 "汉诺塔"问题执行结果

2.3.3 实践演练—使用逆推法解决"八皇后"问题

实例2-5	使用逆推法解决"八皇后"问题
源码路径	素材\daima\2\8huanghou.c

问题描述:国际象棋里,棋盘为8×8格。皇后每步可以沿直线、斜线走任意格。假设将8个皇后放到国际象棋盘上,使其两两之间无法相互攻击,共有几种摆法?

算法分析:

步骤01 把8个皇后放进去,保证最终每行只有一个皇后,每列只有一个皇后。用一个二维数组chess[i][j]模拟棋盘,cas存放摆法,i和j分别表示第i行第j列,如图2-6所示。

步骤02 从上往下一行行地放皇后,放下一行时从最左边(第0列)放起,如果不能放就往右挪一格再试。注意判断右边有没有越界出棋盘。

步骤03 用一个函数专门判断当前位置能不能放,只需要判断该位置所在的横、竖和两对角线方向这四条线上有没有其他皇后即可。

步骤04 如果把最后一行放完了,那就统计上这个摆法,cas++。摆完最后一行不能则继续判断下一行了。在放完一种情况后还要探究其他情况，可以把现在放好的皇后"拿走"，然后再试探之前没试探过的棋盘格。

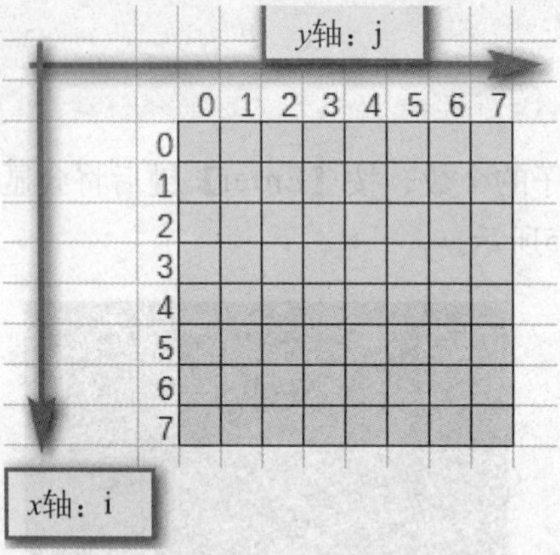

图 2-6 "八皇后"问题的棋盘

步骤 05 拿走皇后操作可以和不能放皇后的操作用同样的代码实现：如果这个位置不能放皇后，要把它置零，表示没有皇后。如果这个位置能放，那就放皇后（置1）。等一种情况讨论完，还得把它拿开，"拿开"也就是置零操作。所以应该想办法排列上述代码，保证已经把摆出的情况记录下来，之后执行"拿开皇后"代码。

具体实现：编写实现文件8huanghou.c，具体实现代码如下所示。

```c
/*八皇后问题*/
#include <stdio.h>
char  Chessboard[8][8];

//八皇后问题的递归算法部分
int  N_Queens(int LocX ,int  LocY ,int queens){
    int i , j ;
    int result=0;
    if (queens==8)    return 1;  /*递归出口*/
    else   if (QueenPlace(LocX,LocY) )
           {
               Chessboard[LocX][LocY]='Q';
               for( i=0; i<8;i++)
                   for(j=0;j<8;j++)
                   {
                       result+=N_Queens(i,j,queens+1);
                       if ( result>0)    break;
                   }/*for*/
               if (result>0)    return 1;
```

```
                    else  {
                              Chessboard[LocX][LocY]='X';
                               return  0 ;
                            }
               }/*if*/
               else  return 0;
}/*  N_ QueenS*/

/*当前点是否可以放置*/
int  QueenPlace(int  LocX,int LocY){
   int  i , j ;
   if (Chessboard[LocX][LocY]!='X')
       return 0;

  /*判断上方是否有皇后*/
   for(j=LocY-1;j>=0;j--)
       if (Chessboard[LocX][j]!='X')
          return 0;

  /*判断下方是否有皇后*/
   for(j=LocY+1;j<8;j++)
       if (Chessboard[LocX][j]!='X')
          return 0;

  /*判断左方是否有皇后*/
  for(i=LocX-1;i>=0;i--)
       if (Chessboard[i][LocY]!='X')
          return 0;

  /*判断右方是否有皇后*/
  for(i=LocX+1;i<8;i++)
       if (Chessboard[i][LocY]!='X')
          return 0;

  i=LocX-1;
  j=LocY-1;
  /*判断左上方是否有皇后*/
  while(i>=0&&j>=0)
       if(Chessboard[i--][j--]!='X')
            return 0;

  i=LocX+1;
```

```c
    j=LocY-1;
    /*判断右上方是否有皇后*/
    while(i<8&&j>=0)
            if(Chessboard[i++][j--]!='X')
                return 0;

    i=LocX-1;
    j=LocY+1;
    /*判断左下方是否有皇后*/
    while(i>=0&&j<8)
            if(Chessboard[i--][j++]!='X')
                return 0;

    i=LocX+1;
    j=LocY+1;
    /*判断右下方是否有皇后*/
    while(i<8&&j<8)
            if(Chessboard[i++][j++]!='X')
                return 0;

    return 1;
}/*QueenPlace*/
main (){
    int i,j;
    /*棋盘初始化*/
    for (i=0;i<8;i++)
            for (j=0;j<8;j++)
                Chessboard[i][j] = 'X';
    /*计算*/
    N_Queens( 0,0,0) ;
    /*输出结果*/
    printf("摆放了8个皇后的棋盘示意图如下：\n");
    printf("       0     1     2     3     4     5     6     7 \n");
    printf("     +-----+-----+-----+-----+-----+-----+-----+-----+\n") ;
    for (i=0;i<8;i++){
      printf("%d  |",i);
      for (j=0;j<8;j++)
        printf("--%c--|",Chessboard[i][j]);
      printf("\n   +-----+-----+-----+-----+-----+-----+-----+-----+\n");
    }
}
```

执行后的结果如图2-7所示。

```
摆放了8个皇后的棋盘示意图如下:
    0     1     2     3     4     5     6     7
  +-----+-----+-----+-----+-----+-----+-----+-----+
0 |--Q--|--X--|--X--|--X--|--X--|--X--|--X--|--X--|
  +-----+-----+-----+-----+-----+-----+-----+-----+
1 |--X--|--X--|--X--|--X--|--Q--|--X--|--X--|--X--|
  +-----+-----+-----+-----+-----+-----+-----+-----+
2 |--X--|--X--|--X--|--X--|--X--|--X--|--X--|--Q--|
  +-----+-----+-----+-----+-----+-----+-----+-----+
3 |--X--|--X--|--X--|--X--|--X--|--Q--|--X--|--X--|
  +-----+-----+-----+-----+-----+-----+-----+-----+
4 |--X--|--X--|--Q--|--X--|--X--|--X--|--X--|--X--|
  +-----+-----+-----+-----+-----+-----+-----+-----+
5 |--X--|--X--|--X--|--X--|--X--|--X--|--Q--|--X--|
  +-----+-----+-----+-----+-----+-----+-----+-----+
6 |--X--|--Q--|--X--|--X--|--X--|--X--|--X--|--X--|
  +-----+-----+-----+-----+-----+-----+-----+-----+
7 |--X--|--X--|--X--|--Q--|--X--|--X--|--X--|--X--|
  +-----+-----+-----+-----+-----+-----+-----+-----+
```

图 2-7　执行结果

2.4　分治算法思想

分治算法的思想是将一个规模为N的问题分解为K个规模较小的子问题，然后各个击破。这些子问题相互独立且与原问题性质相同，只要求出子问题的解，就可得到原问题的解。

2.4.1　分治算法基础

在编程过程中，经常会遇到处理数据相当多、求解过程比较复杂、直接求解法比较耗时的问题。在求解这类问题时，可以采用各个击破的方法。具体做法是：先把这个问题分解成几个较小的子问题，找到这几个子问题的解法后，再找到合适的方法，把它们组合成求整个大问题的解法。如果这些子问题还是比较大，还可以再继续把它们分成几个更小的子问题，以此类推，直至可以直接求出解为止。这就是分治算法的基本思想。

使用分治算法解题的一般步骤如下：

步骤01 分解：将要解决的问题划分成若干个规模较小的同类问题。

步骤02 求解：当子问题划分得足够小时，用较简单的方法解决。

步骤03 合并：按原问题的要求，将子问题的解逐层合并构成原问题的解。

2.4.2　实践演练—解决“大数相乘”问题

为了说明分治算法的基本用法，将通过一个具体实例的实现过程，详细讲解分治算法思想在编程中的基本应用。

实例2-6	解决"大数相乘"问题
源码路径	素材\daima\2\fenzhi.c

问题描述：所谓大数相乘，是指计算两个大数的积。

算法分析：假如计算123×456的结果，则分治算法的基本过程如下。

第一次拆分为12和45，具体说明如下：

设char *a = "123"，*b = "456"，对a求其长度，t = strlen(a)；再拆分得12（0，1位置）和3（2位置为3）。

同理，对另一部分b也按照上述方法拆分，即拆分为45和6。

使用递归求解：12×45，求得12×45的结果，左移两位，右边补0，因为实际上是120×450；12×6（结果左移一位，实际是120×6）；3×45（结果左移一位，实际是3×450）；3×6（结果不移动）。

第二次拆分12和45，具体说明如下：

拆分12为1和2，45为4和5，再交叉相乘并将结果相加。

交叉相乘：1×4左移两位为400，1×5左移一位为50，2×4左移一位为80，2×5不移动为10。

结果相加：相加得400+50+80+10=540。

另外几个（12×6，3×45，3×6）不需要拆分，分别得72、135、18，所以，结果相加为：54 000+720+1350+18=56 088。

由此可见，整个解法的难点是对分治的理解，以及结果的调整和对结果的合并。

具体实现：根据上述分治算法思想，编写实例文件fenzhi.cpp，具体实现代码如下所示。

```cpp
#include <stdlib.h>
#include <cstring>
#include <iostream>

using namespace std;
#define M 100
char sa[1000];
char sb[1000];
typedef struct _Node {
    int s[M];
    int l;
    int c;
```

```c
} Node, *pNode;

void cp(pNode src, pNode des, int st, int l) {
    int i, j;
    for (i = st, j = 0; i < st + l; i++, j++) {
        des->s[j] = src->s[i];
    }
    des->l = l;
    des->c = st + src->c;
}

void add(pNode pa, pNode pb, pNode ans) {
    int i, cc, k, palen, pblen, len;
    int ta, tb;
    pNode temp;
                            //保证pa是高次幂
    if ((pa->c < pb->c)) {
        temp = pa;
        pa = pb;
        pb = temp;
    }
    ans->c = pb->c;         //结果的幂取最少的幂
    cc = 0;
    palen = pa->l + pa->c;  //pa的长度
    pblen = pb->l + pb->c;  //pb的长度
    if (palen > pblen)      //选取最长的长度
        len = palen;
    else
        len = pblen;
    k = pa->c - pb->c;      //k是幂差，len是最长的位数
    for (i = 0; i < len - ans->c; i++) {
        if (i < k)
            ta = 0;
        else
            ta = pa->s[i - k];
        if (i < pb->l)
            tb = pb->s[i];
        else
            tb = 0;
        if (i >= pa->l + k)
            ta = 0;
```

```
            ans->s[i] = (ta + tb + cc) % 10;
            cc = (ta + tb + cc) / 10;
        }
        if (cc)
            ans->s[i++] = cc;
        ans->l = i;
}

void mul(pNode pa, pNode pb, pNode ans) {
    int i, cc, w;
    int ma = pa->l >> 1, mb = pb->l >> 1;
    Node ah, al, bh, bl;
    Node t1, t2, t3, t4, z;
    pNode temp;
    if (!ma || !mb) {
        if (!ma) {                          //如果pa是一位数，则和pb交换
            temp = pa;
            pa = pb;
            pb = temp;
        }
        ans->c = pa->c + pb->c;
        w = pb->s[0];                       //pb必为一位数
        cc = 0;
        for (i = 0; i < pa->l; i++) {
                                            //pa必为2位数以上
            ans->s[i] = (w * pa->s[i] + cc) % 10;
            cc = (w * pa->s[i] + cc) / 10;
        }
        if (cc)
            ans->s[i++] = cc;
        ans->l = i;
        return;
    }
    cp(pa, &ah, ma, pa->l - ma);            //高位升幂
    cp(pa, &al, 0, ma);                     //低位幂不变
    cp(pb, &bh, mb, pb->l - mb);
    cp(pb, &bl, 0, mb);

    mul(&ah, &bh, &t1);
    mul(&ah, &bl, &t2);
    mul(&al, &bh, &t3);
```

```
        mul(&al, &bl, &t4);

        add(&t3, &t4, ans);
        add(&t2, ans, &z);
        add(&t1, &z, ans);
}

int main() {
    Node ans, a, b;
    cout << "输入大整数 a: " << endl;
    cin >> sa;
    cout << "输入大整数 b: " << endl;
    cin >> sb;
    a.l = strlen(sa);
    b.l = strlen(sb);
    int z = 0, i;
    for (i = a.l - 1; i >= 0; i--)
        a.s[z++] = sa[i] - '0';
    a.c = 0;
    z = 0;
    for (i = b.l - 1; i >= 0; i--)
        b.s[z++] = sb[i] - '0';
    b.c = 0;
    mul(&a, &b, &ans);
    cout << "最终结果为: ";
    for (i = ans.l - 1; i >= 0; i--)
        cout << ans.s[i];
    cout << endl;
    return 0;
}
```

执行后先分别输入两个大数，例如123和456，按下【Enter】键后将输出这两个数相乘的积。执行结果如图2-8所示。

图2-8 "大数相乘"问题的执行结果

2.4.3 实践演练—使用分治算法解决循环赛日程安排问题

实例2-7	使用分治算法解决循环赛日程安排问题
源码路径	素材\daima\2\xunhuan.c

问题描述：某学校举行乒乓球比赛，在初赛阶段设置为循环赛，设有n位选手参赛，初赛共进行$n-1$天，每位选手要与其他每一位选手进行一场比赛，然后按照积分排名选拔进入决赛的选手，根据学校作息时间，要求每位选手每天必须比赛一场，不能轮空。

算法分析：根据分治算法思路，将所有参赛队伍分为两半，则n队的比赛日程表可以通过$n/2$个队的比赛日程来决定。然后继续按照上述一分为二的方法对参赛队进行划分，直到只剩余最后2队时为止。

假设n队的编号为$1,2,3,\cdots,n$，比赛日程表制作为一个二维表格，每行表示每队所对阵队的编号。例如8支球队7天比赛的日程表如表2-2所示。

表2-2 8支球队比赛日程表

编号	第1天	第2天	第3天	第4天	第5天	第6天	第7天
1	2	3	4	5	6	7	8
2	1	4	3	6	5	8	7
3	4	1	2	7	8	5	6
4	3	2	1	8	7	6	5
5	6	7	8	1	2	3	4
6	5	8	7	2	1	4	3
7	8	5	6	3	4	1	2
8	7	6	5	4	3	2	1

根据表2-2的分析，可以将复杂的问题分治而解，即分解为多个简单的问题。例如有4队的比赛日程如表2-3所示。

表2-3 4支球队比赛日程表

编号	第1天	第2天	第3天
1	2	3	4
2	1	4	3
3	4	1	2
4	3	2	1

具体实现：根据上述分治算法思想，编写实例文件xunhuan.c，具体实现代码如下所示。

```c
#include <stdio.h>
#define MAXN 64
int a[MAXN+1][MAXN+1]={0};
void gamecal(int k,int n);
void gamecal(int k,int n)        //处理编号k开始的n个选手的日程
{
    int i,j;
    if(n==2)
    {
        a[k][1]=k;                //参赛选手编号
        a[k][2]=k+1;              //对阵选手编号
        a[k+1][1]=k+1;            //参赛选手编号
        a[k+1][2]=k;              //对阵选手编号    2号选手对阵1号选手
    }
    else{
        gamecal(k,n/2);
        gamecal(k+n/2,n/2);       // 以四个选手为例，3号选手开始安排2名选手
        for( i=k;i<k+n/2;i++)     //填充矩阵右上角
        {
            for(j=n/2+1;j<=n;j++)
            {
                a[i][j]=a[i+n/2][j-n/2];
            }
        }
        for(i=k+n/2;i<k+n;i++)    //填充矩阵右下角
        {
            for(j=1+n/2;j<=n;j++)
            {
                a[i][j]=a[i-n/2][j-n/2];
            }
        }
    }
}
int main(){
    int m,i,j;
    printf("请输入参赛选手的人数:");
    scanf("%d",&m);
    j=2;
    for(i=2;i<8;i++)              //判断是否为2的整数次幂
```

```
    {
        j=j*2;
        if(j==m) break;
    }
    if(i>=8)
    {
        printf("参赛选手人数必须为2的整数次幂,且不超过64! \n");
        return 0;
    }
    gamecal(1,m);
    printf("\n编号");
    for(i=2;i<=m;i++)
        printf("%2d天",i-1);
    printf("\n");
    for(i=1;i<=m;i++)
    {
        for(j=1;j<=m;j++)
            printf("%4d",a[i][j]);//将全局变量数组a[][]整合输出
        printf("\n");
    }
    return 0;
}
```

执行后先输入参赛球队数目,输入完成并按下【Enter】键会显示具体的比赛日程,执行结果如图2-9所示。

图2-9 比赛日程安排的执行结果

2.5 贪心算法思想

贪心算法也称为贪婪算法,它在求解问题时总想用在当前看来是最好方法来实现。这种算法思想不从整体最优上考虑问题,仅仅是在某种意义上的局部最优求解。虽然贪心算法并不能得到所有问题的整体最优解,但是面对范围相当广泛的许多问题时,还是能产生整体最优解或是整体最优解的近似解。

2.5.1 贪心算法基础

贪心算法是从问题的某一个初始解出发,逐步逼近给定的目标,以便尽快求出更好的解。当达到算法中的某一步不能再继续前进时,就停止算法,给出一个近似解。由贪心算法的特点和思路可看出,贪心算法存在以下3个问题。

(1) 不能保证最后的解是最优的。
(2) 不能用来求最大或最小解问题。
(3) 只能求满足某些约束条件的可行解的范围。

贪心算法的基本思路如下:
(1) 建立数学模型来描述问题。
(2) 把求解的问题分成若干个子问题。
(3) 对每一子问题求解,得到子问题的局部最优解。
(4) 把子问题的局部最优解合并成原来问题的一个解。

实现该算法的基本过程如下:
(1) 从问题的某一初始解出发。
(2) 使用while逐渐向给定总目标靠近。
(3) 求出可行解的一个解元素。
(4) 由所有解元素组合成问题的一个可行解。

2.5.2 实践演练——解决"装箱"问题

为了说明贪心算法的基本用法,将通过一个具体实例的实现过程,详细讲解贪心算法思想在编程中的基本应用。

实例2-8	使用贪心算法解决"装箱"问题
源码路径	素材\daima\2\zhuangxiang.c

问题描述:假设有编号分别为$0,1,\cdots,n-1$的n种物品,体积分别为$V_0,V_1,\cdots,V_{n-1}$。将这n种物品装到容量都为V的若干箱子里。约定这n种物品的体积均不超过V,即对于$0 \leqslant i < n$,有$0 < V_i \leqslant V$。不同的装箱方案所需要的箱子数目可能不同。"装箱"问题要求用尽量少的箱子装下这n种物品。

算法分析:如果将n种物品的集合分解为n个或小于n个物品的子集,使用最优解法就可以找到。但是所有可能的划分的总数会太大。对于适当大的n,如果要找出所有可能的划分,需要花费很长时间。此时可以使用贪心算法这种近似算法来解决装箱问题。如果每只箱子所装物品用链表来表示,链表的首节点指针保存在一个结构中,该结构能够记录剩余的空间量和该箱子所装物品链表的首指针,并使用全部箱子的信息构成链表。

具体实现：根据上述算法思想，编写实例文件zhuangxiang.c，具体实现代码如下所示。

```c
//装箱问题
#include <stdio.h>
#include <malloc.h>
#define V 10             //一个箱子所能装的最大体积

//物品信息
typedef struct
{
  int gnum;              //物品编号
  int gv;                //物品体积
}Goods;

//物品链
typedef struct Node
{
  int gnum;
  struct Node *next;     //连接下一个物品
}GoodsLink;

//箱子链
typedef struct Box
{
  int bv;                //箱子体积
  struct Box *next;      //下一个箱子
  struct Node *hg;       //箱子上的物品节点
}BoxLink;

//物品体积降序排列
//冒泡排序法进行排序
Goods *SortGoods(Goods *g,int n)
{
  for(int i=0;i<n-1;i++)
  {
    for(int j=0;i+j<n-1;j++)
    {
      if(g[j+1].gv>g[j].gv)
      {
        Goods t=g[j];
```

```
            g[j]=g[j+1];
            g[j+1]=t;
        }
    }
}
    return g;
}

//装箱
BoxLink *CreateBoxLink(Goods *g,int n)
{
    GoodsLink *pg,*qg;
    BoxLink *pbox,*hbox=NULL,*t;
    for(int i=0;i<n;i++)
    {
        //创建物品节点
        pg=(GoodsLink *)malloc(sizeof(GoodsLink));
        pg->gnum=g[i].gnum;
        pg->next=NULL;
        //判断是否需要创建新的箱子节点
        //判断条件：箱子结点不为空&&该物品的体积大于箱子所剩余的体积
        for(pbox=hbox;pbox&&(pbox->bv<g[i].gv);pbox=pbox->next);

        //如果没有找到合适的箱子创建箱子节点
        if(!pbox)
        {
            //创建新的箱子节点
            pbox=(BoxLink *)malloc(sizeof(BoxLink));
            pbox->bv=V;
            pbox->hg=NULL;
            pbox->next=NULL;
            if(!hbox)         //判断箱子链表是否为空
                hbox=t=pbox;
            else
                t=t->next=pbox;
        }
        //不执行if：表示有箱子可以放的下物品
        pbox->bv-=g[i].gv;   //用剩余箱子体积减去当前的物品体积

        if(!pbox->hg)         //在当前箱子上挂物品，判断箱子上是否有物品
```

```
                pbox->hg=pg;        //该物品是这个箱子的第一个物品节点
            else
            {
                for(qg=pbox->hg;qg->next;qg=qg->next);//找到挂物品所要挂的位置
                    qg->next=pg;    //将物品挂在找到的节点上
            }
        }
    return hbox;
}

//输出每个箱子所装的物品
void PrintBox(BoxLink *hbox)
{
    int cnt=0;
    for(BoxLink *pbox=hbox;pbox;pbox=pbox->next)
    {
        printf("第%d个箱子所放的物品编号:",++cnt);
        for(GoodsLink *pg=pbox->hg;pg;pg=pg->next)
            printf("%2d",pg->gnum);
        printf("\n");
    }
    printf("\n");
}

int main(void)
{
    int n,v;
    Goods *g;
    BoxLink *hbox;
    printf("请输入物品的个数: ");
    scanf("%d",&n);
    printf("\n");
    g=(Goods *)malloc(n*sizeof(Goods));         //定义物品信息

//初始化物品信息
    for(int i=0;i<n;i++)
    {
        printf("请输入第%d件物品体积: ",i+1);
        scanf("%d",&v);
```

```
        g[i].gv=v;
        g[i].gnum=i+1;
    }
    printf("\n");

    g=SortGoods(g,n);            //物品体积降序排列
    hbox=CreateBoxLink(g,n);     //装箱
    PrintBox(hbox);              //输出每个箱子所装的物品
    return 0 ;
}
```

本实例用到了C99和C11新特性,需要用支持新特性的工具运行。例如输入8后的执行结果如图2-10所示。

图 2-10 "装箱"问题执行结果

2.5.3 实践演练—使用贪心算法解决"找零方案"问题

下面再通过一个具体实例——"找零方案"问题的实现过程,详细说明贪心算法的基本用法。

实例2-9	使用贪心算法解决"找零方案"问题
源码路径	素材\daima\2\ling.c

问题描述:要求编写一段程序实现统一银座超市的找零方案,只需要输入需要找给顾客的金额,然后通过程序可以计算出该金额可以由哪些面额的人民币组成。

算法分析:人民币有100、50、10、5、2、1、0.5、0.2、0.1等多种面额(单位为元)。在找零钱时,可以有多种方案,例如需找零钱68.90元,至少可有以下3种方案。

-35-

(1) 1张50元、1张10元、1张5元、3张1元、1张0.5元、4张0.1元。

(2) 2张20元、2张10元、1张5元、3张1元、1张0.5元、4张0.1元。

(3) 6张10元、1张5元、3张1元、1张0.5元、4张0.1元。

具体实现：根据上述算法思想分析，编写实例文件ling.c，具体实现代码如下所示。

```c
#include <stdio.h>
#define MAXN 9
int parvalue[MAXN]={10000,5000,2000,1000,500,100,50,10};
int num[MAXN]={0};
int exchange(int n)
{
    int i,j;
    for(i=0;i<MAXN;i++)
        if(n>parvalue[i]) break;  //找到比n小的最大面额
    while(n>0 && i<MAXN)
    {
        if(n>=parvalue[i])
        {
            n-=parvalue[i];
            num[i]++;
        }else if(n<10 && n>=5)
        {
            num[MAXN-1]++;
            break;
        }else i++;
    }
    return 0;
}
int main()
{
    int i;
    float m;
    printf ("输入需要找零金额：" );
    scanf("%f",&m);
    exchange((int)100*m);
    printf("\n%.2f元零钱的组成：\n",m);
    for(i=0;i<MAXN;i++)
        if(num[i]>0)
            printf("%6.2f: %d张\n",(float)parvalue[i]/100.0,num[i]);
    getch();
    return 0;
}
```

执行后先输入需要找零的金额，例如68.2，按下【Enter】键后会输出找零方案，执行结果如图2-11所示。

图2-11 "找零方案"问题执行结果

2.6 试探法算法思想

试探法也叫回溯法，试探法的处理方式比较委婉，它先暂时放弃关于问题规模大小的限制，而将问题的候选解按某种顺序逐一进行枚举和检验。当发现当前候选解不可能是正确的解时，就选择下一个候选解。如果当前候选解除了不满足问题规模要求外，能够满足所有其他要求时，则继续扩大当前候选解的规模，并继续试探。如果当前候选解满足包括问题规模在内的所有要求时，该候选解就是问题的一个解。在试探算法中，放弃当前候选解，并继续寻找下一个候选解的过程称为回溯。扩大当前候选解的规模，并继续试探的过程称为向前试探。

2.6.1 试探法算法基础

使用试探算法解题的基本步骤如下：
（1）针对所给问题，定义问题的解空间。
（2）确定易于搜索的解空间结构。
（3）以深度优先方式搜索解空间，并在搜索过程中用剪枝函数避免无效搜索。

试探法为了求得问题的正确解，会先委婉地试探某一种可能的情况。在进行试探的过程中，一旦发现原来选择的假设情况是不正确的，立即会自觉地退回一步重新选择，然后继续向前试探，如此这般反复进行，直至得到解或证明无解时才死心。

假设存在一个可以用试探法求解的问题P，该问题表达为：对于已知的由n元组$(y_1, y_2, \cdots, y_n)$组成的一个状态空间$E=\{(y_1, y_2, \cdots, y_n) \mid y_i \in S_i, i=1,2,\cdots,n\}$，给定关于$n$元组中的一个分量的一个约束集$D$，要求$E$中满足$D$的全部约束条件的所有$n$元组。其中，$S_i$是分量$y_i$的定义域，且$|S_i|$有限，$i=1,2,\cdots,n$。$E$中满足$D$的全部约束条件的任一$n$元组为问题P的一个解。

求解问题P的最简单方法是使用枚举法，即对E中的所有n元组逐一检测其是否满足D的全部约束，如果满足，则为问题P的一个解。但是这种方法的计算量非常大。

对于现实中的许多问题，所给定的约束集D具有完备性，即i元组$(y_1,y_2,\cdots,y_i)$满足D中仅涉及$y_1,y_2,\cdots,y_j$的所有约束，这意味着j（$j<i$）元组$(y_1,y_2,\cdots,y_j)$一定也满足D中仅涉及$y_1,y_2,\cdots,y_j$的所有约束，$i=1,2,\cdots,n$。换句话说，只要存在$0 \leq j \leq n-1$，使得$(y_1,y_2,\cdots,y_j)$违反D中仅涉及$y_1,y_2,\cdots,y_j$的约束之一，则以$(y_1,y_2,\cdots,y_j)$为前缀的任何n元组$(y_1,y_2,\cdots,y_j,y_{j+1},\cdots,y_n)$一定也违反D中仅涉及$y_1,y_2,\cdots,y_i$的一个约束，$n \geq i > j$。因此，对于约束集D具有完备性的问题P，一旦检测断定某个j元组$(y_1,y_2,\cdots,y_j)$违反D中仅涉及$y_1,y_2,\cdots,y_j$的一个约束，就可以肯定，以$(y_1,y_2,\cdots,y_j)$为前缀的任何n元组$(y_1,y_2,\cdots,y_j,y_{j+1},\cdots,y_n)$都不会是问题P的解，因而就不必去搜索它们、检测它们。试探法是针对这类问题而推出的，比枚举算法的效率更高。

2.6.2　实践演练—使用试探法解决"八皇后"问题

为了说明试探算法的基本用法，接下来将通过一个具体实例的实现过程，详细讲解试探算法思想在编程中的基本应用。

实例2-10	使用试探算法解决"八皇后"问题
源码路径	素材\daima\2\shitan.c

问题描述：在本章前面2.3.3节的实例中已经总结过八皇后问题。

算法分析：首先将这个问题简化，设为4×4的棋盘，会知道有2种摆法，每行摆在列2、4、1、3或3、1、4、2上。

输入：无

输出：若干种可行方案，每种方案用空行隔开，如下是一种方案。

第1行第2列

第2行第4列

第3行第1列

第4行第3列

试探算法将每行的可行位置入栈（就是放入一个数组a[5]，这里用的是a[1]～a[4]），不行就退栈换列重试，直到找到一套方案输出。再接着从第1行换列重试其他方案。

具体实现：根据上述问题描述，使用试探算法加以解决。根据"八皇后"的试探算法分析，编写实现文件shitan.c，具体实现代码如下所示。

```c
#include <stdio.h>
int Queenes[8]={0},Counts=0;
int Check(int line,int list){
    //遍历该行之前的所有行
    int index;
    for (index=0; index<line; index++) {
```

```c
        //挨个取出前面行中皇后所在位置的列坐标
        int data=Queenes[index];
        //如果在同一列,该位置不能放
        if (list==data) {
            return 0;
        }
        //如果当前位置的斜上方有皇后,在一条斜线上,也不行
        if ((index+data)==(line+list)) {
            return 0;
        }
        //如果当前位置的斜下方有皇后,在一条斜线上,也不行
        if ((index-data)==(line-list)) {
            return 0;
        }
    }
    //如果以上情况都不是,当前位置就可以放皇后
    return 1;
}
//输出语句
void print()
{
    int line;
    for (line = 0; line < 8; line++)
    {
        int list;
        for (list = 0; list < Queenes[line]; list++)
            printf("0");
        printf("#");
        for (list = Queenes[line] + 1; list < 8; list++){
            printf("0");
        }
        printf("\n");
    }
    printf("================\n");
}
void eight_queen(int line){
    int list;
    //在数组中为0~7列
    for (list=0; list<8; list++) {
        //对于固定的行列,检查是否和之前的皇后位置冲突
        if (Check(line, list)) {
            //不冲突,以行为下标的数组位置记录列数
```

```c
            Queenes[line]=list;
            //如果最后一样也不冲突,证明为一个正确的摆法
            if (line==7) {
                //统计摆法的Counts加1
                Counts++;
                //输出这个摆法
                print();
                //每次成功,都要将数组重归为0
                Queenes[line]=0;
                return;
            }
            //继续判断下一样皇后的摆法,递归
            eight_queen(line+1);
            //不管成功失败,该位置都要重新归0,以便重复使用
            Queenes[line]=0;
        }
    }
}
int main() {
    //调用回溯函数,参数0表示从棋盘的第一行开始判断
    eight_queen(0);
    printf("摆放的方式有%d种",Counts);
    return 0;
}
```

执行后会输出所有的解决方案,执行结果如图2-12所示。

图2-12 "八皇后"问题执行结果

2.6.3 实践演练——体彩29选7彩票组合

为了说明试探算法的基本用法，接下来将通过一个具体实例的实现过程，详细讲解解决"体彩29选7彩票组合"问题的方法。

实例2-11	解决"体彩29选7彩票组合"问题
源码路径	素材\daima\2\caipiao.c

问题描述：假设有一种29选7的彩票，每注由7个1~29的数字组成，且这7个数字不能相同，编写程序生成所有的号码组合。

算法分析：采用试探法可以逐步解出所有可能的组合，首先分析按照如下顺序生成彩票号码。

29 28 27 26 25 24 23
29 28 27 26 25 24 22
29 28 27 26 25 24 21
……
29 28 27 26 25 24 1
29 28 27 26 25 23 22
……

从上述排列顺序可以看出，在生成组合时首先变化最后一位，当最后一位为1时将试探计算倒数第2位，并且使该位值减1，到最后再变化最后一位。通过上述递归调用，就可以实现29选7的彩票组合。

具体实现：

（1）编写文件cai.c，使用普通的循环解决上述彩票问题，具体实现代码如下所示。

```
#include <stdio.h>
int main()
{
    int j,i[7];//定义数组保存随机生成的不同的7位数字
    for(i[0]=1;i[0]<=29;i[0]++)//在1~29中随机生成不同的数字
        for(i[1]=1;i[1]<=29;i[1]++)
        {
            if(i[1]==i[0]) continue;
            for(i[2]=1;i[2]<=29;i[2]++)
            {
                if(i[2]==i[1]||i[2]==i[0]) continue;
                for(i[3]=1;i[3]<=29;i[3]++)
                {
                    if(i[3]==i[2]||i[3]==i[1]||i[3]==i[0]) continue;
```

```
                            for(i[4]=1;i[4]<=29;i[4]++)
                            {
                if(i[4]==i[3]||i[4]==i[2]||i[4]==i[1]||i[4]==i[0]) continue;
                                for(i[5]=1;i[5]<=29;i[5]++)
                                {
                                    if(i[5]==i[4]||i[5]==i[3]||i[5]==
i[2]||i[5]==i[1]||i[5]==i[0]) continue;
                                        for(i[6]=1;i[6]<=29;i[6]++)
                                        {
                                            if(i[6]==i[5]||i[6]==i[4]||
i[6]==i[3]||i[6]==i[2]||i[6]==i[1]||i[6]==i[0]) continue;
                                            for(j=0;j<=6;j++)
                                                printf("%3d",i[j]);
                                            printf("\n");
                                            getch();//等待你按下任意键再
                                                    //执行后面的语句
                                        }




                                }
                            }
                        }
                    }
                }
            }
        }
    return 0;
}
```

上述解决方案的缺点十分明显：一是程序繁琐，用的循环太多，非常耗时；二是不具备通用性。

（2）根据"彩票组合"的试探算法分析编写实现文件caipiao.c，具体实现代码如下所示。

```
#include <stdio.h>
#define MAXN 7  //设置每一注彩票的位数
#define NUM 29  //设置组成彩票的数字
int num[NUM];
int lottery[MAXN];
void combine(int n, int m)
{
    int i,j;
```

```
        for(i=n;i>=m;i--)
        {
            lottery[m-1]=num[i-1];  //保存一位数字
            if (m>1)
                combine(i-1,m-1);
            else        //若m=1,输出一注号码
            {
                for(j=MAXN-1;j>=0;j--)
                    printf("%3d",lottery[j]);
                getch();
                printf("\n");
            }
        }
}
int main()
{
    int i,j;
    for(i=0;i<NUM;i++)   //设置彩票各位数字
        num[i]=i+1;
    for(i=0;i<MAXN;i++)
        lottery[i]=0;
    combine(NUM,MAXN);
    getch();
    return 0;
}
```

执行后的结果如图2-13所示。

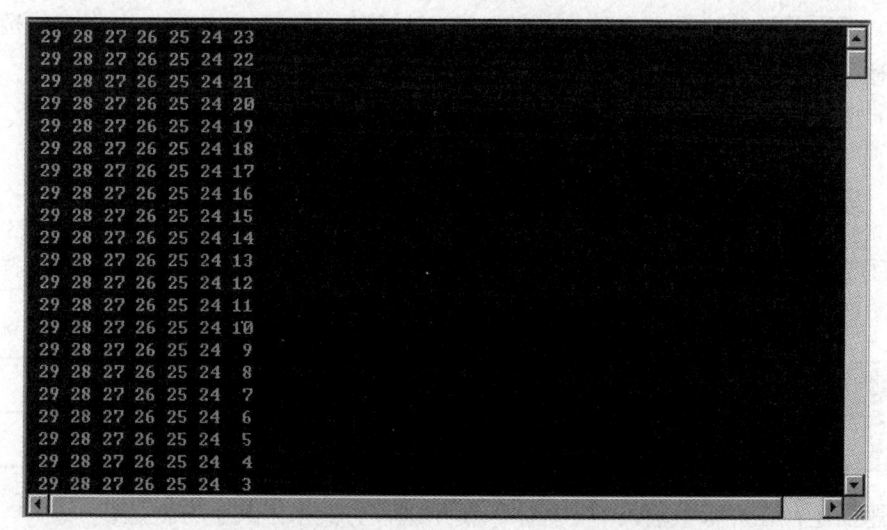

图2-13 "体彩29选7彩票组合"问题执行结果

2.7 迭代算法思想

迭代法也称辗转法，是一种不断用变量的旧值递推新值的过程，在解决问题时总是重复利用一种方法。与迭代法相对应的是直接法（或者称为一次解法），即一次性解决问题。迭代法又分为精确迭代法和近似迭代法。"二分法"和"牛顿迭代法"属于近似迭代法，功能也比较类似。

2.7.1 迭代算法基础

迭代算法是用计算机解决问题的一种基本方法。它利用计算机运算速度快、适合做重复性操作的特点，让计算机对一组指令（或一定步骤）进行重复执行，在每次执行这组指令（或这些步骤）时，都从变量的原值推出它的一个新值。

在使用迭代算法解决问题时，需要做好如下3个方面的工作。

1. 确定迭代变量

在可以使用迭代算法解决的问题中，至少存在一个迭代变量，即直接或间接地不断由旧值递推出新值的变量。

2. 建立迭代关系式

迭代关系式是指如何从变量的前一个值推出其后一个值的公式或关系。迭代关系式的建立是解决迭代问题的关键，通常可以使用递推或倒推的方法来建立迭代关系式。

3. 对迭代过程进行控制

在编写迭代程序时，必须确定在什么时候结束迭代过程，不能让迭代过程无休止地重复执行下去。对迭代过程的控制通常可分为如下两种情况：

（1）所需的迭代次数是个确定的值，可以计算出来，可以构建一个固定次数的循环来实现对迭代过程的控制。

（2）所需的迭代次数无法确定，需要进一步分析出用来结束迭代过程的条件。

2.7.2 实践演练——解决"求平方根"问题

为了说明迭代算法的基本用法，接下来将通过一个具体实例的实现过程，详细讲解迭代算法思想在编程中的基本应用。

实例2-12	解决"求平方根"问题
源码路径	素材\daima\2\diedai.c

问题描述：在屏幕中输入一个数字，使用编程方式求出其平方根是多少。

算法分析：求平方根的迭代公式是：$x_1 = 1/2 * (x_0 + a/x_0)$。

步骤 01 设置一个初值x0作为a的平方根值,在程序中取a/2作为a的初值;利用迭代公式求出一个x1。此值与真正的a的平方根值相比往往会有很大的误差。

步骤 02 把新求得的x1代入x0,用这个新的x0再去求出一个新的x1。

步骤 03 利用迭代公式再求出一个新的x1的值,即用新的x0求出一个新的平方根值x1,此值将更加趋近于真正的平方根值。

步骤 04 比较前后两次求得的平方根值x0和x1,如果它们的差值小于指定的值,即达到要求的精度,则认为x1就是a的平方根值,去执行 **步骤 05**;否则执行 **步骤 02**,即循环进行迭代。

步骤 05 输出结果。

迭代法常用于求方程或方程组的近似根,假设方程为$f(x)=0$,用某种数学方法导出等价的形式$x = g(x)$,然后按以下步骤执行:

步骤 01 选一个方程的近似根,赋给变量x_0。

步骤 02 将x_0的值保存于变量x_1,然后计算$g(x_1)$,并将结果存于变量x_0。

步骤 03 当x_0与x_1的差的绝对值还大于指定的精度要求时,重复 **步骤 02** 的计算。

如果方程有根,并且用上述方法计算出来了近似的根序列,则按照上述方法求得的最后的x_0就被认为是方程的根。

具体实现:根据上述算法思想,编写实例文件diedai.c,具体实现代码如下所示。

```c
#include <stdio.h>
#include <math.h>
int main()
{
    double x1, x2;
    double a;
    scanf("%lf",&a);
    x2=1.0;
    for(;;)
    {
        x1=x2;
        x2=(x1+a/x1)/2.0;
        if (fabs(x1 - x2)<0.00001)
        {
            printf("%.3f",x2);
            break;
        }
    }
    return 0 ;
}
```

执行后先输入要计算平方根的数值，假如输入2，按下【Enter】键后会输出2的平方根结果。执行结果如图2-14所示。

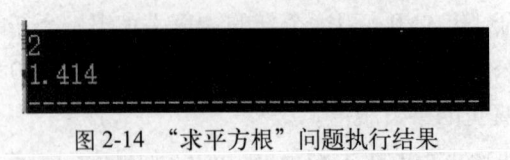

```
2
1.414
```

图2-14 "求平方根"问题执行结果

2.8 模拟算法思想

模拟是对真实事物或者过程的虚拟。在编程时为了实现某个功能，可以用语言来模拟那个功能，模拟成功也就相应地表示编程成功。

2.8.1 模拟算法的思路

模拟算法是一种基本的算法思想，可用于考查程序员的基本编程能力，其解决方法是根据题目给出的规则对题目要求的相关过程进行编程模拟。在解决模拟类问题时，需要注意字符串处理、特殊情况处理和对题目意思的理解。在C语言中，通常使用函数srand()和rand()来生成随机数。其中，函数srand()用于初始化随机数发生器，然后使用函数rand()来生成随机数。如果要使用上述两个函数，则需要在源程序头部包含time.h文件。在程序设计过程中，可使用随机函数来模拟自然界中发生的不可预测情况。在解题时，需要仔细分析题目给出的规则，要尽可能地做到全面考虑所有可能出现的情况，这是解模拟类问题的关键点之一。

2.8.2 实践演练——使用模拟算法解决"猜数字游戏"问题

为了说明模拟算法的基本用法，接下来将通过一个具体实例的实现过程，详细讲解模拟算法思想在编程中的基本应用。

实例2-13	使用模拟算法解决"猜数字游戏"问题
源码路径	素材\daima\2\shuzi.c

问题描述：用计算机随机生成一个1~100的数字，然后由用户来猜这个数，根据用户猜测的次数分别给出不同的提示。

算法分析：使用模拟算法的分析步骤如下。

步骤01 通过rand()随机生成一个1~100的数字。

步骤02 通过循环让用户逐个输入猜测的整数，并将输入的数据与随机数字进行比较。

步骤 03 将比较的结果输出。

具体实现：根据上述问题描述及算法分析，编写实现文件shuzi.c，具体实现代码如下所示。

```c
#define _CRT_SECURE_NO_WARNINGS 1
#include <stdio.h>
#include <stdlib.h>
#include <time.h>
void menu()
{
    printf("***** 1.play *****\n");
    printf("***** 0.exit *****\n");
}
void game()
{
    int ret = 0;
    int n = 0;
    ret = rand() % 100;
    while (1)//无限循环
    {
        printf("请猜数字：\n");
        scanf("%d", &n);
        if (n == ret)
        {
            printf("猜对了！\n");
            break;//中断循环
        }
        else if (n < ret)
        {
            printf("猜小了\n");
        }
        else
        {
            printf("猜大了\n");
        }
    }
}
int main()
{
    int input = 0;
    srand((unsigned int)time(NULL));
    do{
        menu();
```

```
        printf("请选择: \n");
        scanf_s("%d", &input);
        switch (input)
        {
            case 1:
                printf("玩游戏\n");
                game();
                break;
            case 0:
                printf("退出游戏\n");
                break;
            default:
                printf("选择错误\n");
        }

    } while (input);
    system("pause");
    return 0;
}
```

执行后的结果如图2-15所示。

图 2-15 "猜数字游戏"问题执行结果

2.8.3 实践演练——使用模拟算法解决"掷骰子游戏"问题

为了说明模拟算法的基本用法,接下来将通过一个具体实例的实现过程,详细讲解解决"掷骰子游戏"问题的方法。

实例2-14	使用模拟算法解决"掷骰子游戏"问题
源码路径	素材\daima\2\touzi.c

问题描述:由用户输入骰子数量和参赛人数,然后由计算机随机生成每一粒骰子的

数量，再累加得到每一个选手的总点数。

算法分析：使用模拟算法的步骤如下。

步骤 01 定义一个随机函数play()，根据骰子数量随机生成骰子的点数。

步骤 02 设置一个死循环，可以重复操作。

步骤 03 处理每个选手，调用函数play()模拟掷骰子游戏的场景。

具体实现：根据"掷骰子游戏"的模拟算法分析编写实现文件touzi.c，具体实现代码如下所示。

```c
#include <stdio.h>
#include <time.h>
int main()
{
    int m,i,n=0,s=0;
    srand(time(NULL));
    printf("请输入要掷骰子的次数：");
    scanf("%d",&m);
    for(i=1;i<=m;i++)
    {
        n=rand()%6+1;//生成骰子的六位随机面
        printf("第%d次骰子的点数为：%d\n",i,n);
        s=s+n;
    }
    printf("你一共掷了%d次骰子!\n",m);
    printf("骰子的总点数为：%d",s);
    return 0;
}
```

执行后的结果如图2-16所示。

图 2-16 "掷骰子游戏"问题执行结果

思考与练习

1. 常用的算法思想有哪几种？

2. 上机练习斐波那契数列问题、汉诺塔问题、八皇后问题（试探法）、猜数字游戏问题的代码，仔细体会每个程序中体现的算法思想。

第3章 线性表、队列和栈

在本书第2章中,已经讲解了现实中最常用的8种算法思想。其实算法都是用来处理数据的,所有被处理的数据必须按照一定的规则进行组织。当数据之间存在一种或多种特定关系时,通常将这些关系称为结构。

数据之间一般存在如下3种基本结构:
(1) 线性结构:数据元素间是一对一的关系。
(2) 树形结构:数据元素间是一对多的关系。
(3) 网状结构:数据元素间是多对多的关系。
在本章中,将详细讲解线性数据结构的基础知识。

3.1 线性表

线性表中各个数据元素之间是一对一的关系,除了第1个和最后一个数据元素外,其他数据元素都是首尾相接的。因为线性表的逻辑结构简单,便于实现和操作,所以该数据结构在实际应用中被广泛采用。在本节中,将详细讲解线性表的基础知识。

3.1.1 线性表的特性

线性表是一种最基本、最简单、最常用的数据结构。在实际应用中,线性表都是以栈、队列、字符串、数组等特殊线性表的形式来使用的。因为这些特殊线性表都具有自己的特性,所以掌握这些特殊线性表的特性,对于提高数据运算的可靠性和操作效率是至关重要的。

线性表是一个线性结构,它是一个含有 $n \geq 0$ 个节点的有限序列。在节点中,有且仅有一个开始节点没有前驱并有一个后继节点,有且仅有一个终端节点没有后继并有一个前驱节点,其他的节点都有且仅有一个前驱和一个后继节点。通常可以把一个线性表表示成一个线性序列:$k_1, k_2, \cdots, k_n$,其中 k_1 是开始节点,k_n 是终端节点。

1. 线性表的特征

在编程领域中,线性表具有如下两个基本特征。
(1) 集合中必存在唯一的"第一元素"和唯一的"最后元素"。
(2) 除最后元素之外,均有唯一的后继;除第一元素之外,均有唯一的前驱。

由 $n(n \geq 0)$ 个数据元素(节点)$a_1, a_2, \cdots, a_n$ 组成的有限序列,数据元素的个数 n 定义为表的长度。当 $n=0$ 时称为空表,通常将非空的线性表($n>0$)记作:$(a_1, a_2, \cdots, a_n)$。数据元素

$a_i(1 \leq i \leq n)$ 没有特殊含义，不必去"剖根问底"地研究，它只是一个抽象的符号，其具体含义在不同的情况下可以不同。

2. 线性表的基本操作过程

线性表中数据元素间虽然只是一对一的关系，但是其操作功能非常强大。线性表的基本操作如下：

（1）Setnull (L)：置空表。
（2）Length (L)：求表长度，即表中各元素个数。
（3）Get (L,i)：获取表中第 i 个元素（$1 \leq i \leq n$）。
（4）Prior (L,i)：获取表中第 i 个元素的前趋元素。
（5）Next (L,i)：获取表中第 i 个元素的后继元素。
（6）Locate (L,x)：返回指定元素在表中的位置。
（7）Insert (L,i,x)：插入新元素。
（8）Delete (L,x)：删除已存在元素。
（9）Empty (L)：判断表是否为空。

3. 线性表的结构特点

线性表具有如下结构特点：

（1）均匀性：虽然不同数据表的数据元素是各种各样的，但同一线性表的各数据元素必须有相同的类型和长度。

（2）有序性：各数据元素在线性表中的位置只取决于它们的序。数据元素之间的相对位置是线性的，即存在唯一的"第一个"和"最后一个"数据元素，除了第1个和最后一个外，其他元素前面只有一个直接前趋元素，后面只有一个直接后继元素。

3.1.2 顺序表操作

在现实应用中，有两种实现线性表数据元素存储的方法，分别是顺序存储结构和链式存储结构。其中，顺序存储结构被称为顺序表，顺序表是指用一组地址连续的存储单元依次存储线性表中的各个元素，使得在逻辑结构上线性表中相邻的数据元素存储在相邻的物理存储单元中。顺序表操作是最简单的操作线性表的方法。

顺序表的主要操作有以下几种：

1. 计算顺序表的长度

数组的最小索引是0，顺序表的长度就是数组中最后一个元素的索引last加1。使用C语言计算顺序表长度的算法实现如下所示。

```
public int GetLength()
{
```

```
    return last+1;
}
```

2. 清空操作

清空操作是指清除顺序表中的数据元素，最终目的是使顺序表为空，此时last等于-1。使用C语言清空顺序表的算法实现如下所示。

```
public void Clear(){
last = -1;
}
```

3. 判断顺序表是否为空

当顺序表的last为-1时表示顺序表为空，此时会返回true，否则返回false，表示顺序表不为空。使用C语言判断顺序表是否为空的算法实现如下所示。

```
public bool IsEmpty(){
if (last == -1){
    return true;
}
else{
    return false;
}
}
```

4. 判断顺序表是否为满

当顺序表为满时last值等于maxsize-1，此时会返回true，如果不为满则返回false。使用C语言判断顺序表是否为满的算法实现如下所示。

```
public bool IsFull(){
if (last == maxsize - 1){
    return true;
}
else{
    return false;
}
}
```

5. 附加操作

在顺序表没有满的情况下进行附加操作，即在表的末端添加一个新元素，然后使顺序表的last加1。附加操作的算法实现如下所示。

```
public void Append(T item)
{
    if(IsFull())
    {
        Console.WriteLine("List is full");
        return;
    }
    data[++last] = item;
}
```

6. 插入操作

在顺序表中插入数据的方法非常简单，只需要在顺序表的第 i 个位置插入一个值为 $item$ 的新元素即可。插入新元素后，会使原来长度为 n 的表 $(a_1,a_2,\cdots,a_{i-1},a_i,a_{i+1},\cdots,a_n)$ 的长度变为 $(n+1)$，也就是变为 $(a_1,a_2,\cdots,a_{i-1},item,a_i,a_{i+1},\cdots,a_n)$。$i$ 的取值范围为 $1 \leq i \leq n+1$，当 i 为 $n+1$ 时，表示在顺序表的末尾插入数据元素。

在顺序表插入一个新数据元素的基本步骤如下：

步骤01 判断顺序表的状态。判断顺序表是否已满和插入的位置是否正确，当表已满或插入的位置不正确时不能插入。

步骤02 当表未满且插入的位置正确时，将 $a_n \sim a_i$ 依次向后移动，为新的数据元素空出位置。在算法中用循环来实现。

步骤03 将新的数据元素插入到空出的第 i 个位置上。

步骤04 修改 last 值以修改表长，使其仍指向顺序表的最后一个数据元素。

顺序表插入数据示意图如图3-1所示。

下标	元素
0	A
1	B
2	C
3	D
4	E
5	F
6	G
7	H
...	
MAXSIZE-1	

下标	元素
0	A
1	B
2	C
3	D
4	Z
5	E
6	F
7	G
8	H
...	
MAXSIZE-1	

(a) 插入前　　　(b) 插入后

图 3-1　顺序表插入数据示意图

7. 删除操作

可以删除顺序表中的第 i 个数据元素，删除后使原来长度为 n 的表 $(a_1,a_2,\cdots,a_{i-1},a_i,a_{i-1},\cdots,a_n)$ 变为长度为 $(n-1)$ 的表，即 $(a_1,a_2,\cdots,a_{i-1},a_{i+1},\cdots,a_n)$。$i$ 的取值范围为 $1 \leq i \leq n$。当 i 为 n 时，表示删除顺序表末尾的数据元素。

在顺序表中删除一个数据元素的基本步骤如下：

步骤01 判断顺序表是否为空，判断删除的位置是否正确，当表为空或删除的位置不正确时不能删除。

步骤02 如果表不为空且删除的位置正确，则将 $a_{i+1} \sim a_n$ 依次向前移动，在算法中用循环来实现移动功能。

步骤03 修改last值以修改表长，使它仍指向顺序表的最后一个数据元素。

图3-2展示了在一个顺序表中删除一个元素的前后变化过程。图3-2中的表原来长度是8，如果删除第5个元素E，在删除后为了满足顺序表的先后关系，必须将原表中第6～8个元素（下标为5～7）向前移动一位。

下标	元素
0	A
1	B
2	C
3	D
4	E
5	F
6	G
7	H
	…
MAXSIZE-1	

下标	元素
0	A
1	B
2	C
3	D
4	F
5	G
6	H
7	
	…
MAXSIZE-1	

图 3-2 顺序表中删除一个元素

8. 获取表元

通过获取表元运算可以返回顺序表中第 i 个数据元素的值，i 的取值范围是 $1 \leq i \leq \text{last}+1$。因为表中数据是随机存取的，所以当 i 的取值正确时，获取表元运算的时间复杂度为 $O(1)$。

9. 按值进行查找

所谓按值查找，是指在顺序表中查找满足给定值的数据元素。它就像住址的门牌号一样，这个值必须具体到单元和室，否则会查找不到。按值查找就像Word中的搜索功能一样，可以在繁多的文字中找到需要查找的内容。在顺序表中找到一个值的基本过程如下：

步骤01 从第1个元素起依次与给定的值进行比较，如果找到，则返回在顺序表中首次出现与给定值相等的数据元素的序号,称为查找成功。

步骤02 如果没有找到,即在顺序表中没有与给定值匹配的数据元素,则返回一个特殊值,表示查找失败。

3.1.3 实践演练——顺序表操作函数

为了说明顺序表的基本操作,接下来将通过一个具体实例的实现过程,详细讲解操作顺序表的基本流程。

实例3-1	演示顺序表操作函数的用法
源码路径	素材\daima\3\SeqListTest.c

步骤01 编写文件2-1 SeqList.h和2-2 SeqList.c,根据本章前面3.1.2中介绍的顺序表操作原理编写顺序表操作函数,实例文件2-2 SeqList.c的具体实现代码如下所示。

```
void SeqListInit(SeqListType *SL)              //初始化顺序表
{
    SL->ListLen=0;                             //初始化时,设置顺序表长度为0
}
int SeqListLength(SeqListType *SL)             //返回顺序表的元素数量
{
    return (SL->ListLen);
}
int SeqListAdd(SeqListType *SL,DATA data)      //增加元素到顺序表尾部
{
    if(SL->ListLen>=MAXSIZE)                   //顺序表已满
    {
        printf("顺序表已满,不能再添加节点了!\n");
        return 0;
    }
    SL->ListData[++SL->ListLen]=data;
    return 1;
}
int SeqListInsert(SeqListType *SL,int n,DATA data)
{
    int i;
    if(SL->ListLen>=MAXSIZE)                   //顺序表节点数量已超过最大数量
    {
        printf("顺序表已满,不能插入结点!\n");
        return 0;                              //返回0表示插入不成功
    }
```

```c
    if(n<1 || n>SL->ListLen-1)                  //插入节点序号不正确
    {
        printf("插入元素序号错误，不能插入元素！\n");
        return 0;                               //返回0，表示插入不成功
    }
    for(i=SL->ListLen;i>=n;i--)                 //将顺序表中的数据向后移动
        SL->ListData[i+1]=SL->ListData[i];
    SL->ListData[n]=data;                       //插入节点
    SL->ListLen++;                              //顺序表节点数量增加1
    return 1;                                   //返回1，表示成功插入
}
int SeqListDelete(SeqListType *SL,int n)        //删除顺序表中的数据元素
{
    int i;
    if(n<1 || n>SL->ListLen+1)                  //删除元素序号不正确
    {
        printf("删除结点序号错误，不能删除节点！\n");
        return 0;                               //返回0，表示删除不成功
    }
    for(i=n;i<SL->ListLen;i++)                  //将顺序表中的数据向前移动
        SL->ListData[i]=SL->ListData[i+1];
    SL->ListLen--;                              //顺序表元素数量减1
    return 1;                                   //返回1，表示成功删除
}
DATA *SeqListFindByNum(SeqListType *SL,int n)   //根据序号返回数据元素
{
    if(n<1 || n>SL->ListLen+1)                  //元素序号不正确
    {
        printf("结点序号错误，不能返回节点！\n");
        return NULL;                            //返回NULL，表示不成功
    }
    return &(SL->ListData[n]);
}
int SeqListFindByCont(SeqListType *SL,char *key) //按关键字查询节点
{
    int i;
    for(i=1;i<=SL->ListLen;i++)
        if(strcmp(SL->ListData[i].key,key)==0)  //如果找到所需节点
            return i;                           //返回节点序号
    return 0;                 //遍历后仍没有找到，则返回0
}
```

步骤02 编写测试文件SeqListTest.c，在里面编写一个测试主函数main()，然后调用前面定义的顺序表操作函数进行对应的操作。实例文件SeqListTest.c的具体实现代码如下所示。

```c
#include <stdio.h>
typedef struct
{
    char key[15];    //节点的关键字
    char name[20];
    int age;
} DATA;    //定义节点类型,可定义为简单类型,也可定义为结构
#include "2-1 SeqList.h"
#include "2-2 SeqList.c"
int SeqListAll(SeqListType *SL)        //遍历顺序表中的节点
{
    int i;
    for(i=1;i<=SL->ListLen;i++)
      printf("(%s,%s,%d)\n",SL->ListData[i].key,SL->ListData[i].name,SL->ListData[i].age);
}
int main()
{
    int i;
    SeqListType SL;                    //定义顺序表变量
    DATA data,*data1;                  //定义节点保存数据类型变量和指针变量
    char key[15];                      //保存关键字

    SeqListInit(&SL);                  //初始化顺序表

    do {                               //循环添加节点数据
        printf("输入添加的节点(学号姓名年龄): ");
        fflush(stdin);                 //清空输入缓冲区
        scanf("%s%s%d",&data.key,&data.name,&data.age);
        if(data.age)                   //若年龄不为0
        {
            if(!SeqListAdd(&SL,data))  //若添加节点失败
                break;                 //退出死循环
        }else                          //若年龄为0
            break;                     //退出死循环
    }while(1);
    printf("\n顺序表中的节点顺序为: \n");
```

```
    SeqListAll(&SL);                           //显示所有节点数据

    fflush(stdin);                             //清空输入缓冲区
    printf("\n要取出节点的序号: ");
    scanf("%d",&i);                            //输入节点序号
    data1=SeqListFindByNum(&SL,i);             //按序号查找节点
    if(data1)                                  //若返回的节点指针不为NULL
        printf("第%d个节点为: (%s,%s,%d)\n",i,data1->key,data1->name,
data1->age);

    fflush(stdin);                             //清空输入缓冲区
    printf("\n要查找节点的关键字: ");
    scanf("%s",key);            //输入关键字
    i=SeqListFindByCont(&SL,key);              //按关键字查找,返回节点序号
    data1=SeqListFindByNum(&SL,i);             //按序号查询,返回节点指针
    if(data1)                                  //若节点指针不为NULL
        printf("第%d个节点为: (%s,%s,%d)\n",i,data1->key,data1->name,
data1->age);    getch();
    return 0;
}
```

执行后的结果如图3-3所示。

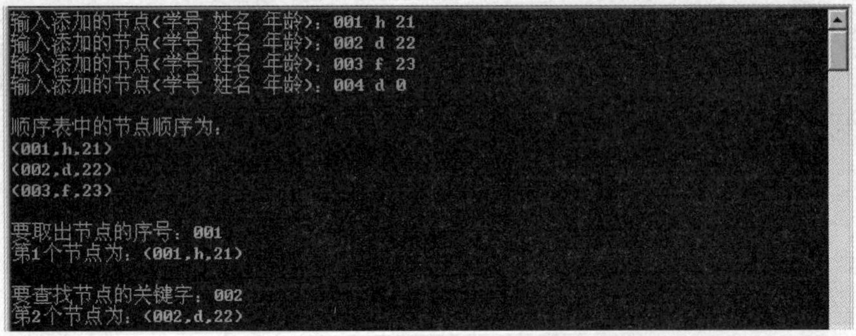

图 3-3 应用顺序表操作函数的执行结果

3.1.4 链表操作

前面学习了顺序表的基础知识,了解到顺序表可以利用物理上的相邻关系,表达出逻辑上的前驱和后继关系。顺序表有一个硬性规定,即用连续的存储单元顺序存储线性表中的各元素。根据这条硬性规定,当对顺序表进行插入和删除操作时,必须移动数据元素才能实现线性表逻辑上的相邻关系。很不幸的是,这种操作会影响运行效率。要想解决上述影响效率的问题,需要借助链式存储结构的帮助。

链式存储结构不需要用地址连续的存储单元，而是通过"链"建立起数据元素之间的次序关系。所以它不要求逻辑上相邻的两个数据元素在物理结构上也相邻，在插入和删除时无需移动元素，从而提高了运行效率。链式存储结构主要有单链表、循环链表、双向链表、静态链表等几种形式。

要想在C语言中实现链表功能，需要使用结构定义语句来定义链表中的节点。在结构中除了有各种类型的数据成员之外，还必须有一个指向相同结构体类型数据的指针变量，这个指针变量用来指向下一个节点。通过这个指针成员，可以把各个节点连接起来。上述操作的具体格式如下所示。

```
struct 结构体类型名
{
数据类型 成员变量1;
数据类型 成员变量2;
……
数据类型 成员变量n;
struct 结构体类型名 *指针变量名;
}
```

1. 创建一个链表

使用C语言建立一个链表的实现代码如下所示。

```
LinkList GreatLinkList(int n){
/*建立一个长度为n的链表*/
LinkList p,r,list=NULL;
ElemType e;
int i;
for(i=1;i<=n;i++){
        Get(e);
        p=(LinkList)malloc(sizeof(LNode));
        p->data=e;
        p->next=NULL;
        if(!list)
            list=p;
        else
            r->next=p;
        r=p;
    }
return list;
}
```

上述代码的具体实现过程如下：

步骤01 使用函数malloc()在内存的动态存储区中创建一块大小为sizeof(LNode)的空间，并将其地址赋值给LinkList类型变量p（LinkList为指向LNode变量的类型，LNode为前面定义的链表节点类型）。然后将数据e存入该节点的数据域data，指针域存放NULL。其中数据e由函数Get()获得。

步骤02 如果指针变量list为空，则说明本次生成的节点是第1个节点，因此将p赋值给list。变量list为LinkList类型，只用来指向第1个链表节点，因此它是该链表的头指针，最后要返回。

步骤03 如果指针变量list不为空，则说明本次生成的节点不是第1个节点，所以要将p赋值给r->next。在此r是一个LinkList类型变量，永远指向原先链表的最后一个节点，也就是要插入节点的前一个节点。

步骤04 再将p赋值给r，目的是使r再次指向最后的节点，以便生成链表的下一个节点，这样能够保证r永远指向原先链表的最后一个节点。

步骤05 将生成的链表的头指针list返回主调函数，通过list就可以访问到该链表的每一个节点，并对该链表进行操作。至此，就建立了一条长度为n的链表。

2. 向链表中插入节点

在实际应用中，在指针q指向的节点后面插入节点的基本步骤如下：

步骤01 创建一个新的节点，然后用指针p指向这个节点。

步骤02 将q指向的节点的next域的值（即q的后继节点的指针）赋值给p指向节点的next域。

步骤03 将p的值赋值给q的next域。

使用C语言实现向链表中插入节点的具体算法描述如下所示。

```
void insertList(LinkList *list,LinkList q,ElemType e){
{   /*向链表中由指针q指出的节点后面插入节点，节点数据为e*/
    LinkList p;
    p=(LinkList)malloc(sizeof(LNode));         /*生成一个新节点，由p指向它*/
    p->data=e;                                  /*向该节点的数据域赋值e*/
    if(!*list){
        *list=p;
        p->next=NULL;
    }                                                       /*当链表为空时*/
    else{
        p->next=q->next;
        /*将q指向的节点的next域的值赋值给p指向节点的next域*/
        q->next=p;
        /*将p的值赋值给q的next域*/
    }
}
```

上述代码的具体实现流程如下：

步骤01 生成一个大小为sizeof(LNode)的新节点，用LinkList类型的变量p指向该节点，将该节点的数据域赋值为e。

步骤02 判断链表是否为空，如果链表为空，则将p赋值给list，p的next域的值置为空；如果链表不为空，则将q指向的节点的next域的值赋给p指向节点的next域，这样p指向的节点就与q指向节点的下一个节点连接到了一起。

步骤03 将p的值赋给q所指节点的next域，这样就将p指向的节点插入到了指针q指向节点的后面。至此，就在指针q指向的节点后面插入了一个新的节点。

通过上面的代码描述可以看出，使用此方法也可以创建一个链表。因为开始时链表为空，即list==NULL，通过该算法可以自动为链表创建一个节点。在接下来创建其他节点的过程中，只要始终将指针q指向链表的最后一个节点，即可创建出一个链表。

在函数insertList()中有一个参数LinkList *list，此参数是一个指向LinkList类型的指针变量，相当于指向LNode类型的指针的指针。这是因为在函数中要对list，也就是表头指针进行修改，但调用该函数时，实参是&list，而不是list。因此必须采取指针参数传递的办法，否则无法在被调函数中修改主函数中定义的变量的内容。

3. 在链表中删除节点

如果需要在非空链表中删除q所指的节点，要想保证万无一失，需要考虑如下3种情形：

（1）当q指向的是链表的第1个节点时。

当q所指向的是链表的第1个节点时，只需将q所指节点的指针域next的值赋值给头指针list，让list指向第2个节点，然后再释放掉q所指节点后即可实现。

（2）当q指向节点的前驱节点的指针是已知的时候。

当q所指向的节点的前驱节点的指针已知时，在此假设为r，只需将q所指节点的指针域next的值赋值给r的指针域next，然后释放掉q所指节点即可实现。

对于以上两种情形，使用C语言实现的算法描述如下所示。

```
void delLink(LinkList *list,LinkList r,LinkList q){
if(q==*list)                           /*删除链表节点的第一种情形*/
        *list=q->next;
else
        r->next=q->next;               /*删除链表节点的第二种情形*/
free(q);
}
```

（3）当q所指的节点的前驱节点的指针是未知的时候。

在这种情况下，需要先通过链表头指针list遍历链表，找到q的前驱节点的指针，并将该指针赋值给指针变量r，再按照第2种情形去做即可实现。此时使用C语言在链表中删除节点的算法描述如下所示。

```
void delLink(LinkList *list ,LinkList q){
LinkList r;
if(q==list){
    *list=q->next;
    free(q);
    }
else{
    for(r=*list;r->next!=q;r=r->next);/*遍历链表，找到q的前驱节点的指针*/
      if(r->next!=NULL){
        r->next=q->next;
        free(q);
        }
      }
}
```

4. 销毁链表

链表本身会占用一定的内存空间，所以在编程过程中，当使用完链表后建议及时销毁这个链表。如果在一个系统中使用了很多链表，并且使用完毕后也不及时销毁，则这些垃圾空间会越积越多，最终可能会导致内存泄漏，严重的话甚至会造成程序崩溃。下面是使用C语言销毁一个链表list的代码描述。

```
void destroyLinkList(LinkList *list){
    LinkList p,q;
    p=*list;
    while(p){
        q=p->next;
        free(p);
        p=q;
    }
    *list=NULL;
}
```

在上述代码中，通过函数destroyLinkList()可以销毁链表list，此函数的实现流程如下：

步骤01 将链表*list的内容赋值给p，因为p指向链表的第1个节点，从而成为了链表的表头。

步骤02 只要p不为空（NULL），就将p指向的下一个节点的指针（地址）赋值给q，并使用函数free()释放掉p所指向的节点,p再指向下一个节点。重复上述循环,直到链表为空为止。

步骤03 将链表*list的内容设置为NULL,与之对应的是主函数中的链表list也随之变为空,这样的好处是可以防止list成为野指针,并且链表在内存中也被完全释放掉。

为了说明定义链表操作函数的基本用法,接下来将通过一个具体实例的实现过程,详细演示前面定义的链表操作函数的用法。

实例3-2	演示前面定义的链表操作函数的用法
源码路径	素材\daima\3\lianbiao.c

在实例文件lianbiao.c中编写了一个测试主函数main(),然后使用前面介绍的链表操作函数实现对链表的操作处理。实例文件lianbiao.c具体实现代码如下所示。

```c
#include <stdio.h>
typedef struct
{
    char key[15];                       //关键字
    char name[20];
    int age;
}DATA;                                  //数据节点类型
#include "2-4 ChainList.h"
#include "2-5 ChainList.c"
void ChainListAll(ChainListType *head)  //遍历链表
{
    ChainListType *h;
    DATA data;
    h=head;
    printf("链表所有数据如下:\n");
    while(h)                            //循环处理链表每个节点
    {
        data=h->data;                   //获取节点数据
        printf("(%s,%s,%d)\n",data.key,data.name,data.age);
        h=h->next;                      //处理下一节点
    }
    return;
}
int main()
{
    ChainListType *node, *head=NULL;
    DATA data;
```

```c
    char key[15],findkey[15];

    printf("输入链表中的数据，包括关键字、姓名、年龄，关键字输入0，则退出：\n");
    do{
        fflush(stdin);                                  //清空输入缓冲区
        scanf("%s",data.key);
        if(strcmp(data.key,"0")==0) break;              //若输入0，则退出
        scanf("%s%d",data.name,&data.age);
        head=ChainListAddEnd(head,data);                //在链表尾部添加节点数据
    }while(1);

    printf("该链表共有%d个节点。\n",ChainListLength(head));
                                                        //返回节点数量
    ChainListAll(head);                                 //显示所有节点

    printf("\n插入节点，输入插入位置的关键字：");
    scanf("%s",&findkey);                               //输入插入位置关键字
    printf("输入插入节点的数据(关键字姓名年龄):");
    scanf("%s%s%d",data.key,data.name,&data.age);       //输入插入节点数据
    head=ChainListInsert(head,findkey,data);            //调用插入函数

    ChainListAll(head);                                 //显示所有节点

    printf("\n在链表中查找，输入查找关键字:");
    fflush(stdin);                                      //清空输入缓冲区
    scanf("%s",key);                                    //输入查找关键字
    node=ChainListFind(head,key);                       //调用查找函数，返回节点指针
    if(node)                                            //若返回节点指针有效
    {
        data=node->data;                                //获取节点的数据
        printf("关键字%s对应的节点数据为(%s,%s,%d)\n",key,data.key,data.name,data.age);
    }else                                               //若节点指针无效
        printf("在链表中未找到关键字为%s的节点！\n",key);

    printf("\n在链表中删除节点，输入要删除的关键字:");
    fflush(stdin);                                      //清空输入缓冲区
    scanf("%s",key);                                    //输入删除节点关键字
    ChainListDelete(head,key);                          //调用删除节点函数
    ChainListAll(head);     //显示所有节点
```

```
        getch();
        return 0;
}
```

执行后可以分别输入数据实现对链表的操作，执行结果如图3-4所示。

图 3-4 定义链表操作函数执行结果

3.2 先进先出的队列

先进先出的队列严格按照"先来先得"原则，这一点和排队差不多。例如，在银行办理业务时都要先取一个号排队，早来的会先获得到柜台办理业务的待遇；购买火车票时需要排队，早来的先获得买票资格。计算机算法中的队列是一种特殊的线性表，它只允许在表的前端进行删除操作，在表的后端进行插入操作。队列是一种比较有意思的数据结构，最先插入的元素是最先被删除的；反之最后插入的元素是最后被删除的，因此队列又称为"先进先出"（first in-first out，FIFO）的线性表。进行插入操作的一端称为队尾，进行删除操作的一端称为队头。队列中没有元素时，称为空队列。

3.2.1 什么是队列

队列和栈一样，只允许在端点处插入和删除元素，循环队的入队算法如下：

（1）tail=tail+1。

（2）如果tail=n+1，则tail=1。

（3）如果head=tail，即尾指针与头指针重合，则表示元素已装满队列，会施行"上溢"出错处理；否则Q(tail)=X，结束整个过程，其中X表示新的入队元素。

队列的抽象数据类型定义是ADT Queue，具体格式如下所示。

```
ADT Queue{
D={a_i|a_i∈ElemSet, i=1,2,…,n,   n≥0}         //数据对象
R={R1},R1={<a_{i-1},a_i>|a_{i-1},a_i∈D, i=2,3,…,n }   //数据关系
…基本操作
}ADT Queue
```

队列的基本操作如下：

1. InitQueue(&Q)

操作结果：构造一个空队列Q。

2. DestroyQueue(&Q)

初始条件：队列Q已存在。
操作结果：销毁队列Q。

3. ClearQueue(&Q)

初始条件：队列Q已存在。
操作结果：将队列Q重置为空队列。

4. QueueEmpty(Q)

初始条件：队列Q已存在。
操作结果：若Q为空队列，则返回TRUE，否则返回FALSE。

5. QueueLength(Q)

初始条件：队列Q已存在。
操作结果：返回队列Q中数据元素的个数。

6. GetHead(Q,&e)

初始条件：队列Q已存在且非空。
操作结果：用e返回Q中队头元素。

7. EnQueue(&Q, e)

初始条件：队列Q已存在。
操作结果：插入元素e为Q的新的队尾元素。

8. DeQueue(&Q, &e)

初始条件：队列Q已存在且非空。
操作结果：删除Q的队头元素，并用e返回其值。

9. QueueTraverse(Q, visit())

初始条件：队列Q已存在且非空。
操作结果：从队头到队尾依次对Q的每个数据元素调用函数visit()，一旦visit()失败，则操作失败。

3.2.2 链队列和循环队列

使用C语言定义链队列的格式如下所示。

```
typedef struct QNode{
ElemType    data;
struct QNode *next;
}QNode, *QueuePtr;
typedef struct {
QueuePtr    front;          /* 队头指针，指向头元素       */
QueuePtr    rear;           /* 队尾指针，指向队尾元素      */
}LinkQueue;
```

可以采用顺序表来存储定义循环队列，使用front指向队列的头元素，使用rear指向队尾元素的下一位置，具体代码如下所示。

```
#define MAXQSIZE   100    /* 最大队列长度      */
typedef struct{
ElemType   *base;         /* 存储空间     */
int        front;         /* 头指针，指向队列的头元素 */
int        rear;          /* 尾指针，指向队尾元素的下一个位置 */
}SqQueue;                 /* 非增量式的空间分配 */
```

3.2.3 顺序队列的基本操作

（1）初始化队列Q的目的是创建一个队列，例如，下面是用C语言初始化队列Q的实现代码。

```
void InitQueue(QUEUE *Q)
{
    Q->front=-1;
    Q->rear=-1;
}
```

（2）入队的目的是将一个新元素添加到队尾，相当于到队列最后排队等候。例如，下面是C语言入队操作的实现代码。

```
void EnQueue(QUEUE *Q,Elemtype elem)
{
    if ((Q->rear+1)%MAX_QUEUE==Q->front) exit(OVERFLOW);
    else { Q->rear=(Q->rear+1)%MAX_QUEUE;
       Q->elem[Q->rear]=elem; }
}
```

（3）出队的目的是取出队头的元素，同时删除该元素，使后一个元素成为队头。例如，下面是C语言出队操作的实现代码。

```
void DeQueue(QUEUE*Q,Elemtype *elem)
{
    if (QueueEmpty(*Q)) exit("Queue is empty.");
    else {
      Q->front=(Q->front+1)%MAX_QUEUE;
      *elem=Q->elem[Q->front];
    }
}
```

（4）获取队列第1个元素，即将队头的元素取出，不删除该元素，队头仍然是该元素。下面是实现此功能的代码。

```
void GetFront(QUEUE Q,Elemtype *elem)
{
    if (QueueEmpty(Q)) exit("Queue is empty.");
    else *elem=Q.elem[(Q.front+1)%MAX_QUEUE];
}
```

（5）判断队列Q是否为空，例如，下面是用C语言判断队列是否为空的实现代码。

```
int QueueEmpty(Queue Q)
{
    if (Q.front==Q.rear) return TRUE;
    else return FALSE;
}
```

3.2.4 队列的链式存储

当使用链式存储结构表示队列时，需要分别设置队头指针和队尾指针。在入队时需要执行如下3条语句。

```
s->next=NULL;
rear->next=s;
rear=s;
```

在C语言中，实现队列链式存储的结构类型代码如下所示。

```
type struct linklist {           //链式队列的节点结构
Elemtype Entry;                  //队列的数据元素类型
```

```
    struct linklist *next;              //指向后继节点的指针
}LINKLIST;
typedef struct queue{                   //链式队列
    LINKLIST *front;                    //队头指针
    LINKLIST *rear;                     //队尾指针
}QUEUE;
```

在C语言中，链式队列的基本操作算法如下：

(1) 初始化队列Q，其算法代码如下所示。

```
void InitQueue(QUEUE *Q)
{
    Q->front=(LINKLIST*)malloc(sizeof(LINKLIST));
    if (Q->front==NULL) exit(ERROR);
    Q->rear= Q->front;
}
```

(2) 入队操作，其算法代码如下所示。

```
void EnQueue(QUEUE *Q,Elemtype elem)
{
    s=(LINKLIST*)malloc(sizeof(LINKLIST));
    if (!s) exit(ERROR);
    s->elem=elem;
    s->next=NULL;
    Q->rear->next=s;
    Q->rear=s;
}
```

(3) 出队操作，其算法代码如下所示。

```
void DeQueue(QUEUE *Q,Elemtype *elem)
{
    if (QueueEmpty(*Q)) exit(ERROR);
    else {
        *elem=Q->front->next->elem;
        s=Q->front->next;
        Q->front->next=s->next;
        free(s);
    }
}
```

(4) 获取队头元素内容,其算法代码如下所示。

```
void GetFront(QUEUE Q,Elemtype *elem)
{
    if (QueueEmpty(Q)) exit(ERROR);
    else *elem=Q->front->next->elem;
}
```

(5) 判断队列Q是否为空,其算法代码如下所示。

```
int QueueEmpty(QUEUE Q)
{
    if (Q->front==Q->rear) return TRUE;
    else return FALSE;
}
```

3.2.5 实践演练——实现一个排号程序

在日常生活中,排号程序的应用范围很广泛,例如银行存取款、电话缴费和买菜都需要排队等。为了提高服务,很多机构专门设置了排号系统,这样便于规范化管理排队办理业务的客户。要求编写一个C语言程序,在里面创建一个队列,每个顾客通过该系统得到一个序号,程序将该序号添加到队列中。柜台的工作人员在处理完一个顾客的业务后,可以选择办理下一位顾客的业务,程序将从队列的头部获取下一位顾客的序号。

实例3-3	实现一个排号程序
源码路径	素材\daima\3\dui.c

算法分析:根据队列操作原理,对该程序的算法分析如下。
(1) 定义DATA数据类型,用于表示进入队列的数据。
(2) 定义全局变量num,用于保存顾客的序号。
(3) 编写新增顾客函数add(),为新到顾客生成一个编号,并添加到队列中。
(4) 编写柜台工作人员呼叫下一个顾客的处理函数next()。
(5) 编写主函数main(),能够根据不同的选择分别调用函数add()或next()来实现对应的操作。

具体实现:根据上述算法分析编写实例文件dui.c,具体实现代码如下所示。

```
#include <stdio.h>
#include <stdlib.h>
#include <time.h>
typedef struct
```

```c
{
    int num;                            //顾客编号
    long time;                          //进入队列时间
}DATA;
#include "xuncao.h"
int num;                                //顾客序号
void add(CycQueue *q)                   //新增顾客排列
{
    DATA data;
    if(!CycQueueIsFull(q))              //如果队列未满
    {
        data.num=++num;
        data.time=time(NULL);
        CycQueueIn(q,data);
    }
    else
        printf("\n排队的人实在是太多了,请您稍候再排队!\n");
}
void next(CycQueue *q)                  //通知下一顾客准备
{
    DATA *data;
    if(!CycQueueIsEmpty(q))             //若队列不为空
    {
        data=CycQueueOut(q);            //取队列头部的数据
        printf("\n欢迎编号为%d的顾客到柜台办理业务!\n",data->num);
    }
    if(!CycQueueIsEmpty(q))             //若队列不为空
    {
        data=CycQueuePeek(q);           //取队列中指定位置的数据
        printf("请编号为%d的顾客做好准备,马上将为您办理业务!\n",data->num);
    }
}
int main()
{
    CycQueue *queue1;
    int i,n;
    char select;
    num=0;                              //顾客序号
    queue1=CycQueueInit();              //初始化队列
    if(queue1==NULL)
    {
        printf("创建队列时出错!\n");
```

```
        getch();
        return 0;
    }
    do{
        printf("\n请选择具体操作:\n");
        printf("1.新到顾客\n");
        printf("2.下一个顾客\n");
        printf("0.退出\n") ;
        fflush(stdin);
        select=getch();
        switch(select)
        {
            case '1':
            add(queue1);
            printf("\n现在共有%d位顾客在等候!\n",CycQueueLen(queue1));
            break;
            case '2':
            next(queue1);
            printf("\n现在共有%d位顾客在等候!\n",CycQueueLen(queue1));
            break;
            case '0':
            break;
        }
    }while(select!='0');
    CycQueueFree(queue1);                          //释放队列
    getch();
    return 0;
}
```

执行后的结果如图3-5所示。

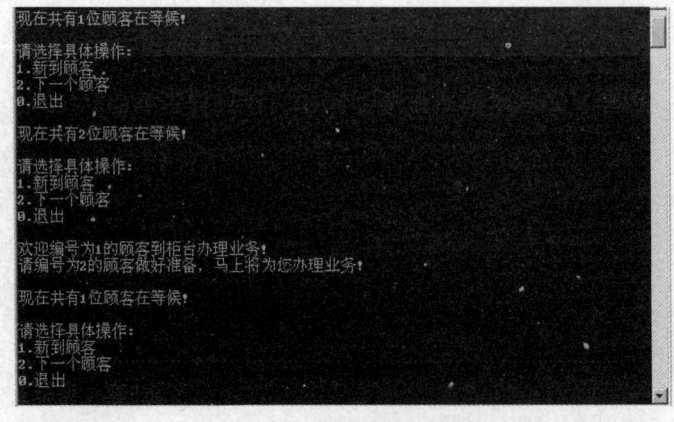

图3-5　排号程序执行结果

3.3 后进先出的栈

前面曾经说过"先进先出"是一种规则,其实在很多时候"后进先出"也是一种规则。以银行排队办理业务为例,假设银行工作人员通知说:今天的营业时间就要到了,还能办理 x 号到 y 号的业务,请 y 号以后的客户明天再来办理。也就是说因为时间关系,排队队伍中的后来几位需要自觉退出,等第2天再来办理。本节将要讲的"栈"就遵循这一规则。栈即stack,是一种数据结构,是只能在某一端进行插入或删除操作的特殊线性表。栈按照后进先出的原则存储数据,先进的数据被压入栈底,最后进入的数据在栈顶。当需要读数据时,从栈顶开始弹出数据,最后一个数据被第1个读出来。因此,栈通常也被称为后进先出表。

3.3.1 什么是栈

栈是允许在同一端进行插入和删除操作的线性表。允许进行插入和删除操作的一端称为栈顶(Top),另一端称为栈底(Bottom)。栈底是固定的,而栈顶是浮动的。如果栈中元素个数为0则称为空栈,插入操作一般称为入栈(Push),删除操作一般称为出栈(Pop)。

在栈中有两种基本操作,分别是入栈和出栈。

1. 入栈(Push)

将数据保存到栈顶。在进行入栈操作前,先判断栈是否已满,再修改栈顶指针,使其向上移一个元素位置,然后将数据保存到栈顶指针所指的位置。入栈(Push)操作的算法如下:

步骤01 如果TOP≥n,则给出溢出信息,进行出错处理。在进栈前首先检查栈是否已满,如果满则溢出;不满则进入**步骤02**。

步骤02 设置TOP=TOP+1,使栈顶指针加1,指向进栈地址。

步骤03 S(TOP)=X,结束操作,X为新进栈的元素。

2. 出栈(Pop)

将栈顶的数据弹出,然后修改栈顶指针,使其指向栈中的下一个元素。出栈(Pop)操作的算法如下:

步骤01 如果TOP≤0,则输出下溢信息,并进行出错处理。在退栈之前先检查是否已为空栈,如果为空则输出下溢信息,如果不空则进入**步骤02**。

步骤02 X=S(TOP),退栈后的元素赋给X。

步骤03 TOP=TOP-1,结束操作,栈顶指针减1,指向新栈顶。

3.3.2 栈的基本分类

1. 顺序栈

顺序栈是栈的顺序存储结构的简称，它是一个运算受限的顺序表。

(1) 顺序栈的格式。

使用C语言定义顺序栈类型的格式如下所示。

```
#define StackSize 100        //预分配的栈空间最多为100个元素
typedef char DataType;       //栈元素的数据类型为字符
typedef struct{
    DataType data[StackSize];
    int top;
}SeqStack;
```

在此需要注意如下3点：

①顺序栈中元素用向量存放。

②栈底位置是固定不变的，可以设置在向量两端的任意一端。

③栈顶位置是随着进栈和退栈操作而变化的，用一个整型量top（通常称top为栈顶指针）来指示当前栈顶位置。

(2) 顺序栈的基本操作。

①进栈操作。进栈时，需要将S->top加1。

注意

> S->top==StackSize-1表示栈满，出现"上溢"现象，即当栈满时，再进行进栈运算会产生空间溢出的现象。上溢是一种出错状态，应设法避免。

②退栈操作。在退栈时，需要将S->top减1。其中S->top<0表示此栈是一个空栈。当栈为空时，如果进行退栈运算将会产生溢出现象。这种溢出即下溢，是一种正常的现象，常用作程序控制转移的条件。

(3) 顺序栈运算。

①初始化栈。使用C语言设置栈为空的算法代码如下所示。

```
void InitStack(SeqStack *S)
{//将顺序栈置空
    S->top=-1;
}
```

②判断栈是否为空。使用C语言判断栈是否为空的算法代码如下所示。

```
int StackEmpty(SeqStack *S)
```

```
{
    return S->top==-1;
}
```

③判断栈是否满。使用C语言判断栈是否满的算法代码如下所示。

```
int StackFull (SeqStack *S)
{
    return S->top==StackSize-1;
}
```

④进栈操作。使用C语言实现进栈操作的算法代码如下所示。

```
void Push (S, x)
{
    if (StackFull(S))
        Error("Stack overflow");           //上溢,退出运行
    S->data[++S->top]=x;                   //栈顶指针加1后将x入栈
}
```

⑤退栈操作。使用C语言实现退栈操作的算法代码如下所示。

```
DataType Pop (S)
{
    if(StackEmpty(S))
        Error("Stack underflow");          //下溢,退出运行
    return S->data[S->top--];              //栈顶元素返回后将栈顶指针减1
}
```

⑥取栈顶元素。使用C语言获取栈顶元素的算法代码如下所示。

```
DataType StackTop (S)
{
    if(StackEmpty(S))
        Error("Stack is empty");
    return S->data[S->top];
}
```

2. 链栈

链栈是指栈的链式存储结构,是没有附加头节点的、运算受限的单链表,栈顶指针是链表的头指针。使用C语言定义链栈类型的代码如下所示。

```
typedef struct stacknode{
    DataType data;
```

```
    struct stacknode *next;
}StackNode;
typedef struct{
    StackNode *top;     //栈顶指针
}LinkStack;
```

在进行上述定义时需要需要注意如下两点：

(1) 定义LinkStack结构类型的目的是为了更加便于在函数体中修改指针top。

(2) 如果要记录栈中元素个数，可以将元素的各个属性放在LinkStack类型中定义。

常用的链栈操作运算有5种，具体说明如下：

(1) 初始化链栈。使用C语言设置栈为空的算法代码如下所示。

```
Void InitStack(LinkStack *S)
{
    S->top=NULL;
}
```

(2) 判断栈是否为空。使用C语言判断栈是否为空的算法代码如下所示。

```
int StackEmpty(LinkStack *S)
{
    return S->top==0;
}
```

(3) 进栈操作。使用C语言实现进栈处理的算法代码如下所示。

```
void Push(LinkStack *S,DataType x){          //将元素x插入链栈头部
    StackNode *p=(StackNode *)malloc(sizeof(StackNode));
    p->data=x;
    p->next=S->top;                          //将新节点*p插入链栈头部
    S->top=p;
}
```

(4) 退栈操作。使用C语言实现退栈处理的算法代码如下所示。

```
DataType Pop(LinkStack *S)
{
    DataType x;
    StackNode *p=S->top;            //保存栈顶指针
    if(StackEmpty(S))
        Error("Stack underflow.");  //下溢
    x=p->data;                      //保存栈顶节点数据
    S->top=p->next;                 //将栈顶节点从链上摘下
    free(p);
```

```
        return x;
}
```

（5）取栈顶元素。使用C语言获取栈顶元素的算法代码如下所示。

```
DataType StackTop(LinkStack *S)
{
    if(StackEmpty(S))
        Error("Stack is empty.")
    return S->top->data;
}
```

3.3.3 实践演练—栈操作函数

下面将通过一个具体实例的实现过程，详细讲解对栈进行操作的各种函数的编写方法。

实例3-4	编写对栈的各种操作函数
源码路径	素材\daima\3\lianbiao.c和ceStackTest.c

（1）在实例文件ceStack.h中定义了各种操作栈的函数，具体实现过程如下：
①定义头文件。
定义头文件的具体代码如下所示。

```
typedef struct stack
{
    DATA data[SIZE+1];      //数据元素
    int top;                //栈顶指针
}SeqStack;
```

②栈初始化。
对栈进行初始化处理，先按照符号常量SIZE指定的大小申请一片内存空间，用这片内存空间来保存栈中的数据；然后设置栈顶指针的值为0，表示是一个空栈。具体代码如下所示。

```
SeqStack *SeqStackInit()
{
    SeqStack *p;
    if(p=(SeqStack *)malloc(sizeof(SeqStack)))      //申请栈内存
    {
        p->top=0;                                   //设置栈顶为0
        return p;                                   //返回指向栈的指针
    }
```

```
        return NULL;
}
```

③释放内存。

当通过函数malloc()分配栈使用的内存空间后,在不使用栈的时候应该调用函数free()及时释放所分配的内存。对应代码如下所示。

```
void SeqStackFree(SeqStack *s)                    //释放栈所占用空间
{
    if(s)
        free(s);
}
```

④判断栈状态。

在对栈进行操作之前需要判断栈的状态,然后才能决定是否操作。下列函数用于判断栈的状态。

```
int SeqStackIsEmpty(SeqStack *s)                  //判断栈是否为空
{
    return(s->top==0);
}
void SeqStackClear(SeqStack *s)                   //清空栈
{
    s->top=0;
}
int SeqStackIsFull(SeqStack *s)                   //判断栈是否已满
{
    return(s->top==SIZE);
}
```

⑤入栈和出栈操作。

入栈和出栈都是最基本的栈操作。对应函数代码如下所示。

```
int SeqStackPush(SeqStack *s,DATA data)           //入栈操作
{
    if((s->top+1)>SIZE)
    {
        printf("栈溢出!\n");
        return 0;
    }
    s->data[++s->top]=data;                       //将元素入栈
    return 1;
}
```

```
DATA SeqStackPop(SeqStack *s)                    //出栈操作
{
    if(s->top==0)
    {
        printf("栈为空! ");
        exit(0);
    }
    return (s->data[s->top--]);
}
```

⑥获取栈顶元素。

当使用出栈函数操作后,原来的栈顶元素就不存在了。有时需要获取栈顶元素时要求继续保留该元素在栈顶,这时就需要使用获取栈顶元素的函数。对应的代码如下所示。

```
DATA SeqStackPeek(SeqStack *s)                   //读栈顶数据
{
    if(s->top==0)
    {
        printf("栈为空! ");
        exit(0);
    }
    return (s->data[s->top]);
}
```

(2) 编写测试文件ceStackTest.c,功能是调用文件ceStack.h中定义的栈操作函数实现出栈操作。文件ceStackTest.c的具体代码如下所示。

```
#include <stdio.h>
#include <stdlib.h>
#define SIZE 50
typedef struct
{
    char name[15];
    int age;
}DATA;
#include "ceStack.h"
int main()
{
    SeqStack *stack;
    DATA data,data1;
    stack=SeqStackInit();                        //初始化栈
```

```
    printf("入栈操作: \n");
    printf("输入姓名 年龄进行入栈操作:");
    scanf("%s%d",data.name,&data.age);
    SeqStackPush(stack,data);
    printf("输入姓名年龄进行入栈操作:");
    scanf("%s%d",data.name,&data.age);
    SeqStackPush(stack,data);
    printf("\n出栈操作：\n按任意键进行出栈操作:");
    getch();

    data1=SeqStackPop(stack);
    printf("出栈的数据是(%s,%d)\n" ,data1.name,data1.age);
    printf("再按任意键进行出栈操作:");
    getch();
    data1=SeqStackPop(stack);
    printf("出栈的数据是(%s,%d)\n" ,data1.name,data1.age);
    SeqStackFree(stack);        //释放栈所占用的空间
    getch();
    return 0;
}
```

执行后的结果如图3-6所示。

图 3-6 测试栈操作执行结果

思考与练习

1. 编程实现建立一个单链表（假设单链表中元素值为：10,6,15,32,27）。
2. 什么是栈，栈有什么特点?
3. 什么是队列，队列有什么特点?
4. 编写程序实现一个有5个元素的链栈（元素值可自定）。
5. 编写程序实现一个有10个元素的循环链队列（元素值可自定）。

第4章 树

"树"原本是对一类植物的统称，主要由根、干、枝、叶组成。随着计算机的发展，在数据结构中，"树"被引申为由一个集合以及在该集合上定义的一种关系构成，包括根节点和若干棵子树。在本章中，将与广大读者一起探讨"树"这种数据结构的基础知识和具体用法。

4.1 树的基础知识

在计算机领域中，树是一种很常见的数据结构之一，这是一种非线性的数据结构。树能够把数据按照等级模式存储起来，例如，树干中的数据比较重要，而小分支中的数据一般比较次要。树这种数据结构的内容比较"博大"，即使是这方面的专家也不敢声称完全掌握了树。所以本书将只研究最常用的二叉树结构，并且讲解二叉树的一种实现——二叉查找树的基础知识。

4.1.1 什么是树

在学习二叉树的结构和行为之前，需要先给出树的定义。数据结构中树的概念比较笼统，其中如下对树的递归定义最易于读者理解。

单个节点是一棵树，树根就是该节点本身。设$T_1,T_2,\cdots,T_k$是树，它们的根节点分别为$n_1,n_2,\cdots,n_k$。如果用一个新节点n作为$n_1,n_2,\cdots,n_k$的父亲，得到一棵新树，节点n就是新树的根。称$n_1,n_2,\cdots,n_k$为一组兄弟节点，它们都是节点n的子节点，称$n_1,n_2,\cdots,n_k$为节点n的子树。

一个典型的树的基本结构如图4-1所示。由此可见，树是由边连接起来的一系列节点，树的一个实例就是公司的组织机构图，例如，图4-2所示为一家软件公司的组织结构。

图4-2所展示的公司结构图中，每个方框是一个节点，连接方框的线是边。很显然，节点表示的实体（人）构成了一个组织，而边表示实体之间的关系。例如，技术总监直接向董事长汇报工作，所以在这两个节点之间有一条边。销售总监和技术总监之间没有直接用边连接，所以这两个实体之间没有直接的关系。

由此可见，树是n（$n \geqslant 0$）个节点的有限集，作为一棵"树"，需要满足如下两个条件：

(1) 有且仅有一个特定的称为根的节点。
(2) 其余的节点可分为m个互不相交的有限集合$T_1,T_2,\cdots,T_m$，其中，每个集合又都是一棵树（子树）。

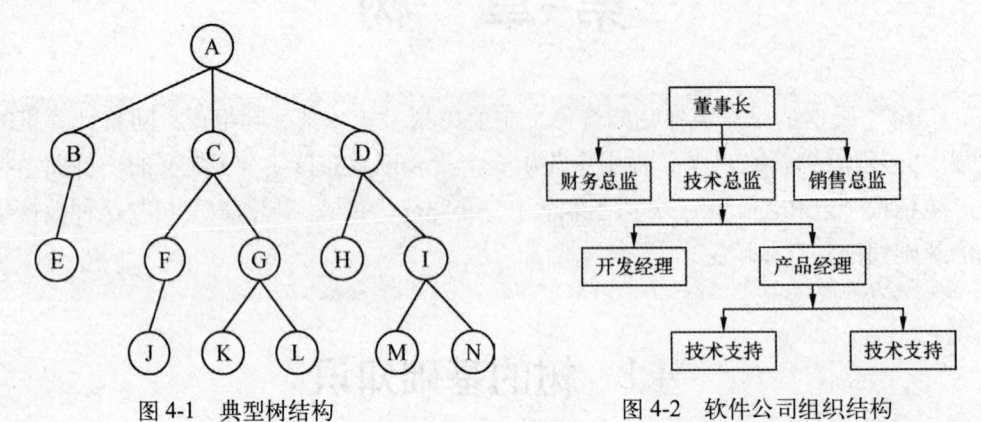

图 4-1　典型树结构

图 4-2　软件公司组织结构

4.1.2　树的相关概念

要学习"树"这一数据结构，需要先了解与"树"相关的几个概念。

(1) 节点的度：是指一个节点的子树个数。

(2) 树的度：一棵树中节点度的最大值。

(3) 叶子（终端节点）：度为0的节点。

(4) 分支节点（非终端节点）：度不为0的节点。

(5) 内部节点：除根节点之外的分支节点。

(6) 孩子：将树中某个节点的子树的根称为这个节点的孩子。

(7) 双亲：某个节点的上层节点称为该节点的双亲。

(8) 兄弟：同一个双亲的孩子。

(9) 路径：如果在树中存在一个节点序列$k_1,k_2,\cdots,k_j$，使得k_i是k_{i+1}的双亲（$1 \leq i < j$），称该节点序列是从k_1到k_j的一条路径。

(10) 祖先：如果树中节点k到k_s之间存在一条路径，则称k是k_s的祖先。

(11) 子孙：如果树中节点k到k_s之间存在一条路径，则称k_s是k的子孙。

(12) 层次：节点的层次是从根开始算起，第1层为根。

(13) 高度：树中节点的最大层次称为树的高度或深度。

(14) 有序树：将树中每个节点的各子树看成是从左到右有秩序的。

(15) 无序树：有序树之外的称为无序树。

(16) 森林：是n（$n \geq 0$）棵互不相交的树的集合。

> **注意**
>
> 可以使用树中节点之间的父子关系来描述树形结构的逻辑特征。

图4-3展示了一个完整的树形结构图。

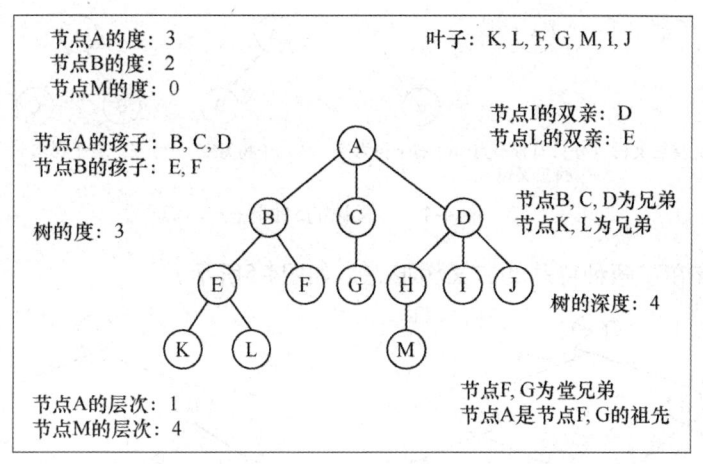

```
节点A的度：3                          叶子：K, L, F, G, M, I, J
节点B的度：2
节点M的度：0
                                     节点I的双亲：D
节点A的孩子：B, C, D                   节点L的双亲：E
节点B的孩子：E, F
                                     节点B, C, D为兄弟
树的度：3                              节点K, L为兄弟

                                     树的深度：4

                                     节点F, G为堂兄弟
节点A的层次：1                         节点A是节点F, G的祖先
节点M的层次：4
```

图 4-3　树形结构图

4.2　二叉树

二叉树是指每个节点最多有两棵子树的有序树，通常将其两个子树的根分别称作"左子树"（left subtree）和"右子树"（right subtree）。本节将详细讲解二叉树的基础知识和具体用法。

4.2.1　二叉树的定义

二叉树是节点的有限集，可以是空集，也可以是由一个根节点及两棵不相交的子树组成，通常将这两棵不相交的子树分别称作这个根的左子树和右子树。二叉树的主要特点如下：

(1) 每个节点至多有两棵子树，即不存在度大于2的节点。

(2) 二叉树的子树有左右之分，次序不能颠倒。

(3) 二叉树的第i层最多有2^{i-1}个节点。

(4) 深度为k的二叉树至多有2^k-1个节点。

(5) 对任何一棵二叉树T，如果其终端节点数（即叶子节点数）为n_0，度为2的节点数为n_2，则$n_0 = n_2+1$。

二叉树有如下5种基本形态，如图4-4所示。

(1) 空二叉树。

(2) 只有一个根节点的二叉树。

(3) 右子树为空的二叉树。

(4) 左子树为空的二叉树。

(5) 完全二叉树。

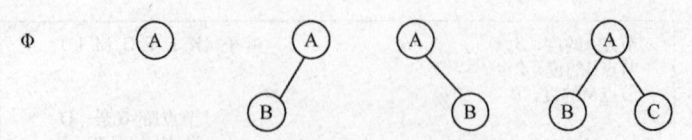

(a) 空二叉树　(b) 只有根节点　(c) 右子树为空　(d) 左子树为空　(e) 左、右子树均非空
　　　　　　　　的二叉树

图 4-4　二叉树的5种形态

另外，还存在了两种特殊的二叉树形态，如图4-5所示。

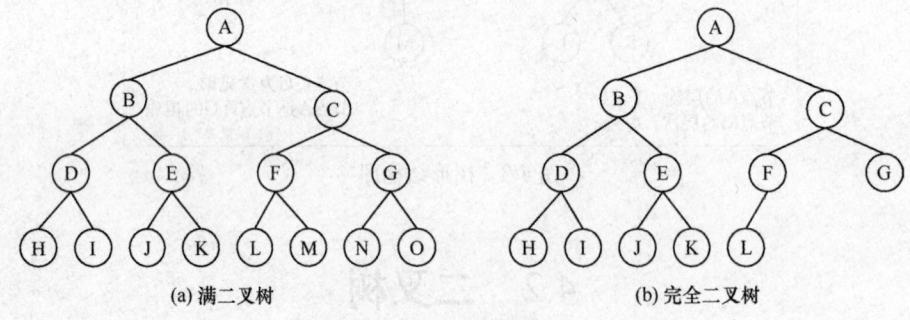

(a) 满二叉树　　　　　　　　　　　　　　(b) 完全二叉树

图 4-5　二叉树的特殊形态

（1）满二叉树：除了叶节点外，每一个节点都有左右子树，并且叶节点都处在最底层的二叉树。

（2）完全二叉树：只有最下面的两层节点度小于2，并且最下面一层的节点都集中在该层最左边的若干位置的二叉树。

4.2.2　二叉树的存储

既然二叉树是一种数据结构，就得始终明白其任务——存储数据。在使用二叉树存储数据时，一定要体现二叉树中各个节点之间的逻辑关系，即双亲和孩子之间的关系，只有这样才能展示出其独有功能。在应用中，会要求从任何一个节点能直接访问其孩子，或直接访问其双亲，或同时访问其双亲和孩子。

1. 顺序存储结构

二叉树的顺序存储结构是指用一维数组存储二叉树中的节点，并且节点的存储位置（下标）应该能体现节点之间的逻辑关系，即父子关系。因为二叉树本身不具有顺序关系，所以二叉树的顺序存储结构需要利用数组下标来反映节点之间的父子关系。由第4.2.1节中介绍的二叉树的主要特点（5）可知，使用完全二叉树中节点的层序编号可以反映出节点之间的逻辑关系，并且这种反映是唯一的。对于一般的二叉树来说，可以增添一些并不存在的空节点，使之成为一棵完全二叉树的形式，然后再用一维数组顺序存储。

二叉树顺序存储的具体步骤如下：

步骤01 将二叉树按完全二叉树编号。根节点的编号为1，如果某节点i有左孩子，则其左孩子的编号为$2i$；如果某节点i有右孩子，则其右孩子的编号为$2i+1$。

步骤02 以编号作为下标，将二叉树中的节点存储到一维数组中。

例如，图4-6展示了将一棵二叉树改造为完全二叉树和其顺序存储的示意图。

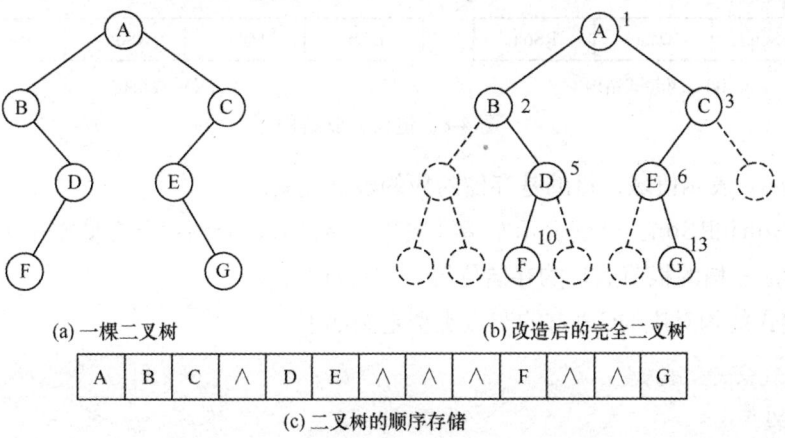

图 4-6 二叉树及其顺序存储示意图

因为二叉树的顺序存储结构一般仅适合于存储完全二叉树，所以如果使用上述存储方法会有一个缺点——造成存储空间的浪费，尤其是右斜树存储空间浪费最为严重。例如，在图4-7中，一棵深度为k的右斜树，只有k个节点，却需分配$2k-1$个存储单元。

使用C语言定义二叉树顺序存储结构的数据格式如下所示。

```
#define MAXSIZE 100                    //最大节点数
typedef int DATA;                      //元素类型
typedef DATA SeqBinTree[MAXSIZE];
SeqBinTree SBT;                        //定义保存二叉树数组
```

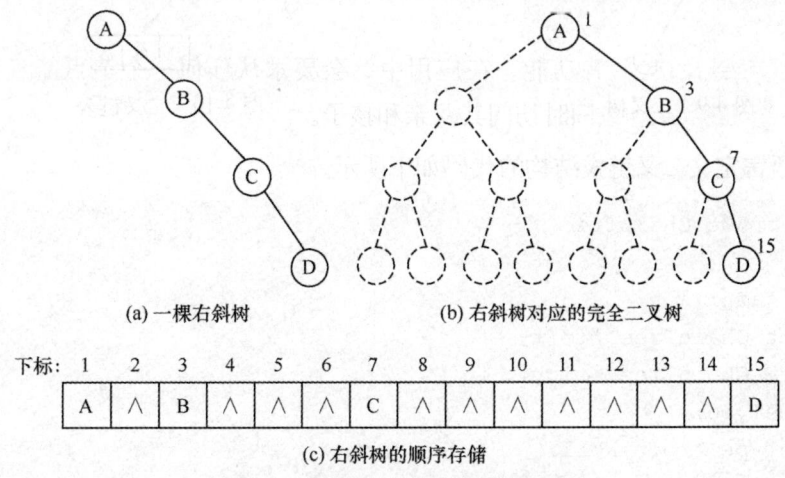

图 4-7 右斜树及其顺序存储示意图

2. 链式存储结构

链式存储结构有两种，分别是二叉链存储结构和三叉链存储结构。二叉树的链式存储结构又称二叉链表，是指用一个链表来存储一棵二叉树。在二叉树中，每一个节点用链表中的一个链节点来存储。二叉树中标准存储方式的节点结构如图4-8所示。

LSon	Data	RSon		LSon	Data	RSon	Parent

(a) 二叉链式结构　　　　　　　　　　　(b) 三叉链式结构

图 4-8　链式存储结构

（1）data：表示值域，目的是存储对应的数据元素。

（2）LSon和RSon：分别表示左指针域和右指针域，分别用于存储左子节点和右子节点（即左、右子树的根节点）的存储位置（即指针）。

二叉链式结构对应的C语言的节点类型定义如下：

```
typedef struct node{
   ElemType data;
   struct node *LSon;
   struct node *RSon;
}BTree;
```

例如，图4-9所示的二叉树对应的二叉链表如图4-10所示。

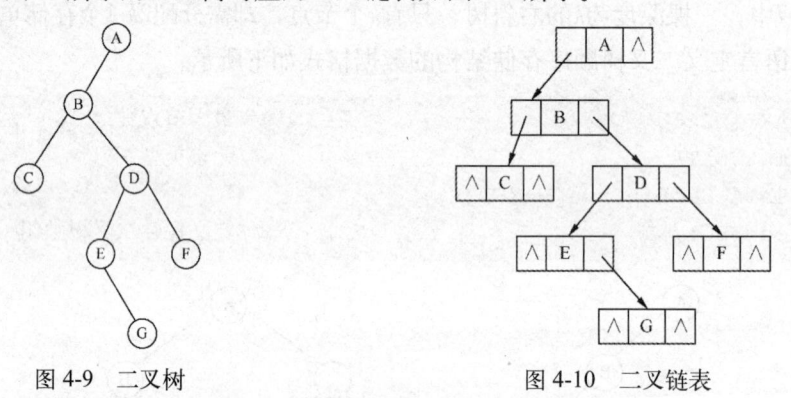

图 4-9　二叉树　　　　　　　　图 4-10　二叉链表

使用C语言定义二叉链式结构的代码如下所示。

```
typedef struct ChainTree
{
    DATA data;
    struct ChainTree *left;
    struct ChainTree *right;
}ChainTreeType;
ChainTreeType *root=NULL;
```

使用C语言定义三叉链式结构的代码如下所示。

```
typedef struct ChainTree
{
    DATA data;
    struct ChainTree *left;
    struct ChainTree *right;
    struct ChainTree *parent;
}ChainTreeType;
ChainTreeType *root=NULL;
```

在图4-11中展示了树和对应的三叉链表。

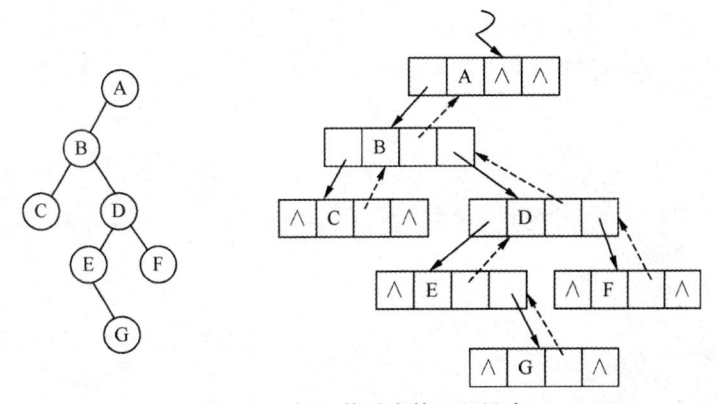

图 4-11 树及其对应的三叉链表

4.2.3 二叉树的操作

1. 定义链式结构

使用C语言定义二叉树的链式结构的代码如下所示。

```
#include <stdio.h>
#include <stdlib.h>
#define QUEUE_MAXSIZE 50
typedef char DATA;                   //定义元素类型
typedef struct ChainTree              //定义二叉树节点类型
{
    DATA data;                       //元素数据
    struct ChainTree *left;          //左子树节点指针
    struct ChainTree *right;         //右子树节点指针
}ChainBinTree;
```

2. 初始化二叉树

使用C语言初始化二叉树的代码如下所示。

```c
ChainBinTree *BinTreeInit(ChainBinTree *node)  //初始化二叉树根节点
{
    if(node!=NULL)                                              //若二叉树根节点不为空
        return node;
    else
        return NULL;
}
```

3. 添加新节点到二叉树

使用C语言中的函数BinTreeAddNode()，将节点添加到二叉树，对应代码如下所示。

```c
//添加数据到二叉树，bt为父节点，node为子节点,n=1表示添加左子树，n=2表示添加右子树
int BinTreeAddNode(ChainBinTree *bt,ChainBinTree *node,int n)
{
    if(bt==NULL)
    {
        printf("父节点不存在，请先设置父节点!\n");
        return 0;
    }
    switch(n)
    {
        case 1: //添加到左节点
            if(bt->left)  //左子树不为空
            {
                printf("左子树节点不为空!\n");
                return 0;
            }else
                bt->left=node;
            break;
        case 2://添加到右节点
            if( bt->right)  //右子树不为空
            {
                printf("右子树节点不为空!\n");
                return 0;
            }else
                bt->right=node;
            break;
        default:
            printf("参数错误!\n");
            return 0;
    }
    return 1;
}
```

上述函数BinTreeAddNode()有如下3个参数：

(1) node：表示子节点。

(2) bt：表示父节点指针。

(3) n：设置将node添加到bt的左子树还是右子树。

4. 获取左、右子树

使用C语言分别获取二叉树的左、右子树的实现代码如下所示。

```
ChainBinTree *BinTreeLeft(ChainBinTree *bt)  //返回左子节点
{
    if(bt)
        return bt->left;
    else
        return NULL;
}
ChainBinTree *BinTreeRight(ChainBinTree *bt)  //返回右子节点
{
    if(bt)
        return bt->right;
    else
        return NULL;
}
```

5. 获取状态

使用C语言获取二叉树的状态，判断二叉树是否为空并计算深度，对应代码如下所示。

```
//检查二叉树是否为空，为空则返回1,否则返回0
int BinTreeIsEmpty(ChainBinTree *bt)
{
    if(bt)
        return 0;
    else
        return 1;
}
int BinTreeDepth(ChainBinTree *bt)            //求二叉树深度
{
    int dep1,dep2;
    if(bt==NULL)
        return 0;                             //对于空树，深度为0
    else
    {
```

```
        dep1 = BinTreeDepth(bt->left);      //左子树深度 (递归调用)
        dep2 = BinTreeDepth(bt->right);     //右子树深度 (递归调用)
        if(dep1>dep2)
            return dep1 + 1;
        else
            return dep2 + 1;
    }
}
```

6. 进行查找操作

在二叉树中可以查找数据，在查找时需要遍历二叉树的所有节点，然后逐个比较数据是否是所要找的对象，当找到目标数据时将返回该数据所在节点的指针。使用C语言在二叉树中查找数据的实现代码如下所示。

```
//在二叉树中查找值为data的节点
ChainBinTree *BinTreeFind(ChainBinTree *bt,DATA data)
{
    ChainBinTree *p;
    if(bt==NULL)
        return NULL;
    else
    {
        if(bt->data==data)
            return bt;
        else{ // 分别向左右子树递归查找
            if(p=BinTreeFind(bt->left,data))
                return p;
            else if(p=BinTreeFind(bt->right, data))
                return p;
            else
                return NULL;
        }
    }
}
```

7. 清空二叉树

在添加节点时，可以使用函数malloc()申请并分配每个节点的内存。在清空二叉树时，必须使用free()函数及时释放节点所占的内存，这样做的目的是节约计算机内存。清空二叉树的操作过程就是释放各节点所占内存的过程。使用C语言清空二叉树的代码如下所示。

```
void BinTreeClear(ChainBinTree *bt)     // 清空二叉树，使之变为一棵空树
{
    if(bt){
        BinTreeClear(bt->left);         //清空左子树
        BinTreeClear(bt->right);        //清空右子树
        free(bt);                       //释放当前节点所占内存
        bt=NULL;
    }
    return;
}
```

> **注意**
>
> 上述代码保存在"素材:\daima\4\erTree.c"中，读者可以参考其具体实现代码。

4.2.4 遍历二叉树

遍历有沿途旅行之意，例如我们自助旅行时，通常按照事先规划的线路，一个景点一个景点地浏览，为了节约时间，不会去重复的景点。计算机中的遍历是指沿着某条搜索路线，依次对树中所有节点都做一次访问，并且是仅做一次。遍历是二叉树中最重要的运算之一，是在二叉树上进行其他运算的基础。

1. 遍历方案

因为一棵非空的二叉树由根节点及左、右子树这3个基本部分组成，所以在任何一个给定节点上，可以按某种次序执行如下3个操作。

（1）访问节点本身（node，N）。

（2）遍历该节点的左子树（left subtree，L）。

（3）遍历该节点的右子树（right subtree，R）。

以上3个操作有6种执行次序，分别是NLR、LNR、LRN、NRL、RNL、RLN。因为前3种次序与后3种次序对称，所以只讨论先左后右的前3种次序。

2. 三种遍历的命名

根据访问节点的操作，会发生如下3种位置命名。

（1）NLR：即前序遍历，也称先序遍历，访问节点的操作发生在遍历其左右子树之前。

（2）LNR：即中序遍历，访问节点的操作发生在遍历其左右子树之间。

（3）LRN：即后序遍历，访问节点的操作发生在遍历其左右子树之后。

因为被访问的节点必是某个子树的根，所以N、L和R又可以理解为根、根的左子树

和根的右子树，所以NLR、LNR和LRN分别被称为先根遍历、中根遍历和后根遍历。

3. 遍历算法

（1）先序遍历算法。

如果二叉树为非空，可以按照下面的顺序进行操作。

①先遍历左子树。

②然后访问根节点。

③最后遍历右子树。

（2）中序遍历算法。

如果二叉树为非空，可以按照下面的顺序进行操作。

①先访问根节点。

②然后遍历左子树。

③最后遍历右子树。

（3）后序遍历算法。

如果二叉树为非空，可以按照下面的顺序进行操作。

①先遍历左子树。

②然后遍历右子树。

③最后访问根节点。

先序遍历的结构如图4-12所示。

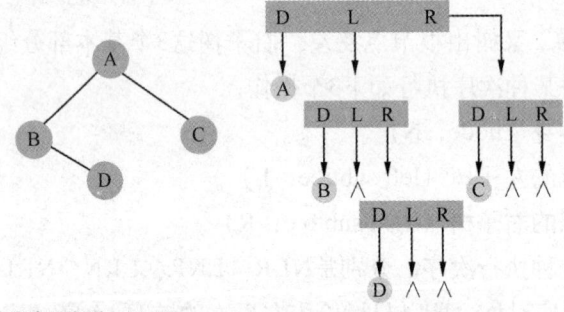

先序遍历序列：ABDC

图 4-12　先序遍历

使用C语言实现先序遍历二叉树的递归算法的代码如下所示。

```
//先序遍历
void BinTree_DLR(ChainBinTree *bt,void (*oper)(ChainBinTree *p))
{
    if(bt)//树不为空，则执行如下操作
    {
        oper(bt);  //处理节点的数据
```

```
        BinTree_DLR(bt->left,oper);
        BinTree_DLR(bt->right,oper);
    }
    return;
}
```

中序遍历的结构如图4-13所示。

使用C语言实现中序遍历二叉树递归的代码如下所示。

```
//中序遍历
void BinTree_LDR(ChainBinTree *bt,void(*oper)(ChainBinTree *p))
{
    if(bt)//树不为空，则执行如下操作
    {
        BinTree_LDR(bt->left,oper); //中序遍历左子树
        oper(bt);//处理节点数据
        BinTree_LDR(bt->right,oper); //中序遍历右子树/
    }
    return;
}
```

后序遍历的结构如图4-14所示。

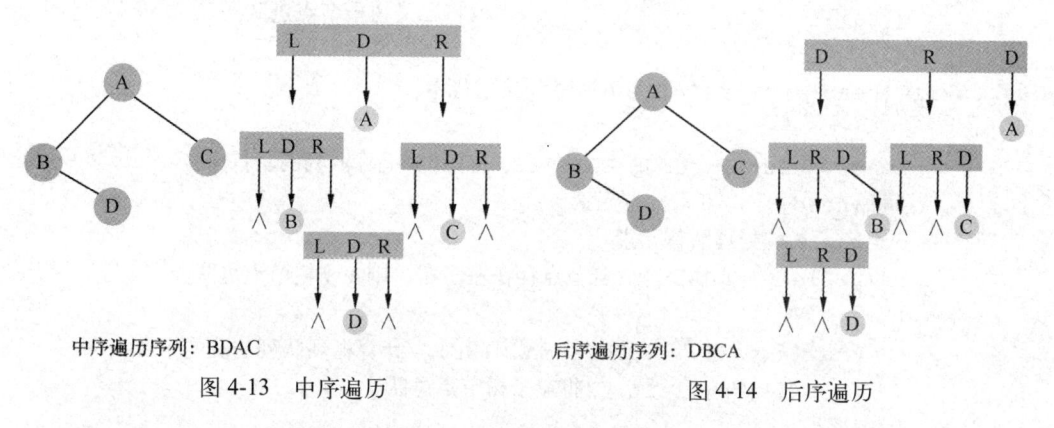

中序遍历序列：BDAC

图 4-13 中序遍历

后序遍历序列：DBCA

图 4-14 后序遍历

使用C语言实现后序遍历二叉树递归的代码如下所示。

```
//后序遍历
void BinTree_LRD(ChainBinTree *bt,void (*oper)(ChainBinTree *p))
{
    if(bt)
    {
        BinTree_LRD(bt->left,oper); //后序遍历左子树
        BinTree_LRD(bt->right,oper); //后序遍历右子树/
```

```
        oper(bt); //处理节点数据
    }
    return;
}
```

在二叉树的按层遍历过程中，程序员只能使用循环队列进行处理，而不能方便地使用递归算法来编写代码。按层次遍历二叉树的流程如下。

步骤01 先将第1层（即根节点）放入到队列中。

步骤02 然后将队列中第1个根节点的左右子树（即第2层）放入到队列。

步骤03 依此类推，经过循环处理后，即可实现逐层遍历。

根据上述步骤，具体实现代码如下。

```
void BinTree_Level(ChainBinTree *bt,void (*oper)(ChainBinTree *p))
//按层遍历
{
    ChainBinTree *p;
    ChainBinTree *q[QUEUE_MAXSIZE]; //定义一个顺序队列
    int head=0,tail=0;//队首、队尾序号
    if(bt)//若队首指针不为空
    {
        tail=(tail+1)%QUEUE_MAXSIZE;//计算循环队列队尾序号
        q[tail] = bt;                //将二叉树根节点进队
    }
    while(head!=tail)  //队列不为空，进行循环
    {
        head=(head+1)%QUEUE_MAXSIZE;  //计算循环队列的队首序号
        p=q[head]; //获取队首元素
        oper(p);//处理队首元素
        if(p->left!=NULL)  //若节点存在左子树，则左子树节点进队
        {
            tail=(tail+1)%QUEUE_MAXSIZE;//计算循环队列的队尾序号
            q[tail]=p->left;//将左子树节点进队
        }

        if(p->right!=NULL)//若节点存在右孩子，则右孩子节点进队
        {
            tail=(tail+1)%QUEUE_MAXSIZE;//计算循环队列的队尾序号
            q[tail]=p->right;          //将右子树节点进队
        }
    }
    return;
}
```

4.2.5 线索二叉树

线索二叉树是指 n 个节点的二叉链表中含有 $n+1$ 个空指针域。利用二叉链表中的空指针域，存放指向节点在某种遍历次序下的前趋或后继节点的指针（这种附加的指针称为"线索"）。这种加上了线索的二叉链表称为线索链表，相应的二叉树称为线索二叉树（threaded binary tree）。根据线索性质的不同，线索二叉树可分为前序线索二叉树、中序线索二叉树和后序线索二叉树3种。

线索链表解决了二叉链表找左、右孩子困难的问题，也就是解决了无法直接找到该节点在某种遍历序列中的前趋和后继节点的问题。

假如存在一个拥有 n 个节点的二叉树，当采用链式存储结构时会有 $n+1$ 个空链域。这些空链域并不是一无是处的，在里面可以存放指向节点的直接前驱和直接后继的指针。规定：如果节点有左子树，则其lchild域指示其左孩子，否则使lchild域指示其前驱；如果节点有右子树，则其rchild域指示其右子女，否则使rchild域指示其后继。上述描述很容易混淆，为了避免混淆，有必要改变节点结构，例如可以在二叉存储结构的节点结构上增加两个标志域。

建立线索二叉树的过程实际是遍历一棵二叉树的过程。在遍历的过程中，需要检查当前节点的左、右指针域是否为空。如果为空，将它们改为指向前驱节点或后继节点的线索。

线索二叉树的结构如图4-15所示。

| lchild | ltag | data | rtag | rchild |

图 4-15　线索二叉树结构图

（1）ltag=0：指示节点的左孩子。
（2）ltag=1：指示节点的前驱。
（3）rtag=0：指示节点的右孩子。
（4）rtag=1：指示节点的后继。

因为线索树能够比较快捷地在线索树上进行遍历。在遍历时先找到序列中的第1个节点，然后依次查找后继节点，一直查找到其后继为空时而止。在实际应用中，比较重要的是在线索树中寻找节点的后继。那么究竟应该如何在线索树中找节点的后继呢？接下来以中序线索树为例进行讲解。

因为树中所有叶子节点的右链是线索，所以右链域就直接指示了节点的后继。树中所有非终端节点的右链均为指针，无法由此得到后继。根据中序遍历的规律可知，节点的后继是右子树中最左下的节点。这样就可以总结出在中序线索树中找节点前驱的规律：如果其左标志为"1"，则左链为线索，指示其前驱，否则前驱就是遍历左子树时最后访问的一个节点（左子树中最右下的节点）。

经过上述分析可知，在中序线索二叉树上遍历二叉树时不需要设栈，时间复杂度为$O(n)$，并且在遍历过程中也无需由叶子向树根回溯，故遍历中序线索二叉树的效率较高。所以如果在程序中使用的二叉树经常需要遍历，该程序的存储结构就应该使用线索链表。

在后序线索树中找节点后继的过程比较复杂，有如下3种情况。

(1) 如果节点x是二叉树的根，则其后继为空。

(2) 如果节点x是其双亲的右孩子或是其双亲的左孩子，并且其双亲没有右子树，则其后继为其双亲。

(3) 如果节点x是其双亲的左孩子，且其双亲有右子树，则其后继为双亲的右子树上按后序遍历列出的第1个节点。

那么，究竟如何进行二叉树的线索化呢？因为线索化能够将二叉链表中的空指针改为指向前驱或后继的线索，而只有在遍历时才能得到前驱或后继的信息，所以必须在遍历的过程中同步完成线索化过程，即在遍历的过程中逐一修改空指针使其指向直接前驱或直接后继。此时可以借助一个指针pre，使pre指向刚刚访问过的节点，便于前驱线索指针的生成。前面的研究基本上是针对二叉树的，现在把目标转向树，来看看树和二叉树具体有哪些异同点。

在实际应用中，通常使用多种形式的存储结构来表示树，常见形式有双亲表示法、孩子表示法、孩子—兄弟表示法。接下来介绍这3种常用链表结构的基础知识。

1. 双亲表示法

假设用一组连续空间来存储树的节点，同时在每个节点中设置一个指示器，设置指示器的目的是指示其双亲节点在链表中的位置。双亲表示法是一种存储结构，它利用了每个节点（除根以外）只有唯一的双亲的性质。在双亲表示法中，在求节点的孩子时必须遍历整个向量。这个过程比较费时，从而影响了效率，这是双亲表示法的最大弱点。双亲表示法如图4-16所示。

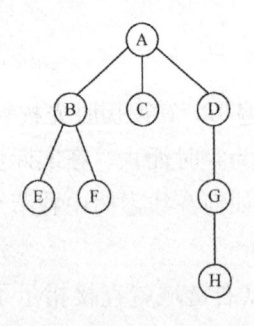

1	A	0
2	B	1
3	C	1
4	D	1
5	E	2
6	F	2
7	G	4
8	H	7

图4-16 双亲表示法

2. 孩子表示法

因为树中每个节点可能有多棵子树，所以可以使用多重链表（每个节点有多个指针域，其中每个指针指向一棵子树的根节点）。与双亲表示法相反，孩子表示法能够方便地实现与孩子有关的操作，但是不适用于PARENT(T,x)操作，即求节点的双亲。在现实中建议将双亲表示法和孩子表示法结合使用，即将双亲向量和孩子表头指针向量合在一起，这可以称作"双亲—孩子"表示法。例如，使用孩子表示法存储图4-17（a）中的普通树，则最终存储状态如图4-17（b）所示。

(a) 普通树　　　　　　　　　(b) 孩子表示法

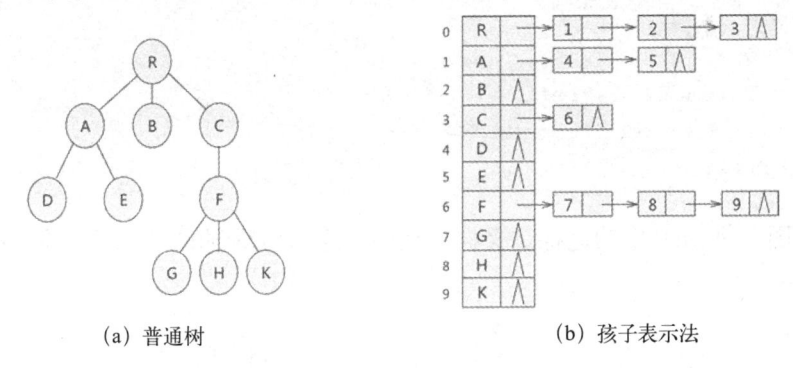

图4-17　孩子表示法

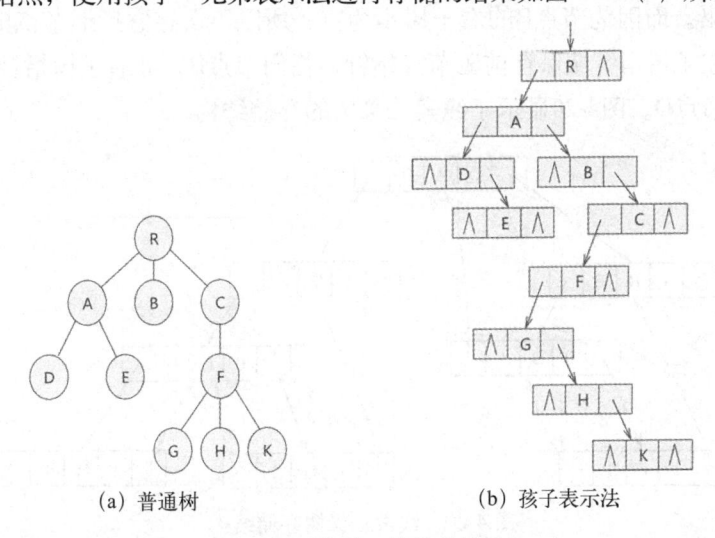

3. 孩子—兄弟表示法

孩子—兄弟表示法又称为二叉树表示法或二叉链表表示法，是指以二叉链表作为树的存储结构。链表中节点的两个链域分别指向该节点的第1个孩子节点和下一个兄弟节点，分别命名为fch域和nsib域。

使用孩子兄弟表示法的好处是便于实现各种树的操作，例如易于找节点孩子等操作。假如要访问节点x的第i个孩子，则只要先从fch域找到第1个孩子节点上，然后沿着孩子节点的nsib域连续走i-1步，便可以找到x的第i个孩子。如果为每个节点增设一个PARENT域，则同样能方便地实现找节点双亲的PARENT(T,x)操作。例如，在图4-18（a）的普通树中，节点A、B和C互为兄弟结点，使用孩子—兄弟表示法进行存储的结果如图4-18（b）所示。

(a) 普通树　　　　　　　　　(b) 孩子表示法

图4-18　孩子—兄弟表示法

算法与数据结构

二叉链表节点的结构定义如下。

```
typedef struct ThreadTree
{
    DATA data;
    NodeFlag lflag;
    NodeFlag rflag;
    struct ThreadTree *left;
    struct ThreadTree *right;
}ThreadBinTree;
```

例如，图4-19（a）中的这棵二叉树，按照中序遍历得到的节点顺序为：B—F—D—A—C—G—E—H。

(a) 二叉树　　(b) 线索二叉树

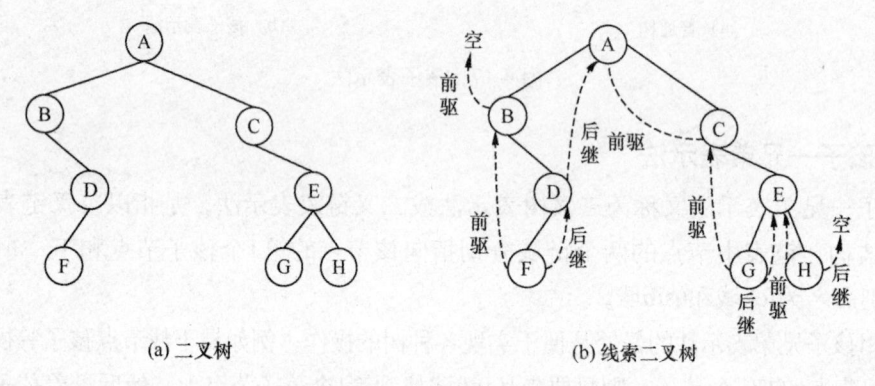

图 4-19　中序线索二叉树

再看图4-19（b）所示的这棵中序线索二叉树，因为节点B没有左子树，所以可以在左子树域中保存前驱节点指针。又因为在按照中序遍历节点时，B是第1个节点，所以这个节点没有前驱。而因为节点B的右子树不为空，所以不保存它后继节点的指针。节点F是叶节点，其左子树指针域保存前驱节点指针，指向节点B，而右子树指针域保存后继节点指针，指向节点D。图4-20显示了线索二叉树的存储结构。

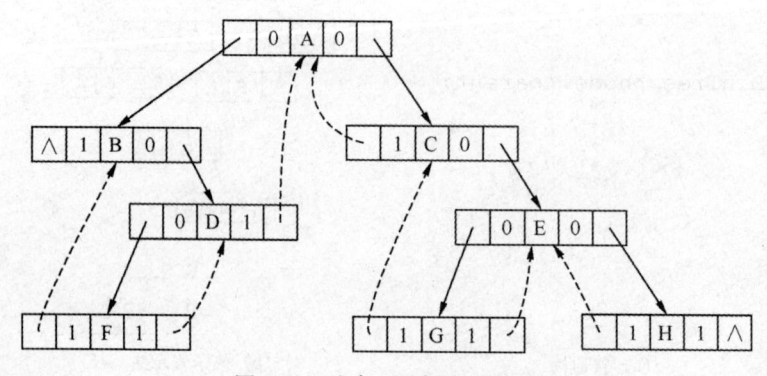

图 4-20　线索二叉树存储结构

4.2.6 实践演练——测试二叉树操作函数

在前面已经讲解了与二叉树相关的操作函数和遍历函数,接下来将编写一个主函数来测试这些操作函数和遍历函数的使用效果。

实例4-1	测试二叉树操作函数
源码路径	素材\daima\4\Test.c

本实例的实现代码文件为Test.c,具体实现流程如下。

步骤 01 调用前面创建的操作函数和遍历函数,然后创建一个二叉树根节点函数,在该函数中提示用户输入根节点的数据,最后将该节点的地址作为根节点指针返回,具体代码如下所示。

```c
#include <stdio.h>
#include "BinTree.c"
ChainBinTree *InitRoot()    //初始化二叉树的根
{
    ChainBinTree *node;
    if(node=(ChainBinTree *)malloc(sizeof(ChainBinTree)))  //分配内存
    {
        printf("\n输入根节点数据:");
        scanf("%s",&node->data);
        node->left=NULL;
        node->right=NULL;
        return node;
    }
    return NULL;
}
```

步骤 02 定义函数AddNode()向二叉树指定的节点添加子节点,具体代码如下所示。

```c
void AddNode(ChainBinTree *bt)
{
    ChainBinTree *node,*parent;
    DATA data;
    char select;
    if(node=(ChainBinTree *)malloc(sizeof(ChainBinTree)))  //分配内存
    {
        printf("\n输入二叉树节点数据:");
        fflush(stdin);          //清空输入缓冲区
        scanf("%s",&node->data);
        node->left=NULL;        //设置左右子树为空
        node->right=NULL;
```

```c
        printf("输入父节点数据:");
        fflush(stdin);        //清空输入缓冲区
        scanf("%s",&data);
        parent=BinTreeFind(bt,data);//查找指定数据的节点
        if(!parent)            //若未找到指定数据的节点
        {
            printf("未找到父节点!\n");
            free(node);        //释放创建的节点内存
            return;
        }
        printf("1.添加到左子树\n2.添加到右子树\n");
        do{
            select=getch();
            select-='0';
            if(select==1 || select==2)
                BinTreeAddNode(parent,node,select);  //添加节点到二叉树
        }while(select!=1 && select!=2);
    }
    return ;
}
```

步骤 03 编写主函数main()用于测试上述函数定义的功能。首先，定义二叉树的根节点指针和一个指向函数的指针，并将测试程序中编写的函数oper()赋值给指该针，用于处理遍历各节点时的数据；然后，通过循环来显示菜单，并根据用户选择的菜单调用不同的函数来完成相应的功能；最后清空二叉树所占的内存。主函数main()的具体代码如下所示。

```c
Int main() {
    ChainBinTree *root=NULL;    //root为指向二叉树根节点的指针
    char select;
    void (*oper1)();            //指向函数的指针
    oper1=oper;                 //指向具体操作的函数
    do{
        printf("\n1.设置根元素          2.添加节点\n");
        printf("3.先序遍历            4.中序遍历\n");
        printf("5.后序遍历            6.按层遍历\n");
        printf("7.深度                0.退出\n");
        select=getch();
        switch(select){
        case'1':                //设置根元素
            root=InitRoot();
            break;
        case'2':                //添加节点
```

```
                AddNode(root);
                break;
        case'3':                    //先序遍历
                printf("\n先序遍历的结果：");
                BinTree_DLR(root,oper1);
                printf("\n");
                break;
        case'4':                    //中序遍历
                printf("\n中序遍历的结果：");
                BinTree_LDR(root,oper1);
                printf("\n");
                break;
        case'5':                    //后序遍历
                printf("\n后序遍历的结果：");
                BinTree_LRD(root,oper1);
                printf("\n");
                break;
        case'6':                    //按层遍历
                printf("\n按层遍历的结果：");
                BinTree_Level(root,oper1);
                printf("\n");
                break;
        case'7':                    //二叉树的深度
                printf("\n二叉树深度为:%d\n",BinTreeDepth(root));
                break;
        case'0':
                break;
        }
    }while(select!='0');
    BinTreeClear(root);        //清空二叉树
    root=NULL;
    getch();
    return 0;
}
```

执行后的结果如图4-21所示。

图 4-21 测试二叉树操作函数

4.2.7 实践演练—实现各种线索二叉树的操作

为了说明线索二叉树的操作用法，将通过一个具体实例的实现过程，详细讲解实现各种线索二叉树操作的方法。

实例4-2	实现各种线索二叉树的操作
源码路径	素材\daima\4\xianTree.c和xianTest.c

步骤 01 在实例文件xianTree.c中定义了各种操作线索二叉树的函数，具体实现流程如下。

（1）创建二叉树并进行中序线索化操作。

（2）用C语言创建的线索二叉树的类型定义代码如下所示。

```c
typedef enum
{
    SubTree,
    Thread
}NodeFlag;   //枚举值SubTree(子树)和Thread(线索)分别为0, 1
typedef struct ThreadTree          //定义线索二叉树节点类型
{
    DATA data;                      //元素数据
    NodeFlag lflag;                 //左标志
    NodeFlag rflag;                 //右标志
    struct ThreadTree *left;        //左子树节点指针
    struct ThreadTree *right;       //右子树节点指针
}ThreadBinTree;
```

（3）通过上述代码定义了一个二叉树节点类型，然后使用下面代码可以对二叉树进行中序线索化操作。

```c
void BinTreeThreading_LDR(ThreadBinTree *bt)           //二叉树按中序线索化
{
    if(bt) //节点非空时，当前访问节点
    {
        BinTreeThreading_LDR(bt->left);        //递归调用，将左子树线索化
        bt->lflag=(bt->left)?SubTree:Thread; //设置左指针域的标志
        bt->rflag=(bt->right)?SubTree:Thread;//设置右指针域的标志
        if(Previous) //若当前节点的前驱Previous存在
        {
            if(Previous->rflag==Thread)        //若当前节点的前驱右标志为线索
                Previous->right=bt;             //设Previous的右线索指向后继
            if(bt->lflag==Thread)              //若当前节点的左标志为线索
                bt->left=Previous;              //设当前节点的左线索指向中序前驱
```

```
        }
        Previous=bt;//让Previous保存刚访问的节点
        BinTreeThreading_LDR(bt->right);//递归调用,将右子树线索化
    }
}
```

(4) 查找后继节点：在创建线索二叉树之后，可以根据给定的某个节点求出其前驱节点或后继节点。使用C语言在中序线索二叉树中求后继节点的算法如下所示。

```
ThreadBinTree *BinTreeNext_LDR(ThreadBinTree *bt)  //求指定节点的后继
{
    ThreadBinTree *nextnode;
    if(!bt) return NULL;           //若当前节点为空,则返回空
    if(bt->rflag==Thread)          //若当前节点的右子树为空
        return bt->right;          //返回右线索所指的中序后继
    else{
        nextnode=bt->right;        //从当前节点的右子树开始查找
        while(nextnode->lflag==SubTree) //循环处理所有左子树不为空的节点
            nextnode=nextnode->left;
        return nextnode;           //返回左下方的节点
    }
}
```

(5) 查找前驱节点：在中序线索二叉树中，查找指定节点前驱的方法和查找后继的方法类似，在具体实现时需要分为如下两种情况。

- 如果节点m的左子树为空，则m−>left为左线索，直接指向m的中序前驱节点。
- 如果节点m的左子树非空，则从m的左子树出发，沿着该子树的右指针链往下查找，一直找到一个没有右子树的节点为止，则该节点就是节点m的中序前驱节点。

在中序线索二叉树中查找前驱节点的算法如下所示。

```
ThreadBinTree *BinTreePrevious_LDR(ThreadBinTree *bt) //求指定节点的前驱
{
    ThreadBinTree *prenode;
    if(!bt) return NULL;           //若当前节点为空,则返回空
    if(bt->lflag==Thread)          //若当前节点的左子树为空
        return bt->left;           //返回左线索所指的中序后继
    else{
        prenode=bt->left;          //从当前节点的左子树开始查找
        while(prenode->rflag==SubTree) //循环处理所有右子树不为空的节点
            prenode=prenode->left;
        return prenode;            //返回左下方的节点
    }
}
```

（6）遍历线索二叉树：在遍历线索二叉树时不使用递归调用，只要根据后继指针即可完成遍历操作。遍历中序线索二叉树的算法如下所示。

```c
void ThreadBinTree_LDR(ThreadBinTree *bt)   //遍历中序线索二叉树
{
    if(bt)                                  //二叉树不为空
    {
        while(bt->lflag==SubTree)           //有左子树
            bt=bt->left;   //从根往下找最左下节点，即中序序列的开始节点
        do{
            oper(bt);                       //处理节点
            bt=BinTreeNext_LDR(bt);         //找中序后继节点
        }while(bt);
    }
}
```

步骤02 为了测试文件xianTree.c中的各种线索二叉树操作函数的功能，接下来开始编写文件xianTest.c，此文件的功能是调用文件xianTree.c中定义的各种操作函数和遍历函数来测试对二叉树的各种操作。测试文件xianTest.c的具体实现代码如下所示。

```c
#include <stdio.h>
#include "xianTree.c"
void oper(ThreadBinTree *p)     //操作二叉树节点数据
{
    printf("%c ",p->data);//输出数据
    return;
}
ThreadBinTree *InitRoot()       //初始化二叉树的根
{
    ThreadBinTree *node;
    if(node=(ThreadBinTree *)malloc(sizeof(ThreadBinTree)))  //分配内存
    {
        printf("\n输入根节点数据:");
        scanf("%s",&node->data);
        node->left=NULL;
        node->right=NULL;
        return BinTreeInit(node);
    }
    return NULL;
}
void AddNode(ThreadBinTree *bt)
```

```c
{
    ThreadBinTree *node,*parent;
    DATA data;
    char select;
    if(node=(ThreadBinTree *)malloc(sizeof(ThreadBinTree)))  //分配内存
    {
        printf("\n输入二叉树节点数据:");
        fflush(stdin);              //清空输入缓冲区
        scanf("%s",&node->data);
        node->left=NULL;            //设置左右子树为空
        node->right=NULL;


        printf("输入父节点数据:");
        fflush(stdin);              //清空输入缓冲区
        scanf("%s",&data);
        parent=BinTreeFind(bt,data); //查找指定数据的节点
        if(!parent)                  //若未找到指定数据的节点
        {
            printf("未找到父节点!\n");
            free(node);              //释放创建的节点内存
            return;
        }
        printf("1.添加到左子树\n2.添加到右子树\n");
        do{
            select=getch();
            select-='0';
            if(select==1 || select==2)
                BinTreeAddNode(parent,node,select); //添加节点到二叉树
        }while(select!=1 && select!=2);
    }
    return ;
}
int main()
{
    ThreadBinTree *root=NULL;        //root为指向二叉树根节点的指针
    char select;
    void (*oper1)();                 //指向函数的指针
    oper1=oper;                      //指向具体操作的函数
    do{
        printf("\n1.设置二叉树根元素    2.添加二叉树节点\n");
        printf("3.生成中序线索二叉树    4.遍历线索二叉树\n");
```

```c
            printf("0.退出\n");
            select=getch();
            switch(select){
                case '1':                        //设置根元素
                    root=InitRoot();
                    break;
                case '2':                        //添加节点
                    AddNode(root);
                    break;
                case '3':              //生成中序线索二叉树
                    BinTreeThreading_LDR(root);
                    printf("\n生成中序线索二叉树完毕！\n");
                    break;
                case '4'://遍历中序线索二叉树
                    printf("\n中序线索二叉树遍历的结果：");
                    ThreadBinTree_LDR(root,oper1);
                    printf("\n");
                    break;
                case '0':
                    break;
            }
    }while(select!='0');
    BinTreeClear(root);      //清空二叉树
    root=NULL;
    getch();
    return 0;
}
```

执行的结果如图4-22所示。

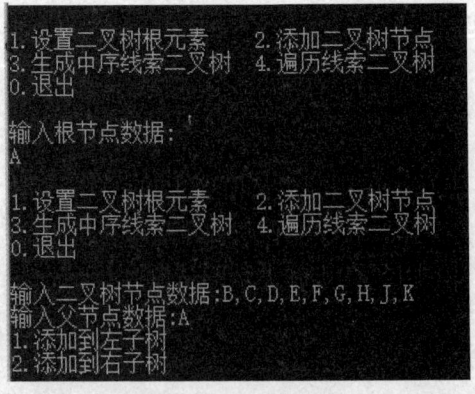

图 4-22 测试线索二叉树操作的执行结果

4.3 霍夫曼树

所有的"树"结构中最优秀的种类之一，即最优二叉树，也称为霍夫曼树或哈夫曼树。在本节中，将详细讲解霍夫曼树的基础知识。

4.3.1 霍夫曼树基础

1. 几个概念

（1）路径：从树中一个节点到另一个节点之间的分支构成这两个节点之间的路径。

（2）路径长度：路径上的分支数目称为路径长度。

（3）树的路径长度：从树根到每一个节点的路径长度之和。

（4）节点的带权路径长度：从该节点到树根之间的路径长度与节点上权的乘积。

（5）树的带权路径长度：是树中所有叶子节点的带权路径长度的和，记作：

$$WPL = \sum_{k=1}^{n} W_k l_k$$

霍夫曼树（最优二叉树）：假设有 n 个权值 $\{m_1, m_2, m_3, \cdots, m_n\}$，可以构造一棵具有 n 个叶子节点的二叉树，每个叶子节点的权为 m_i，则其中带权路径长度 WPL 最小的二叉树称作最优二叉树，也叫霍夫曼树或哈夫曼树。

根据上述定义，霍夫曼树是带权路径长度最小的二叉树。假设一个二叉树有4个节点，分别是A、B、C、D，其权重分别是5、7、2、13，通过这4个节点可以构成多种二叉树，图4-23显示了3种情况。

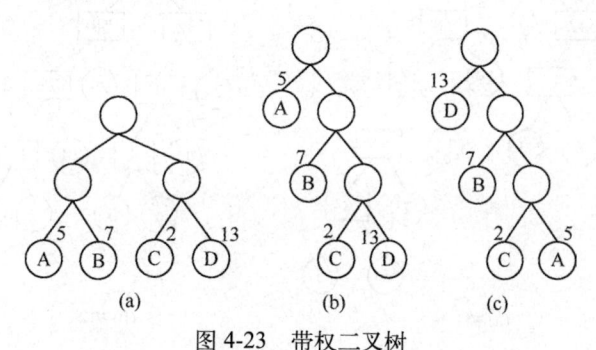

图 4-23 带权二叉树

因为霍夫曼树的带权路径长度是各节点的带权路径长度之和，所以计算图4-23所示的各二叉树的带权路径长度，分别是节点A、B、C、D的带权路径长度的和，具体计算过程如下所示。

① $WPL=5 \times 2+7 \times 2+2 \times 2+13 \times 2=54$

② $WPL=5 \times 1+7 \times 2+2 \times 3+13 \times 3=64$

③ $WPL=1 \times 13+2 \times 7+3 \times 2+5 \times 3=48$

2. 构造霍夫曼树的过程

构造霍夫曼树的步骤如下。

步骤01 将给定的n个权值$\{m_1,m_2,\cdots,m_n\}$作为n个根节点的权值构造一个具有n棵二叉树的森林$\{T_1,T_2,\cdots,T_n\}$，其中每棵二叉树只有一个根节点。

步骤02 在森林中选取两棵根节点权值最小的二叉树作为左右子树构造一棵新二叉树，新二叉树的根节点权值为这两棵子树根的权值之和。

步骤03 在森林中，将上面选择的这两棵权值最小的二叉树从森林中删除，并将刚刚新构造的二叉树加入到森林中。

步骤04 重复步骤**02**和步骤**03**，直到森林中只有一棵二叉树为止，这棵二叉树就是哈夫曼树。

假设有一个权集$m=\{5,29,7,8,14,23,3,11\}$，要求构造关于$m$的一棵霍夫曼树，并求其加权路径长度$WPL$。

现在开始解决上述问题，在构造霍夫曼树的过程中，当第2次选择两棵权值最小的树时，最小的两个左右子树分别是7和8，如图4-24所示。这里的8有两种：第1种是原来权集中的8，第2种是经过第1次构造出的新的二叉树的根的权值。

所以7与不同的8相结合，便生成了不同的霍夫曼树，但是它们的WPL是相同的，计算过程如下。

树1：$WPL=2\times23+3\times(8+11)+2\times29+3\times14+4\times7+5\times(3+5)=271$

树2：$WPL=2\times23+3\times11+4\times(3+5)+2\times29+3\times14+4\times(7+8)=271$

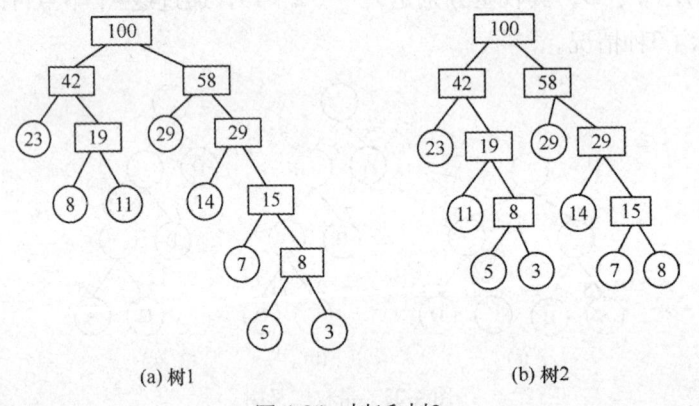

图4-24 树1和树2

3. 霍夫曼编码

在现实中如果要设计电文总长最短的二进制前缀编码，其实就是以n种字符出现的频率作为权，然后设计一棵霍夫曼树的过程。正是因为这个原因，所以通常将二进制前缀编码称为霍夫曼编码。假设存在如下针对某电文的描述：

在一份电文中一共使用8种字符，分别是☆、★、○、●、◎、◇、◆、▲，它们出现的概率分别为0.05、0.29、0.07、0.08、0.14、0.23、0.03、0.11，请尝试设计霍夫曼编码。

霍夫曼编码的具体过程如图4-25所示。（注：为便于霍夫曼树的构造，叶子节点中的值为概率值的100倍。）

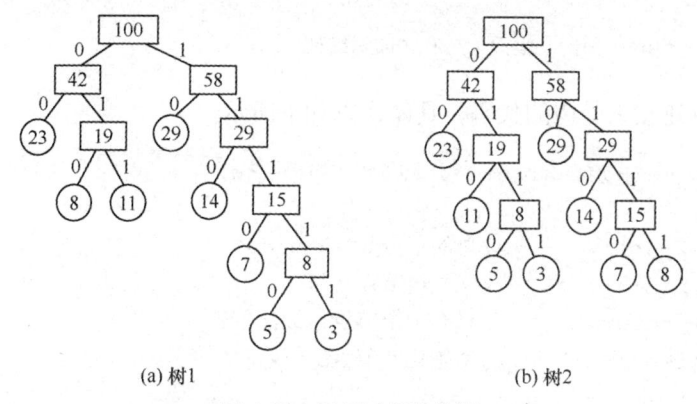

图 4-25　树1和树2的编码

在树1中，编码如下所示。

☆：11110，★：10，○：1110，●：010，◎：110，◇：00，◆：11111，▲：011

在树2中，编码如下所示。

☆：0110，★：10，○：1110，●：1111，◎：110，◇：00，◆：0111，▲：010

在现实应用中，通常在内存中分配一些连续的区域来保存霍夫曼二叉树。可以将这部分内存区域作为一个一维数组，通过数组的序号访问不同的二叉树节点。

4.3.2　实践演练—实现各种霍夫曼树的操作

为了说明霍夫曼树的操作，接下来将通过一个具体实例的实现过程，详细讲解实现各种霍夫曼树操作的方法。

实例4-3	编码实现各种霍夫曼树的操作
源码路径	光盘\daima\4\Huffman.c和htest.c

步骤01　在实例文件Huffman.c中定义各种操作霍夫曼树的函数，具体实现流程如下所示。

（1）定义霍夫曼树节点的结构。因为本实例使用数组的形式来保存霍夫曼树，所以在该结构中父节点、左右子树节点都保存在数组对应的下标位置，所以不采用指针变量。还需要定义一个字符指针，用于指向霍夫曼编码字符串。具体代码如下所示。

```
typedef struct
{
    int weight;      //权值
```

```
    int parent;      //父节点序号
    int left;        //左子树序号
    int right;       //右子树序号
}HuffmanTree;
typedef char *HuffmanCode;   //Huffman编码
```

(2) 编写创建霍夫曼树的代码，具体代码如下所示。

```
void CreateTree(HuffmanTree *ht,int n,int *w)
{
    int i,m=2*n-1;         //总的节点数
    int bt1,bt2;           //二叉树节点序号
    if(n<=1) return ;      //只有一个节点，无法创建
    for(i=1;i<=n;++i)      //初始化叶节点
    {
        ht[i].weight=w[i-1];
        ht[i].parent=0;
        ht[i].left=0;
        ht[i].right=0;
    }
    for(;i<=m;++i)         //初始化后续节点
    {
        ht[i].weight=0;
        ht[i].parent=0;
        ht[i].left=0;
        ht[i].right=0;
    }
    for(i=n+1;i<=m;++i)    //逐个计算非叶节点，创建Huffman树
    {
        //从1～(i-1)个节点选择parent节点为0,权重最小的两个节点
        SelectNode(ht,i-1,&bt1,&bt2);
        ht[bt1].parent=i;
        ht[bt2].parent=i;
        ht[i].left=bt1;
        ht[i].right=bt2;
        ht[i].weight=ht[bt1].weight+ht[bt2].weight;
    }
}
```

在函数CreateTree()中有如下3个参数：
- ht：是一个指向霍夫曼树的指针，由调用函数申请内存，并得到这个指针。
- n：创建霍夫曼树的叶节点数量。

- w:是一个指针,用于传入n个叶节点的权值。

(3) 编写SelectNode()函数,其功能是在创建霍夫曼树函数CreateTree()中反复调用,该函数用于从无父节点的节点中选出两个权值最小的节点,具体代码如下所示。

```c
void SelectNode(HuffmanTree *ht,int n,int *bt1,int *bt2)
//从1～x个节点选择parent节点为0,权重最小的两个节点
{
    int i;
    HuffmanTree *ht1,*ht2,*t;
    ht1=ht2=NULL;          //初始化两个节点为空
    for(i=1;i<=n;++i)      //循环处理1～n个节点(包括叶节点和非叶节点)
    {
        if(!ht[i].parent)  //父节点为空(节点的parent=0)
        {
            if(ht1==NULL)  //节点指针1为空
            {
                ht1=ht+i;  //指向第i个节点
                continue;  //继续循环
            }
            if(ht2==NULL)  //节点指针2为空
            {
                ht2=ht+i;  //指向第i个节点
                if(ht1->weight>ht2->weight) //比较两个节点的权重,使ht1
                                            //指向的节点权重小
                {
                    t=ht2;
                    ht2=ht1;
                    ht1=t;
                }
                continue;  //继续循环
            }
            if(ht1 && ht2)//若ht1、ht2两个指针都有效
            {
                //第i个节点权重小于ht1指向的节点
                if(ht[i].weight<=ht1->weight)
                {
                    ht2=ht1;//ht2保存ht1,因为这时ht1指向的节点成为第二小的
                    ht1=ht+i;  //ht1指向第i个节点
                }else if(ht[i].weight<ht2->weight)
                { //若第i个节点权重小于ht2指向的节点
                    ht2=ht+i;//ht2指向第i个节点
                }
```

```
            }
        }
    }
    if(ht1>ht2){                    //增加比较,使二叉树左侧为叶节点
        *bt2=ht1-ht;
        *bt1=ht2-ht;
    }else{
        *bt1=ht1-ht;
        *bt2=ht2-ht;
    }
}
```

在函数SelectNode()中有如下4个参数:
- ht:是一个指向霍夫曼树的指针,由调用函数申请内存,并得到这个指针。
- n:表示需要在保存霍夫曼树的数组的前n个元素中查找。
- bt1和bt2:是两个指针变量,用于返回查找到的两个权重最小的节点序号。

(4)编写函数HuffmanCoding(),用于根据创建的霍夫曼树生成每个字符的霍夫曼编码,具体代码如下所示。

```
void HuffmanCoding(HuffmanTree *ht,int n,HuffmanCode *hc)
{
    char *cd;
    int start,i;
    int current,parent;
    cd=(char*)malloc(sizeof(char)*n);//用来临时存放一个字符的编码结果
    cd[n-1]='\0';                               //设置字符串结束标志
    for(i=1;i<=n;i++)
    {
        start=n-1;
        current=i;
        parent=ht[current].parent;          //获取当前节点的父节点
        while(parent)  //父节点不为空
        {
            if(current==ht[parent].left)    //若该节点是父节点的左子树
                cd[--start]='0';             //编码为0
            else //若节点是父节点的右子树
                cd[--start]='1';             //编码为1
            current=parent;                  //设置当前节点指向父节点
            parent=ht[parent].parent;        //获取当前节点的父节点序号
        }
        //分配保存编码的内存
        hc[i-1]=(char*)malloc(sizeof(char)*(n-start));
```

```
            strcpy(hc[i-1],&cd[start]);              //复制生成的编码
    }
    free(cd);                                        //释放编码占用的内存
}
```

在函数HuffmanCoding()中有如下3个参数：
- ht：是一个指向霍夫曼树的指针，由调用函数申请内存，并得到这个指针。
- n：表示需要生成霍夫曼编码的字符数量。
- hc：是一个指针，用于返回生成的霍夫曼编码字符串的首地址，供调用程序使用。

（5）编写函数Encode()，用于根据Huffman编码对字符串进行编码，得到编码后的字符串，具体代码如下所示。

```
void Encode(HuffmanCode *hc,char *alphabet,char *str,char *code)
//将一个字符串转换为Huffman编码
//hc为Huffman编码表,alphabet为对应的字母表,str为需要转换的字符串,code返回转换的
//结果
{
    int len=0,i=0,j;
    code[0]='\0';
    while(str[i]){
        j=0;
        while(alphabet[j]!=str[i])
            j++;
        strcpy(code+len,hc[j]);   //将对应字母的Huffman编码复制到code指定位置
        len=len+strlen(hc[j]);    //累加字符串长度
        i++;
    }
    code[len]='\0';
}
```

（6）编写函数Decode()，用于逐个处理Huffman编码生成的字符串，最后将编码还原为明文字符串，具体代码如下所示。

```
void Decode(HuffmanTree *ht,int m,char *code,char *alphabet,char *decode)
//将一个Huffman编码组成的字符串转换为明文字符串,ht为Huffman二叉树
//m为字符数量,alphabet为对应的字母表,decode返回转换的结果
{
    int position=0,i,j=0;
    m=2*m-1;
    while(code[position])                            //字符串未结束
    {
        for(i=m;ht[i].left && ht[i].right; position++)
```

```c
                //在Huffman树中分别查找左右子树是否为空，以构造一个Huffman编码
                {
                    if(code[position]=='0')          //编码位为0
                        i=ht[i].left;                //处理左子树
                    else                             //编码位为1
                        i=ht[i].right;               //处理右子树
                }
                decode[j]=alphabet[i-1];             //得到一个字母
                j++;//处理下一字符
            }
            decode[j]='\0';                          //字符串结尾
        }
```

步骤02 为了测试文件Huffman.c中的霍夫曼树各个操作函数的功能，接下来开始编写文件htest.c，此文件的功能是调用文件Huffman.c中定义的各种操作函数和遍历函数来测试霍夫曼树的各种操作。文件htest.c具体实现代码如下所示。

```c
#include <stdlib.h>
#include <stdio.h>
#include <string.h>
#include "Huffman.c"
int main()
{
    int i,n=4,m;
    char test[]="DBDBDABDCDADBDADBDADACDBDBD";
    char code[100],code1[100];
    char alphabet[]={'A','B','C','D'};   //4个字符
    int w[]={5,7,2,13} ;//4个字符的权重
    HuffmanTree *ht;
    HuffmanCode *hc;
    m=2*n-1;
    //申请内存，保存霍夫曼树
    ht=(HuffmanTree *)malloc((m+1)*sizeof(HuffmanTree));
    if(!ht)
    {
        printf("内存分配失败！\n");
        exit(0);
    }
    hc=(HuffmanCode *)malloc(n*sizeof(char*));
    if(!hc)
    {
        printf("内存分配失败！\n");
        exit(0);
    }
```

```
    CreateTree(ht,n,w);          //创建霍夫曼树
    HuffmanCoding(ht,n,hc);      //根据霍夫曼树生成霍夫曼编码
    for(i=1;i<=n;i++)                    //循环输出霍夫曼编码
         printf("字母:%c,权重:%d,编码为 %s\n",alphabet[i-1],ht[i].weight,hc[i-1]);
    Encode(hc,alphabet,test,code);       //根据霍夫曼编码生成编码字符串
    printf("\n字符串:\n%s\n转换后为:\n%s\n",test,code);
    Decode(ht,n,code,alphabet,code1);//根据编码字符串生成解码后的字符串
    printf("\n编码:\n%s\n转换后为:\n%s\n",code,code1);
    getch();
    return 0;
}
```

执行后的结果如图4-26所示。

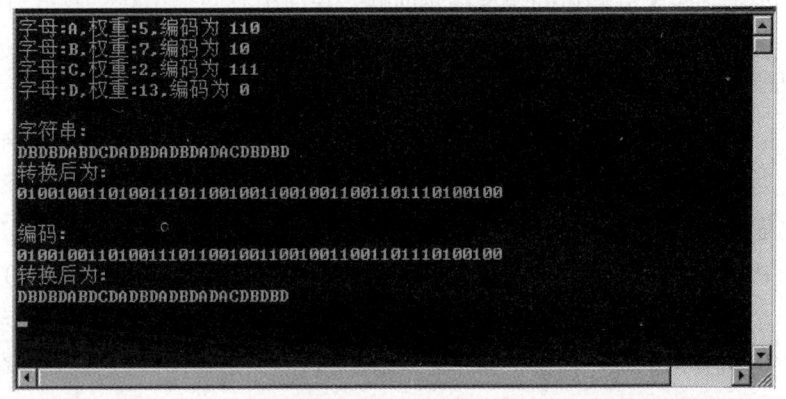

图 4-26 测试霍夫曼树操作的执行结果

思考与练习

1. 什么是树，什么是二叉树？如何将树转成二叉树？

2. 二叉树的存储通常有几种方式？

3. 遍历二叉树有几种方式？

4. 给定一棵二叉树，如图4-27所示，给出遍历此二叉树的先序遍历、中序遍历、后序遍历的序列。

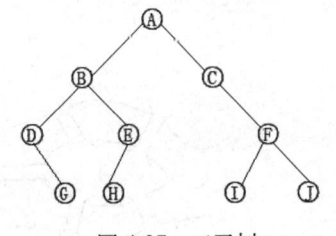

图 4-27 二叉树

5. 什么是霍夫曼树，霍夫曼树应用在什么领域？

6. 编写程序，用二叉链存储方式建立一棵二叉树，二叉树如图4-28所示。

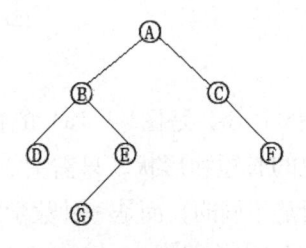

图 4-28 二叉树

第5章　图

本章将要讲解的"图"是一种比较复杂的数据结构——网状结构,并且任何数据都可以用"图"来表示。本章将详细介绍网状关系结构中"图"的基础知识,为读者学习本书后面的知识打下基础。

5.1　什么是图

要想研究"图"的起源和基本概念,需要从"哥尼斯堡七桥问题"的故事说起:哥尼斯堡位于立陶宛的普雷格尔河畔。在河中有两个小岛,城市与小岛由7座小桥相连,如图5-1(a)所示。当时城中居民热衷于思考这样一个问题:游人是否可以从城市或小岛的一点出发,经由7座桥,并且只经由每座桥一次,然后回到原地。

针对上述问题,很多人不得其解,就算有解,也是结果各异,并且都声称自己的才是正确的。在1736年,瑞士数学家欧拉解决了这个在当时非常著名的"哥尼斯堡七桥问题",并专门为其发表了第一篇图论方向的论文。从此以后,"图"这一概念便走上了历史舞台。当时,欧拉用了一个十分简明的工具,即如图5-1(b)所示的这张图解决了这个问题。图5-1(b)中的节点用以表示河两岸及两个小岛,边表示小桥,如果游人可以做出所要求的那种游历,那么必可从图的某一节点出发,经过每条边一次且仅经过一次后又回到原节点。这时,对每个节点而言,每离开一次,总相应地要进入一次,而每次进出不得重复同一条边,因而它应当与偶数条边相联结。由于图5-1(b)中并非每个节点都与偶数条边相联结,因此游人不可能做出所要求的游历。

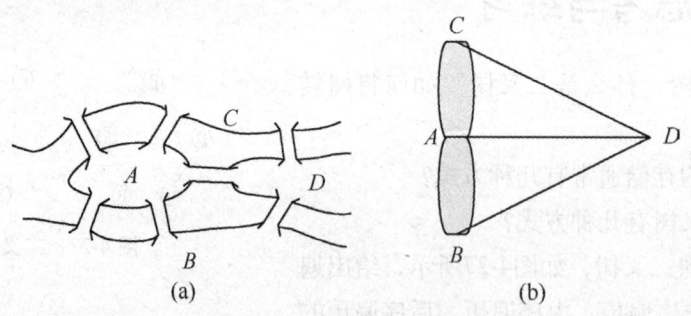

图 5-1　"哥尼斯堡七桥问题"

图5-1(b)是图5-1(a)的抽象,不必关心图5-1(b)中图形的节点的位置,也不必关心边的长短和形状,只需关心节点与边的联结关系即可。也就是说,所研究的图和几何图形是不同的,而是一种数学结构。

图5-1中的图(graph)G由如下3个部分组成:

(1) 非空集合 $V(G)$：被称为图 G 的节点集，其成员称为节点（nodes）或顶点（vertex）。

(2) 集合 $E(G)$：被称为图 G 的边集，其成员称为边（edges）。

(3) 函数 ΨG：是有穷非空顶点集合 V 和顶点间的边集合 E 组成的一种数据结构，表示为 $G=(V,E)$。$E(G)\to(V(G),V(G))$ 被称为边与顶点的关联映射（associate mapping）。此处的 $(V(G),V(G))$ 称为 $V(G)$ 的偶对集，其中成员偶对的格式是 (u,v)，u 和 v 代表的是节点。当 $\Psi G(e)=(u,v)$ 时称边 e 关联端点 u 和 v。当 (u,v) 作为有序偶数顺序对时，e 被称为有向边，e 以 u 为起点，以 v 为终点，图 G 称为有向图（directed graph）；当 (u,v) 用作无序偶对时，称 e 为无向边，图 G 称为无向图。

图 G 通常用三元序组 $<V(G),E(G),\Psi G>$ 来表示，也可以用 $<V,E,\Psi>$ 来表示。图是一种数学结构，由两个集合及其间的一个映射所组成。从严格意义上说，图5-1（b）是一个图的直观表示，也通常被称为图的图示。

"哥尼斯堡七桥问题"虽然已经逐步淡出了人们的视线，但是它为我们带来的"图"这一概念，对计算机技术的发展起到了巨大的推动作用。"图"是一种非线性的数据结构，图中任何两个数据元素之间都可能相关，也就是说在"图"中节点之间的关系可以是任意的。"图"结构非常有用，可用于解决许多学科的实际应用问题。

5.2 图的相关概念

要想步入"图"的内部世界，探索"图"的无限功能，需要先从基础做起，先了解几个与"图"相关的概念。图5-2分别显示了两种典型的图——无向图和有向图。

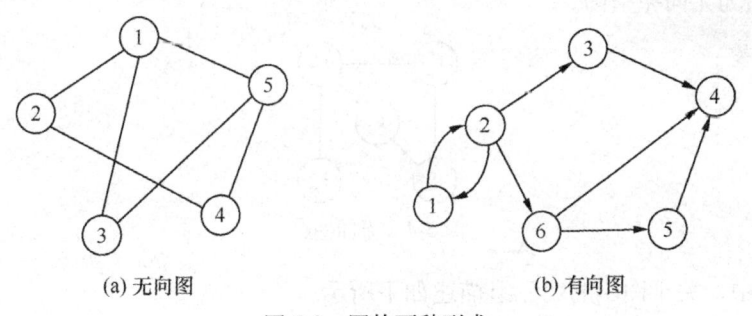

(a) 无向图　　　　　　　　(b) 有向图

图 5-2　图的两种形式

1. 有向图

如果图 G 中的每条边都是有方向的，则称 G 为有向图（Digraph）。在有向图中，一条有向边是由两个顶点组成的有序对，有序对通常用尖括号表示。有向边也称为弧，将边的始点称为弧尾，将边的终点称为弧头。

例如，图5-3是一个有向图，图中的数据元素 V_1 叫顶点，每条边都有方向，被称为有向边，也称为弧（arc）。以弧$<V_1,V_2>$作为例子，将弧的起始点V_1称为弧尾，将弧的终点V_2称为弧头。称顶点V_2是V_1的邻接点，有$n(n-1)$条边的有向图称为有向完全图。

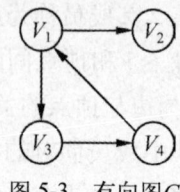

图 5-3 有向图G_1

在图5-3中，图G_1的二元组描述如下所示。

$G_1=(V,E)$

$V=\{V_1,V_2,V_3,V_4\}$

$E=\{<V_1,V_2>,<V_1,V_3>,<V_3,V_4>,<V_4,V_1>\}$

因为"图"的知识博大精深，很多高深知识是为数字科学研究做准备的。对于程序员来说，一般无需掌握那些高深莫测的知识，为此在本书中不考虑图的以下3种情况。

（1）顶点到其自身的弧或边。
（2）在边集合中出现相同的边。
（3）同一图中同时有无向边和有向边。

2. 无向图

如果图中的每条边都是没有方向的，这种图被称为无向图。无向图中的边都是顶点的无序对，通常用圆括号来表示无序对。例如图5-4就是一个无向图，图中每条边都是没有方向的，边用E表示。现在以边(V_1,V_2)为例，称顶点V_1和V_2互为邻接点，称存在$n(n-1)/2$条边的无向图为无向完全图。

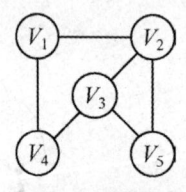

图 5-4 无向图G_2

在图5-4中，关于图G_2的二元组描述如下所示。

$G_2=(V,E)$

$V=\{V_1,V_2,V_3,V_4,V_5\}$

$E=\{(V_1,V_2),(V_1,V_4),(V_2,V_3),(V_2,V_5),(V_3,V_4),(V_3,V_5)\}$

3. 顶点

通常将图中的数据元素称为顶点，一般用V来表示顶点的集合。在图5-5中，图G_1的顶点集合是$V(G_1)=\{A,B,C,D\}$。

4. 完全图

如果无向图中的任意两个顶点之间都存在着一条边,则将此无向图称为无向完全图。如果有向图中的任意两个顶点之间都存在着方向相反的两条弧,则将此有向图称为有向完全图。通过定义可得出一个结论:包含n个顶点的无向完全图有$n(n-1)/2$条边,包含n个顶点的有向完全图有$n(n-1)$条边。

5. 稠密图和稀疏图

当一个图接近完全图时被称为稠密图,反之将含有较少的边数(即当$e<<n(n-1)$)的图称为稀疏图。

6. 权和网

图中每一条边(弧)都可以有一个相关的数值,将这种与边相关的数值称为权。权可以表示从一个顶点到另一个顶点的距离或花费的代价。边上带有权的图称为带权图,也称作网,如图5-6所示的是有向网G_3。

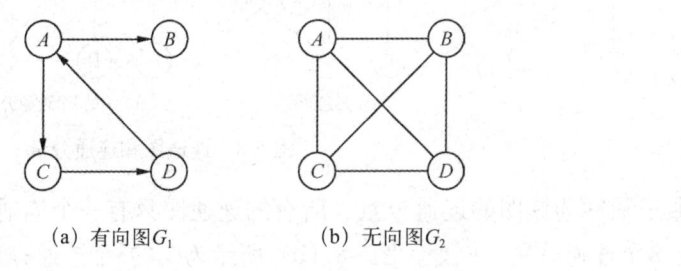

(a) 有向图G_1 (b) 无向图G_2

图5-5 顶点

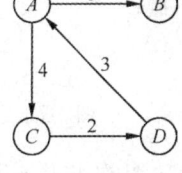

图5-6 有向网G_3

7. 子图

假设存在两个图$G=(V,E)$和$G'=(V',E')$,如果V'是V的子集(即$V'\subseteq V$),并且E'是E的子集(即$E'\subseteq E$),则称G'是G的子图。如图5-7所示是前面图5-5中G_1的部分子图。

8. 邻接点

在无向图$G=(V,E)$中,如果边$(v_i,v_j)\in E$,则称顶点v_i和v_j互为邻接点(adjacent);边(v_i,v_j)依附于顶点v_i和v_j,即v_i和v_j相关联。

9. 顶点的度

顶点的度是指与顶点相关联的边的数量。在有向图中,以顶点v_i为弧尾的弧的值称为顶点v_i的出度,以顶点v_i为弧头的弧的值称为顶点v_i的入度,顶点v_i的入度与出度的和是顶点v_i的度。

假设在一个图中有n个顶点和e条边,每个顶点的度为$d_i(1\leqslant i\leqslant n)$,则有如下结论。

$$e=\frac{1}{2}\sum_{i=1}^{n}d_i \qquad (5.1)$$

10. 路径

如果图中存在一个从顶点v_i到顶点v_j的顶点序列，则这个顶点序列被称为路径。在图中有如下两种路径。

（1）简单路径：指路径中的顶点不重复出现。

（2）回路或环：指路径中除第1个顶点和最后一个顶点相同以外，其余顶点不重复。

一条路径上经过的边的数目称为路径长度。

11. 连通图和连通分量

在无向图G中，当从顶点v_i到顶点v_j有路径时，称v_i和v_j是连通的。如果在无向图G中任意两个顶点都连通，则称图G为连通图，例如图5-5（b）所示的G_2是一个连通图；否则称为非连通图，例如图5-8（a）所示的G_4是一个非连通图。

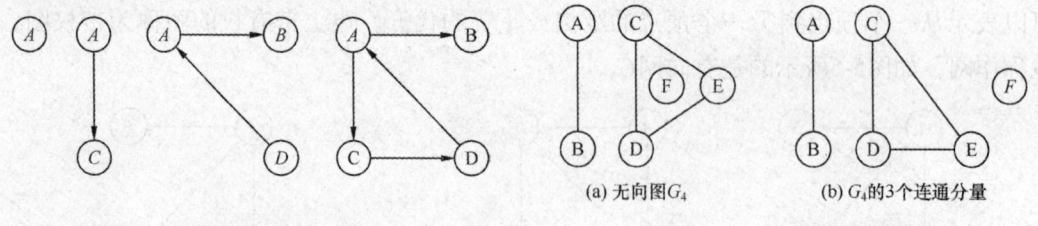

图 5-7 子图

图 5-8 连通图和连通分量

（a）无向图G_4　　　　（b）G_4的3个连通分量

将无向图的极大连通子图称为该图的连通分量。所有的连通图只有一个连通分量，就是它本身。非连通图有多个连通分量，例如，图5-8（b）所示为G_4的3个连通分量。

12. 强连通图和强连通分量

在有向图G中，如果从顶点v_i到顶点v_j有路径，则称从v_i到v_j是连通的。如果图G中的任意两个顶点v_i和v_j都连通，即从v_i到v_j和从v_j到v_i都存在路径，则称图G是强连通图。在有向图中，将极大连通子图称为该图的强连通分量。在强连通图中只有一个强连通分量，即它本身。在非强连通图中有多个强连通分量。例如，图5-5（a）中的G_1有两个强连通分量，如图5-9所示。

13. 生成树

一个连通图的生成树是指一个极小连通子图，它含有图中的全部顶点，但只有足已构成一棵树的n-1条边，如图5-10所示。如果在一棵生成树上添加一条边，则必定构成一个环，因为这条边使得它依附的两个顶点之间有了第2条路径。一棵有n个顶点的生成树有且仅有n-1条边，如果它多于n-1条边，则一定会有环。但是有n-1条边的图不一定是生成树，如果一个图有n个顶点和小于n-1条边，则该图一定是非连通图。

14. 无向边和顶点关系

如果(v_i,v_j)是一条无向边，则称顶点v_i和v_j互为邻接点，或称v_i和v_j相邻接；也称(v_i,v_j)依附或关联（incident）于顶点v_i和v_j，或称(v_i,v_j)与顶点v_i和v_j相关联。例如，有n个顶点的连通图最多有$n(n-1)/2$条边,即是一个无向完全图,且最少有$n-1$条边。

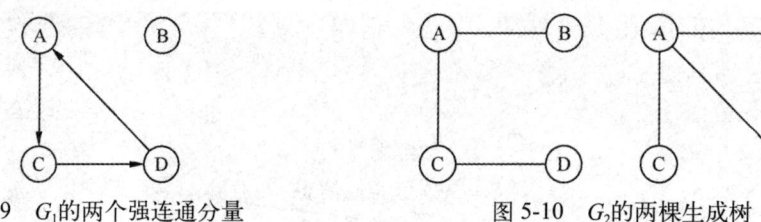

图 5-9　G_1的两个强连通分量　　　　图 5-10　G_2的两棵生成树

5.3　图的存储结构

构建数据结构的最终目的是存储数据,所以在研究图的时候,需要更加深入地研究"图"的存储结构。关于图的存储结构,除了存储图中各个顶点本身的信息之外,还要存储顶点之间的所有关系。在图中常用的存储结构有3种,分别是邻接矩阵、邻接表和十字链表。

5.3.1　邻接矩阵

邻接矩阵是指能够表示顶点之间相邻关系的矩阵,假设$G=(V,E)$是一个具有$n(n>0)$个顶点的图,顶点的顺序依次为$(v_0,v_1,\cdots,v_{n-1})$,则G的邻接矩阵A是n阶方阵,在定义时要根据G的不同而不同,具体说明如下:

(1)如果G是无向图,则A定义为:

$$A[i][j]=\begin{cases}1, & 若(v_i,v_j)\in E(G)\\ 0, & 其他\end{cases}$$

(2)如果G是有向图,则A定义为:

$$A[i][j]=\begin{cases}1, & 若(v_i,v_j)\in E(G)\\ 0, & 其他\end{cases}$$

(3)如果G是网,则定义为:

$$A[i][j]=\begin{cases}w_{ij}, & 若v_i\neq v_j且(v_i,v_j)\in E(G)或<v_i,v_j>\in E(G)\\ 0, & v_i=v_j\\ \infty, & 其他\end{cases}$$

定义邻接矩阵的目的是表示一种关系。表示这种关系的方法非常简单,具体表示方法如下:

(1)用一个一维数组存放顶点信息。
(2)用一个二维数组表示n个顶点之间的关系。

使用C语言表示图的邻接矩阵存储的代码如下所示。

```c
#define   MAXV  20                  /*顶点的最大个数*/
typedef char InfoType;
typedef struct {                    
    int no;                         /*顶点编号*/
    InfoType data;                  /*顶点其他信息*/
}VertexType;                        /*顶点类型*/
typedef struct {                    /*图的定义*/
    int edges[MAXV][MAXV];          /*邻接矩阵*/
    int vexnum,arcnum;              /*顶点数，弧数*/
    VertexType vexs[MAXV];          /*存放顶点信息*/
}MGraph;
```

如果有一个如图5-3所示的有向图G_1，则有向图G_1对应的邻接矩阵如图5-11所示。

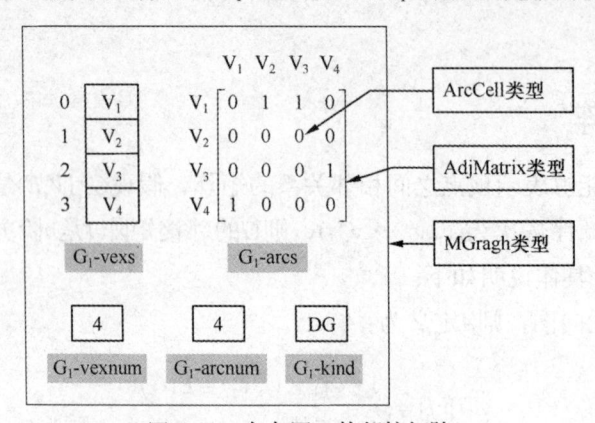

图 5-11　有向图G_1的邻接矩阵

如果有一个如图5-4所示的无向图G_2，则无向图G_2的邻接矩阵如图5-12所示。

图 5-12　无向图G_2的邻接矩阵

5.3.2 邻接表

虽然邻接矩阵比较简单，只需要使用二维数组即可实现存取操作。但是除了完全图之外，其他图的任意两个顶点并不都是相邻接的，所以邻接矩阵中有很多零元素，特别是当 n 较大，并且边数和完全图的边数 $n(n-1)/2$ 相比很少时，邻接矩阵会非常稀疏，这样会非常浪费存储空间。为了解决这个问题，邻接表便闪亮登场了。

邻接表是由邻接矩阵改造而来的一种链接结构，因为它只考虑非零元素，所以就节省了零元素所占的存储空间。邻接矩阵的每一行都有一个线性链接表，链接表的表头对应着邻接矩阵该行的顶点，链接表中的每个节点对应着邻接矩阵中该行的一个非零元素。

对于图 G 中的每个顶点，可以使用邻接表把所有依附于顶点 V_i 的边链成一个单链表，这个单链表称为顶点的邻接表（adjacency list）。通常将表示边信息的节点称为表节点，将表示顶点信息的节点称为头节点，它们的具体结构分别如图5-13和图5-14所示。

图 5-13　表节点结构　　　　　　图 5-14　头节点结构

使用C语言定义邻接表表示法类型的代码如下所示。

```
#define MAX_VERTAX_NUM 20
typedef enum{DG,DN,UDG,UDN}GraphKind;
typedef struct ArcNode {        //边结构
      int adjvex;               //该弧弧头或边所指顶点的位置
      InfoType *info;   //该弧或边相关信息的指针（例如，权值，int weight;）
      struct ArcNode *nextArc;//指向下一条弧或边的节点
} ArcNode;
typedef struct VNode {          //定义顶点数组
   VertexType   data;           //顶点信息
   ArcNode *firstarc;           //指向第1条依附于该顶点的弧或边的指针
} VNode, AdjList[MAX_VERTAX_NUM];
typedef struct graphs {         //图类型
     AdjList vertices;          //顶点数组
     int vexnum,arcnum;         //顶点个数和边条数
     GraphKind kind;            //图的种类标记
}ALgraph;
```

假设有一个如图5-3所示的有向图 G_1，则有向图 G_1 的邻接表如图5-15所示。

假设有一个如图5-4所示的无向图 G_2，则无向图 G_2 的邻接表如图5-16所示。

算法与数据结构

```
0  V₁ → 2 → 1 ∧
1  V₂ ∧
2  V₃ → 3 ∧
3  V₄ → 0 ∧
```

图 5-15 G_1 的邻接表

```
0  V₁ → 3 → 1 ∧
1  V₂ → 4 → 2 → 0 ∧
2  V₃ → 4 → 3 → 1 ∧
3  V₄ → 2 → 0 ∧
4  V₅ → 2 → 1 ∧
```

图 5-16 G_2 的邻接表

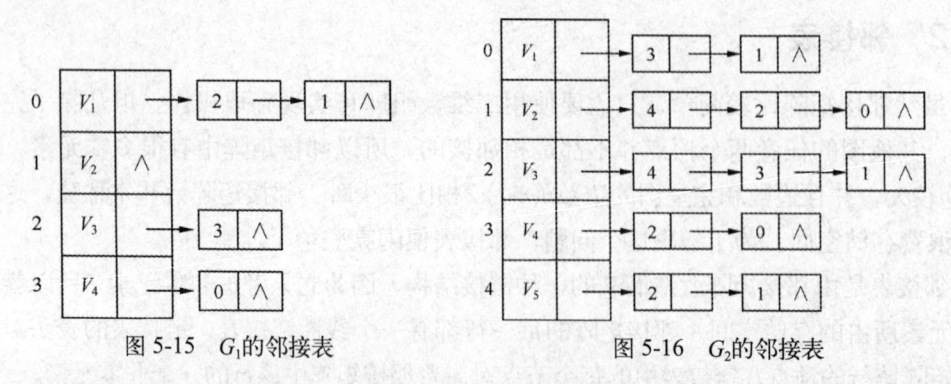

对于有 n 个顶点、e 条边的无向图来说,如果采取邻接表作为存储结构,则需要 n 个表头节点和 $2e$ 个表节点。假设有一个有向图 G_3,如图 5-17 所示,则有向图 G_3 的邻接表如图 5-18 所示。(注:结点中间项的值代表权值。)

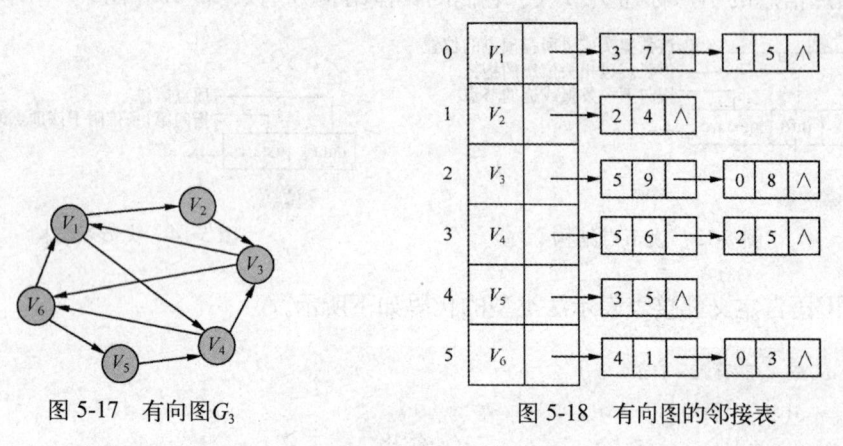

```
0  V₁ → 3 7 → 1 5 ∧
1  V₂ → 2 4 ∧
2  V₃ → 5 9 → 0 8 ∧
3  V₄ → 5 6 → 2 5 ∧
4  V₅ → 3 5 ∧
5  V₆ → 4 1 → 0 3 ∧
```

图 5-17 有向图 G_3

图 5-18 有向图的邻接表

5.3.3 十字链表

之所以说十字链表是组合的产物,是因为十字链表是一种邻接表和逆邻接表联合实现的表。十字链表是有向图中的一种链式存储结构,将有向图的邻接表和逆邻接表结合起来就会得到这一种链表。用一个顺序表来存储有向图的顶点,这样就构成了顶点表,图中的每条弧构成一个弧节点。其中,弧节点和头节点的结构信息分别如图 5-19 和图 5-20 所示。

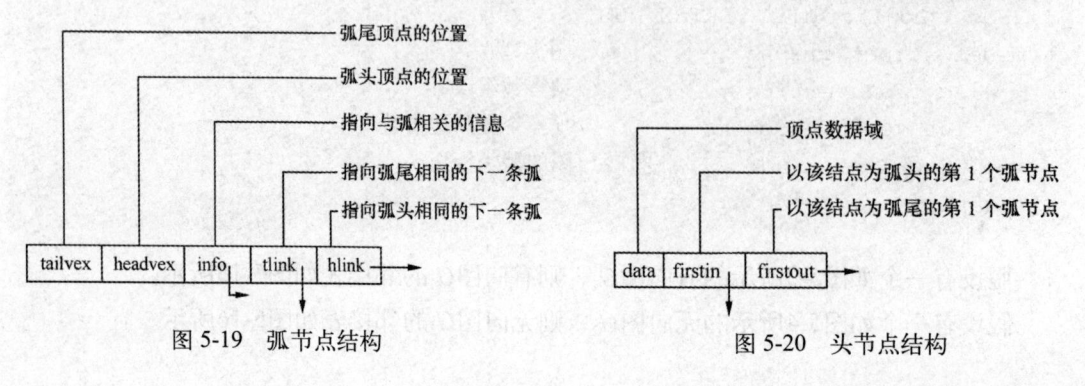

| tailvex | headvex | info | tlink | hlink |

- 弧尾顶点的位置
- 弧头顶点的位置
- 指向与弧相关的信息
- 指向弧尾相同的下一条弧
- 指向弧头相同的下一条弧

| data | firstin | firstout |

- 顶点数据域
- 以该结点为弧头的第 1 个弧节点
- 以该结点为弧尾的第 1 个弧节点

图 5-19 弧节点结构

图 5-20 头节点结构

假设有一个有向图，如图5-21所示，其对应的十字链表如图5-22所示。

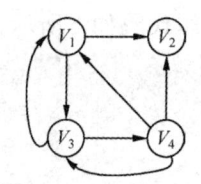

图 5-21　有向图

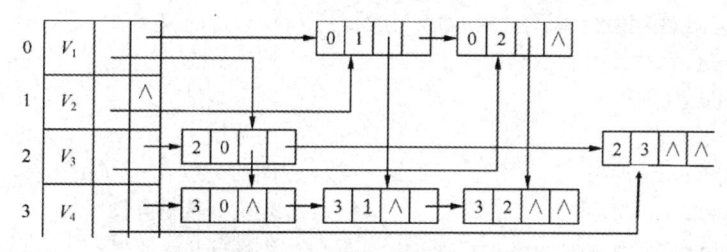

图 5-22　有向图的十字链表

使用C语言定义十字链表的数据类型的代码如下。

```
typedef struct ANode{           /*弧节点结构类型*/
    int tailvex, headvex;       /*该弧的弧尾和弧头域*/
    struct ANode *hlink,*tlink; /*弧头相同和弧尾相同的弧的链域*/
    InfoType info;              /*该弧的相关信息*/
}ArcNode;
typedef struct VNode{           /*顶点结构类型*/
    VertexType data;            /*顶点数据域*/
    ArcNode *firstin,*firstout; /*分别指向该顶点的第1条入弧和出弧*/
}VNode;
typedef struct{
    VNode    xList[MaxV];       /* 表头向量*/
    int n,e;                    /*有向图的顶点数n和弧数e*/
}OLGraph;
```

5.3.4　实践演练—创建一个邻接矩阵

下面将通过一个实例，详细讲解创建图的邻接矩阵的具体方法。

实例5-1	创建图的邻接矩阵
源码路径	素材\daima\5\tu.c和tuTest.c

本实例的实现文件为tuTest.c和tu.c，其中文件tu.c用于定义创建邻接矩阵的相关函数供文件tuTest.c调用，具体的实现流程如下：

步骤01 设置程序能处理的最大定点数、最大值，定义邻接矩阵结构和保存顶点的信息，分别定义二维数组和一维数组，最后定义图的顶点数、边数以及图的类型，并定义创建图和输出图的两个函数类型，具体代码如下所示。

```c
#define VERTEX_MAX 26                        //图的最大顶点数
#define MAXVALUE 32767                       //最大值(可设为一个最大整数)
typedef struct
{
    char Vertex[VERTEX_MAX];                 //保存顶点信息(序号或字母)
    int Edges[VERTEX_MAX][VERTEX_MAX];       //保存边的权
    int isTrav[VERTEX_MAX];                  //遍历标志
    int VertexNum;                           //顶点数量
    int EdgeNum;                             //边数量
    int GraphType;                           //图的类型(0:无向图,1:有向图)
}MatrixGraph;                                //定义邻接矩阵图结构
void CreateIn(MatrixGraph *G);               //创建邻接矩阵图
void OutIn(MatrixGraph *G);                  //输出邻接矩阵
```

步骤02 定义函数CreateIn()，创建图的邻接矩阵，具体代码如下所示。

```c
void CreateIn(MatrixGraph *G)//创建图的邻接矩阵
{
    int i,j,k,weight;
    char start,end;                          //边的起始顶点
    printf("输入各顶点信息\n");
    for(i=0;i<G->VertexNum;i++)              //输入顶点
    {
        getchar();
        printf("第%d个顶点:",i+1);
        scanf("%c",&(G->Vertex[i])); //保存到各顶点数组元素中
    }
    printf("输入构成各边的两个顶点及权值(用逗号分隔):\n");
    for(k=0;k<G->EdgeNum;k++)                //输入边的信息
    {
        getchar(); //暂停输入
        printf("第%d条边: ",k+1);
        scanf("%c,%c,%d",&start,&end,&weight);
        for(i=0;start!=G->Vertex[i];i++);    //在已有顶点中查找始点
            for(j=0;end!=G->Vertex[j];j++);  //在已有顶点中查找终点
                G->Edges[i][j]=weight;       //对应位置保存权值,表示有一条边
        if(G->GraphType==0)                  //若是无向图
            G->Edges[j][i]=weight;           //在对角位置保存权值
    }
}
```

步骤 03 定义函数Outlin()，输出邻接矩阵的内容，具体代码如下所示。

```c
void Outlin(MatrixGraph *G)                    //输出邻接矩阵
{
    int i,j;
    for(j=0;j<G->VertexNum;j++)
        printf("\t%c",G->Vertex[j]);   //在第1行输出顶点信息
    printf("\n");
    for(i=0;i<G->VertexNum;i++)
    {
        printf("%c",G->Vertex[i]);
        for(j=0;j<G->VertexNum;j++)
        {
            if(G->Edges[i][j]==MAXVALUE)      //若权值为最大值
                printf("\t∞");                //输出无穷大符号
            else
                printf("\t%d",G->Edges[i][j]);   //输出边的权值
        }
        printf("\n");
    }
}
```

文件tuTest.c是一个测试文件，能够调用文件tu.c中定义的函数来创建图的邻接矩阵。具体代码如下所示。

```c
#include <stdio.h>
#include "tu.c"
int main()
{
    MatrixGraph G;      //定义存储为邻接矩阵结构的图
    int i,j;
    printf("输入生成图的类型(0:无向图,1:有向图):");
    scanf("%d",&G.GraphType);   //图的类型
    printf("输入图的顶点数量和边数量:");
    scanf("%d,%d",&G.VertexNum,&G.EdgeNum);//输入图顶点数和边数
    for(i=0;i<G.VertexNum;i++)              //清空矩阵
        for(j=0;j<G.VertexNum;j++)
            G.Edges[i][j]=MAXVALUE;     //设置矩阵中各元素的值为最大值
    Createlin(&G);                      //创建用邻接矩阵保存的图
    printf("邻接矩阵数据如下:\n");
    Outlin(&G);
    getch();
    return 0;
}
```

执行后的结果如图5-23所示。

图 5-23　创建邻接矩阵的执行结果

5.3.5　实践演练——用邻接表保存图

实例5-1只是介绍了邻接矩阵的创建方法，实际上，图的邻接表和十字链表的创建方法和邻接矩阵的创建方法十分相似。下面的实例实现了用邻接表保存图的功能。

实例5-2	用邻接表保存图
源码路径	素材\daima\5\linjieTest.c和linjie.c

在此编写了两个文件，分别是linjieTest.c和linjie.c，其中文件linjie.c的功能是定义创建邻接表的相关函数供文件linjieTest.c调用，具体的实现流程如下：

步骤01 定义图的结构，具体代码如下所示。

```
typedef struct                             //图的结构
{
    EdgeNode* AdjList[VERTEX_MAX];         //指向每个顶点的指针
    int VextexNum,EdgeNum;                 //图的顶点的数量和边的数量
    int GraphType;                         //图的类型(0:无向图，1:有向图)
}linGraph;
```

步骤02 定义创建图的函数Createlin()，具体代码如下所示。

```
void Createlin(ListGraph *G)               //构造图的邻接表结构
{
    int i,weight;
    int start,end;
    EdgeNode *s;
    for(i=1;i<=G->VextexNum;i++)           //将图中各顶点指针清空
        G->AdjList[i]=NULL;
    for(i=1;i<=G->EdgeNum;i++)             //输入各边的两个顶点
```

```c
{
    getchar();
    printf("第%d条边:",i);
    scanf("%d,%d,%d",&start,&end,&weight);//输入边的起点、终点和权值
    s=(EdgeNode *)malloc(sizeof(EdgeNode));//申请保存一个顶点的内存
    s->next=G->AdjList[start];      //插入到邻接表中
    s->Vertex=end;                  //保存终点编号
    s->weight=weight;               //保存权值
    G->AdjList[start]=s;            //该点指向邻接表对应的顶点
    if(G->GraphType==0)             //若是无向图,再插入到终点的边链中
    {
        s=(EdgeNode *)malloc(sizeof(EdgeNode));
        s->next=G->AdjList[end];
        s->Vertex=start;
        s->weight=weight;
        G->AdjList[end]=s;
    }
}
}
```

步骤03 定义函数Outlin(),输出邻接表,让用户检查各个顶点的输入是否正确,具体代码如下所示。

```c
void Outlin(ListGraph *G)
{
    int i;
    EdgeNode *s;
    for(i=1;i<=G->VextexNum;i++)
    {
        printf("顶点%d",i);
        s=G->AdjList[i];
        while(s)
        {
            printf("->%d(%d)",s->Vertex,s->weight);
            s=s->next;
        }
        printf("\n");
    }
}
```

文件linjieTest.c是一个测试文件,其功能是调用文件linjie.c中创建的函数,其中使用

邻接表来保存图，具体的实现代码如下所示。

```c
#include <stdio.h>
#include "linjie.c"
int main()
{
    linGraph G;                                        //定义保存邻接表结构的图
    printf("输入生成图的类型(0:无向图,1:有向图):");
    scanf("%d",&G.GraphType);                          //图的种类
    printf("输入图的顶点数量和边数量:");
    scanf("%d,%d",&G.VextexNum,&G.EdgeNum);//输入图顶点数和边数
    printf("输入构成各边的两个顶点及权值(用逗号分隔):\n");
    Createlin(&G);                                     //生成邻接表结构的图
    printf("输出图的邻接表:\n");
    Outlin(&G);
    getch();
    return 0;
}
```

执行后的结果如图5-24所示。

图 5-24 用邻接表保存图的执行结果

5.4 图的遍历

图的遍历是指从图中的某个顶点出发，按照某种方法访问图中所有的顶点且仅访问一次。为了节省时间，一定要对所有顶点仅访问一次，为此，需要为每个顶点设一个访问标志。例如，可以为图设置一个访问标志数组visited[n]，用于标识图中每个顶点是否被访问过，其初始值为0（"假"）。如果访问过顶点v_i，则设置visited[i]为1（"真"）。图的遍历分为两种，分别是深度优先搜索（depth-first search）和广度优先搜索（breadth-first search）。

> **注意**
>
> 图的遍历工作要比树的遍历工作复杂，这是因为图中顶点关系是任意的。这说明图中顶点之间是多对多的关系，并且图中还可能存在回路，所以在访问某个顶点后，可能沿着某条路径搜索后又回到该顶点。

5.4.1 深度优先搜索

使用深度优先搜索的目是为了达到被搜索结构的叶节点。例如，带超链接的HTML文件，当在一个HTML文件中选择一个超链接后，被链接的HTML文件会执行深度优先搜索。深度优先搜索会沿该HTML文件上的超链接进行搜索，一直搜索到不能再深入为止，然后返回到某一个HTML文件，再继续选择该HTML文件中的其他超链接。当没有其他超链接可选择时，就表明搜索已经结束。

1. 深度优先搜索基础

深度优先搜索的过程是对每一个可能的分支路径深入到不能再深入为止的过程，并且每个节点只能访问一次。

假设一个无向图，如图5-25所示，如果从A点发起深度优先搜索（以下的访问次序并不是唯一的，第2个点既可以是B也可以是C或D），则可能得到如下的一个访问过程：A→B→E（如果没有路则回溯到A）→C→F→H→G→D（如果没有路，则最终回溯到A，如果A再也没有未访问的相邻节点，本次搜索结束）。

假设图5-25所示的无向图的初始状态是图中所有顶点都未被访问，第1个访问的顶点是v，则对此连通图的深度优先搜索遍历算法流程如下：

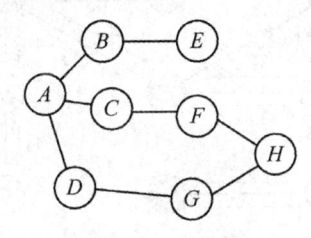

图 5-25 无向图

- **步骤01** 访问顶点v并标记顶点v为已访问。
- **步骤02** 检查顶点v的第1个邻接顶点w。
- **步骤03** 如果存在顶点v的邻接顶点w，则继续执行算法，否则算法结束。
- **步骤04** 如果顶点w未被访问过，则从顶点w出发进行深度优先搜索遍历算法。
- **步骤05** 查找顶点v的w邻接顶点的下一个邻接顶点，回到 **步骤03**。

图5-26展示了一个深度优先搜索的过程，其中实箭头代表访问方向，虚箭头代表回溯方向，箭头旁边的数字代表搜索顺序，A为起始节点。首先访问A，然后按图中序号对

应的顺序进行深度优先搜索。图中序号对应步骤的解释如下：

步骤01 节点A的未访问邻接点有B、E、D，首先访问A的第1个未访问邻接点B。

步骤02 节点B的未访问邻接点有C、E，首先访问B的第1个未访问邻接点C。

步骤03 节点C的未访问邻接点只有F，访问F。

步骤04 节点F没有未访问邻接点，回溯到C。

步骤05 节点C已没有未访问邻接点，回溯到B。

步骤06 节点B的未访问邻接点只剩下E，访问E。

步骤07 节点E的未访问邻接点只剩下G，访问G。

步骤08 节点G的未访问邻接点有D、H，首先访问G的第1个未访问邻接点D。

步骤09 节点D没有未访问邻接点，回溯到G。

步骤10 节点G的未访问邻接点只剩下H，访问H。

步骤11 节点H的未访问邻接点只有I，访问I。

步骤12 节点I没有未访问邻接点，回溯到H。

步骤13 节点H已没有未访问邻接点，回溯到G。

步骤14 节点G已没有未访问邻接点，回溯到E。

步骤15 节点E已没有未访问邻接点，回溯到B。

步骤16 节点B已没有未访问邻接点，回溯到A。

这样就完成了深度优先搜索操作，相应的访问序列为：A—B—C—F—E—G—D—H—I。图5-26中的所有节点之间加上了标有实箭头的边，这样就构成了一棵以A为根的树，这棵树被称为深度优先搜索树。

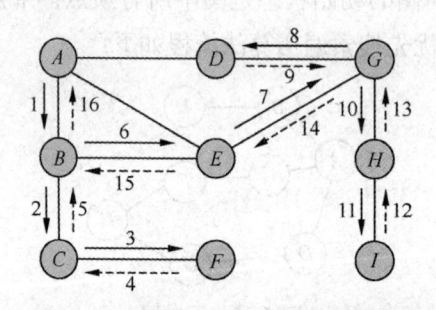

图5-26 图的深度优先算法过程

2. 深度优先搜索的方法

步骤01 使用邻接矩阵方式实现深度优先搜索的算法如下所示。

```
void DepthFirstSearch(AdjMatrix g,  int v0)   /* 图g为邻接矩阵类型AdjMatrix */
{
    visit(v0);visited[v0]=True;
    for ( vj=0;vj<n;vj++)
```

```
        if (!visited[vj] && g.arcs[v0][vj].adj==1)
            DepthFirstSearch(g,vj);
}/* DepthFirstSearch */
```

步骤02 使用邻接表方式实现深度优先搜索的算法如下所示。

```
void DepthFirstSearch(AdjList g,  int v0)      /*图g为邻接表类型AdjList */
{
   visit(v0) ; visited[v0]=True;
   p=g.vertex[v0].firstarc;
   while( p!=NULL )
   {   if (! visited[p->adjvex])
           DepthFirstSearch (g, p->adjvex);
       p=p->nextarc;
   }
}/*DepthFirstSearch*/
```

在上述算法实现中，以邻接表作为存储结构，查找每个顶点的邻接点的时间复杂度为$O(e)$，其中e是无向图中的边数或有向图中的弧数，则深度优先搜索图的时间复杂度为$O(n+e)$。

步骤03 使用非递归过程实现深度优先搜索的算法如下所示。

```
void DepthFirstSearch(Graph g,  int v0)      /*从v0出发深度优先搜索图g*/
{
  InitStack(S);                /*初始化空栈*/
  Push(S, v0);
  while ( ! Empty(S))
  { v=Pop(S);
    if (!visited(v))           /*栈中可能有重复节点*/
    { visit(v);  visited[v]=True; }
    w=FirstAdj(g, v);          /*求v的第1个邻接点*/
    while (w!=-1 )
    {   if (!visited(w))  Push(S, w);
        w=NextAdj(g, v, w);    /*求v相对于w的下一个邻接点*/
    }
  }
}
```

5.4.2 广度优先搜索

广度优先搜索是指按照广度方向进行搜索，其算法思想如下所示。

步骤01 从图中某个顶点v_0出发，先访问v_0。

步骤02 接下来依次访问v_0的各个未被访问的邻接点。

步骤03 分别从这些邻接点出发，依次访问各个未被访问的邻接点。

在访问邻接点时需要保证：如果v_i和v_k是当前端节点，并且v_i在v_k之前被访问，则应该在v_k的所有未被访问的邻接点之前访问v_i的所有未被访问的邻接点。重复上述**步骤03**，直到所有端节点都没有未被访问的邻接点为止。

连通图的广度优先搜索遍历算法的流程如下：

步骤01 从初始顶点v出发，开始访问顶点v，并在访问时标记顶点v为已访问。

步骤02 顶点v进入队列。

步骤03 当队列非空时继续执行，为空则结束算法。

步骤04 通过出队列（往外走的队列）获取队头顶点x。

步骤05 查找顶点x的第1个邻接顶点w。

步骤06 如果不存在顶点x的邻接顶点w，则转到**步骤03**，否则循环执行下面的步骤。

① 如果顶点w尚未被访问，则访问顶点w并标记顶点w为已访问。

② 顶点w进入队列。

③ 查找顶点x下一个邻接顶点w，转到**步骤06**。

如果此时还有未被访问的顶点，则选一个未被访问的顶点作为起始点，然后重复上述过程，直至所有顶点均被访问过为止。

图5-27展示了一个广度优先搜索的过程，其中箭头代表搜索方向，箭头旁边的数字代表搜索顺序，A为起始节点。首先访问A，然后按图中序号对应的顺序进行广度优先搜索。图中序号对应的各个步骤的具体说明如下：

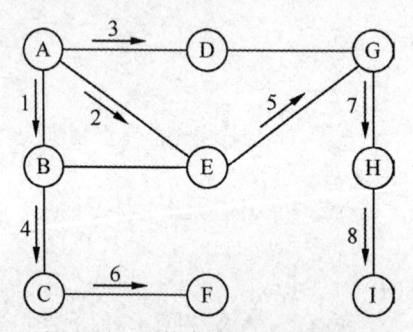

图 5-27 图的广度优先搜索过程

步骤01 节点A的未访问邻接点有B、E、D，首先访问A的第1个未访问邻接点B。

步骤02 访问A的第2个未访问邻接点E。

步骤03 访问A的第3个未访问邻接点D。

步骤04 由于B在E、D之前被访问，故接下来应访问B的未访问邻接点，B的未访邻接点只有C，所以访问C。

步骤05 由于E在D、C之前被访问，故接下来应访问E的未访问邻接点，E的未访问邻接点只有G，所以访问G。

步骤06 由于D在C、G之前被访问，故接下来应访问D的未访问邻接点，D没有未访问邻接点，所以直接考虑在D之后被访问的节点C，即接下来应访问C的未访问邻接点。C的未访问邻接点只有F，所以访问F。

步骤07 由于G在F之前被访问，故接下来应访问G的未访问邻接点。G的未访问邻接点只有H，所以访问H。

步骤08 由于F在H之前被访问，故接下来应访问F的未访问邻接点。F没有未访问邻接点，所以直接考虑在F之后被访问的节点H，即接下来应访问H的未访问邻接点。H的未访问邻接点只有I，所以访问I。

到此为止，广度优先搜索过程结束，相应的访问序列为：A—B—E—D—C—G—F—H—I。图5-27中所有节点之间加上标有箭头的边，这样就构成了一棵以A为根的树，这棵树被称为广度优先搜索树。

在遍历过程中需要设置一个初值为"False"的访问标志数组visited[n]，如果某个顶点被访问，则设置visited[n]的值为"True"。

使用C语言实现广度优先搜索算法的代码如下所示。

```
/*广度优先搜索图g中v0所在的连通子图*/
void  BreadthFirstSearch(Graph g,  int v0)
{
    visit(v0); visited[v0]=True;
    InitQueue(&Q);          /*初始化空队*/
    EnterQueue(&Q,v0);      /* v0进队*/
    while ( ! Empty(Q))
    { DeleteQueue(&Q, &v);  /*队头元素出队*/
      w=FirstAdj(g,v);      /*求v的第1个邻接点*/
      while (w!=-1 )
      {   if (!visited(w))
          {  visit(w); visited[w]=True;
             EnterQueue(&Q, w);
          }
          w=NextAdj(g, v, w);        /*求v相对于w的下一个邻接点*/
      }
    }
}
```

在上述算法中，图中每个顶点至多入队一次，因此外循环（如果在一个循环里面还包含着另一个循环，则外边的循环叫作外循环，里面被包含的循环叫作内循环）的次数为n。当图G采用邻接表方式存储,则当节点v出队后,内循环次数等于节点v的度。由于访问所有顶点的邻接点的总的时间复杂度为$O(d_0+d_1+d_2+\cdots+d_{n-1})=O(e)$,所以这个图采用邻接表方式存储,广度优先搜索算法的时间复杂度为$O(n+e)$。当图G采用邻接矩阵方式存储时,因为在找每个顶点的邻接点时的内循环次数为n,所以广度优先搜索算法的时间复杂度为$O(n^2)$。

例如,在下面的代码中,定义了队列的最大容量和数据域。

```c
#define QUEUE_MAXSIZE 30        //队列的最大容量
typedef struct
{
    int Data[QUEUE_MAXSIZE];    //数据域
    int head;                   //队头指针
    int tail;                   //队尾指针
}SeqQueue;                      //队列结构
```

再看下面实现队列相关操作的代码。

```c
void QueueInit(SeqQueue *Q)     //队列初始化
{
    Q->head=Q->tail=0;
}
int QueueIsEmpty(SeqQueue Q)    //判断队列是否已空,若空返回1,否则返回0
{
    return Q.head==Q.tail;
}
int QueueIn(SeqQueue *Q,int ch)        //入队列,成功返回1,失败返回0
{
    if((Q->tail+1) % QUEUE_MAXSIZE ==Q->head)       //若队列已满
        return 0;               //返回错误;
    Q->Data[Q->tail]=ch;        //将数据ch入队列
    Q->tail=(Q->tail+1) % QUEUE_MAXSIZE;            //调整队尾指针
    return 1;                   //成功,返回1
}
int QueueOut(SeqQueue *Q,int *ch)
//出队列,成功返回1,并用ch返回该元素值,失败返回0
{
    if(Q->head==Q->tail)        //若队列为空
        return 0; //返回错误
    *ch=Q->Data[Q->head];       //返回队首元素
    Q->head=(Q->head+1) % QUEUE_MAXSIZE;            //调整队首指针
    return 1;                   //成功出队列,返回1
}
```

下面的代码定义了一个深度优先遍历主函数DFSTraverse()，其中参数G是一个指向需要遍历的图的指针。

```
void DFSTraverse(MatrixGraph *G)          //深度优先遍历
{
    int i;
    for(i=0;i<G->VertexNum;i++)           //清除各顶点遍历标志
        G->isTrav[i]=0;
    printf("深度优先遍历节点:");
    for(i=0;i<G->VertexNum;i++)
        if(!G->isTrav[i])                 //若该节点未遍历
            DFSM(G,i);                    //调用函数遍历
    printf("\n");
}
```

下面的代码中，函数DFSM()是一个深度优先算法函数，此函数有2个参数，其中G表示一个指向需要遍历的图的指针，参数i是表示遍历的起始顶点序号。首先创建并初始化队列，并标记出了需要遍历的第1个顶点和输出顶点数据。

```
void DFSM(MatrixGraph *G,int i)           //从第i个节点开始，深度遍历图
{
    int j;
    G->isTrav[i]=1;                       //标记该顶点已处理过
    printf("->%c",G->Vertex[i]);          //输出节点数据
    //printf("%d->",i);                   //输出节点序号
                                          //添加处理节点的操作
    for(j=0;j<G->VertexNum;j++)
        if(G->Edges[i][j]!=MAXVALUE && !G->isTrav[i])
            DFSM(G,j);                    //递归进行遍历
}
```

5.4.3　实践演练—实现图的遍历操作方法

下面将通过一个实例的实现过程，详细讲解实现图的遍历的具体方法。

实例5-3	实现图的遍历操作
源码路径	素材\daima\5\bian.c和bianTest.c

步骤01 编写实例文件bian.c，在里面定义了各种图的遍历方法，具体代码如下所示。

```c
#include "Matrixtu.c"
#define QUEUE_MAXSIZE 30              //队列的最大容量
typedef struct
{
    int Data[QUEUE_MAXSIZE];          //数据域
    int head; //队头指针
    int tail; //队尾指针
}SeqQueue; //队列结构
//队列操作函数
void QueueInit(SeqQueue *q);          //初始化一个队列
int QueueIsEmpty(SeqQueue q);         //判断队列是否空
int QueueIn(SeqQueue *q,int n);       //将一个元素入队列
int QueueOut(SeqQueue *q,int *ch);    //将一个元素出队列

//图操作函数
void DFSTraverse(MatrixGraph *G);     //深度优先遍历
void BFSTraverse(MatrixGraph *G);     //广度优先遍历
void DFSM(MatrixGraph *G,int i);
void BFSM(MatrixGraph *G,int i);

void QueueInit(SeqQueue *Q)           //队列初始化
{
    Q->head=Q->tail=0;
}
int QueueIsEmpty(SeqQueue Q)    //判断队列是否已空,若空返回1,否则返回0
{
    return Q.head==Q.tail;
}
int QueueIn(SeqQueue *Q,int ch)       //入队列,成功返回1,失败返回0
{
    if((Q->tail+1) % QUEUE_MAXSIZE ==Q->head)        //若队列已满
        return 0;   //返回错误;
    Q->Data[Q->tail]=ch; //将数据ch入队列
    Q->tail=(Q->tail+1) % QUEUE_MAXSIZE;             //调整队尾指针
    return 1; //成功,返回1
}
int QueueOut(SeqQueue *Q,int *ch)
//出队列,成功返回1,并用ch返回该元素值,失败返回0
{
    if(Q->head==Q->tail)              //若队列为空
        return 0; //返回错误
    *ch=Q->Data[Q->head];             //返回队首元素
```

```c
        Q->head=(Q->head+1) % QUEUE_MAXSIZE;            //调整队首指针
        return 1;                                        //成功出队列,返回1
}

void DFSTraverse(MatrixGraph *G)            //深度优先遍历
{
    int i;
    for(i=0;i<G->VertexNum;i++)             //清除各顶点遍历标志
        G->isTrav[i]=0;
    printf("深度优先遍历节点:");
    for(i=0;i<G->VertexNum;i++)
        if(!G->isTrav[i])                   //若该节点未遍历
            DFSM(G,i);                      //调用函数遍历
    printf("\n");
}

void DFSM(MatrixGraph *G,int i)             //从第i个节点开始,深度遍历图
{
    int j;
    G->isTrav[i]=1;                         //标记该顶点已处理过
    printf("->%c",G->Vertex[i]);            //输出节点数据
                                            //添加处理节点的操作
    for(j=0;j<G->VertexNum;j++)
        if(G->Edges[i][j]!=MAXVALUE && !G->isTrav[i])
            DFSM(G,j);                      //递归进行遍历
}

void BFSTraverse(MatrixGraph *G)            //广度优先遍历
{
    int i;
    for (i=0;i<G->VertexNum;i++)            //清除各顶点遍历标志
        G->isTrav[i]=0;
    printf("广度优先遍历节点:");
    for (i=0;i<G->VertexNum;i++)
        if (!G->isTrav[i])
            BFSM(G,i);
    printf("\n");
}

void BFSM(MatrixGraph *G,int k)             //从第k个结点开始,广度优先遍历图
{
    int i,j;
    SeqQueue Q;                             //创建循环队列
    QueueInit(&Q);                          //初始化循环队列
```

```
        G->isTrav[k]=1;                          //标记该顶点
        printf("->%c",G->Vertex[k]);             //输出第1个顶点

                                                 //添加处理节点的操作
        QueueIn(&Q,k);                           //入队列
        while (!QueueIsEmpty(Q))                 //队列不为空
        {
            QueueOut(&Q,&i);                     //出队列
            for (j=0;j<G->VertexNum;j++)
                if(G->Edges[i][j]!=MAXVALUE && !G->isTrav[j])
                {
                    printf("->%c",G->Vertex[j]);
                    G->isTrav[j]=1;              //标记该顶点
                                                 //处理顶点
                    QueueIn(&Q,j);               //入队列
                }
        }
    }
```

步骤 02 为了验证在实例文件bian.c中定义的遍历图的方法是否正确,编写了测试文件bianTest.c来调用创建的遍历函数,实现对图的遍历操作。文件bianTest.c的具体实现代码如下所示。

```
#include <stdio.h>
#include "bian.c"
int main()
{
    MatrixGraph G;                               //定义保存为邻接矩阵结构的图
    int path[VERTEX_MAX];
    int i,j,s,t;
    char select;
    do
    {
        printf("输入生成图的类型(0:无向图,1:有向图):");
        scanf("%d",&G.GraphType);                //图的种类
        printf("输入图的顶点数量和边数量:");
        scanf("%d,%d",&G.VertexNum,&G.EdgeNum);  //输入图顶点数和边数
        for(i=0;i<G.VertexNum;i++)               //清空矩阵
            for(j=0;j<G.VertexNum;j++)
                G.Edges[i][j]=MAXVALUE;//设置矩阵中各元素的值为MAXVALUE
        Createtu(&G);                            //生成邻接矩阵结构的图
        printf("邻接矩阵数据如下:\n");
```

```
        Outtu(&G);                                    //输出邻接矩阵
        DFSTraverse(&G);                              //深度优先遍历图
        BFSTraverse(&G);                              //广度优先遍历图
        printf("图遍历完毕,继续进行吗?(Y/N)");
        scanf("%c",&select);
    }while(select!='N' && select!='n');
    getch();
    return 0;
}
```

执行后的结果如图5-28所示。

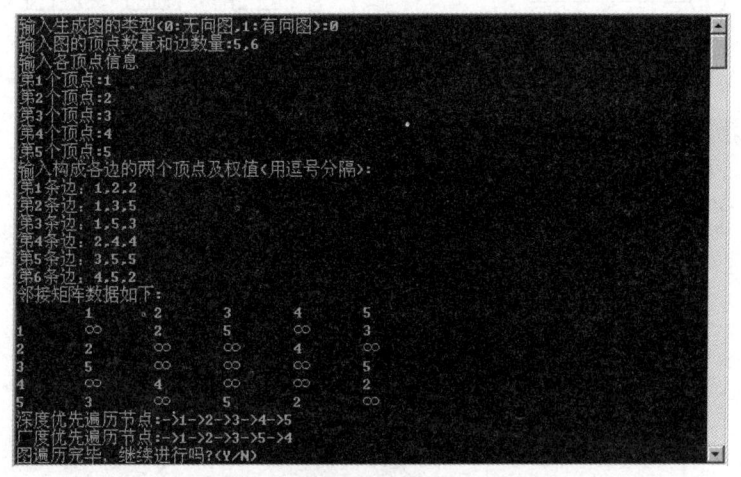

图 5-28　图的遍历操作的执行结果

5.5　图的连通性

"连通性"是指从表面结构上描述景观中各单元之间相互联系的客观程度。线性结构是一对一的关系，只有相邻元素才有关系。在树结构中开始有了分支，所以非相邻的数据可能也有关系，但是只能是父子的关系。为了能够包含自然界的所有数据，以及那些表面看毫无关系但也可能存在关系的数据，此时线性结构和树已经不够用了，需要用图来保存这些关系，可以将具有各种关系的元素称为有连通性。本章前面内容中已经介绍了连通图和连通分量的基本概念，这里将介绍判断一个图是否为连通图的知识，并介绍计算连通图的连通分量的方法，为学习后面的知识打下基础。

5.5.1　无向图连通分量

在对图进行遍历时，在连通图中无论是使用广度优先搜索还是深度优先搜索，只需要调用一次搜索过程。也就是说，只要从任一顶点出发就可以遍历图中的各个顶点。如果是非连通图，则需要多次调用搜索过程，并且每次调用得到的顶点访问序列是各连通分量中的顶点集。

例如，图5-29（a）所示的是一个非连通图，按照它的邻接表存储结构进行深度优先遍历，调用3次DepthFirstSearch()后得到的访问顶点序列为：

1,2,4,3,9

5,6,7

8,10

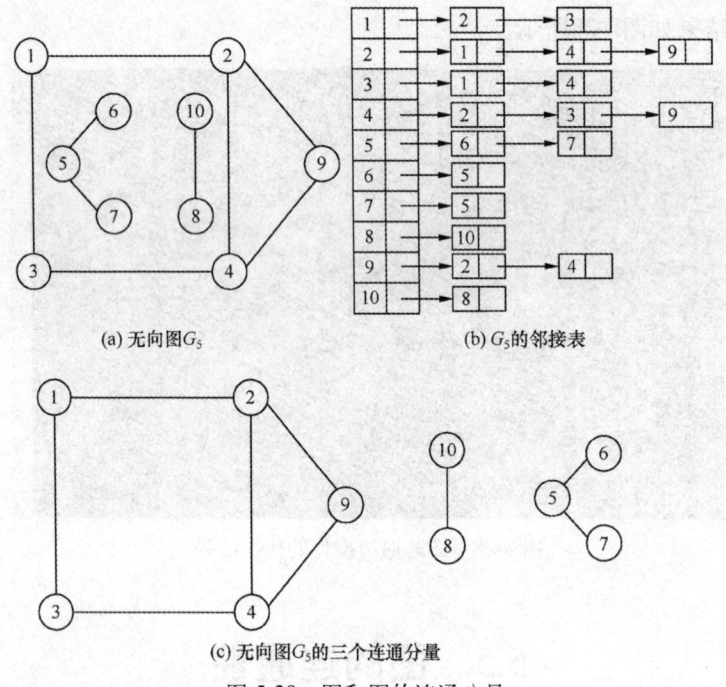

(a) 无向图G_5

(b) G_5的邻接表

(c) 无向图G_5的三个连通分量

图 5-29　图和图的连通分量

可以使用图的遍历过程来判断一个图是否连通。如果在遍历的过程中不止一次地调用搜索过程，则说明该图就是一个非连通图。使用几次调用搜索过程，这个图就有几个连通分量。

5.5.2　最小生成树

最小生成树（Minimum Spanning Tree，MST）是指在一个连通网的所有生成树中，各边的代价之和最小的那棵生成树。为了向大家说明最小生成树的性质，下面举例来讲解。假设$M=(V,\{E\})$是一连通网，U是顶点集V的一个非空子集。如果(u,v)是一条具有最小权值的边，其中$u \in U$，$v \in V\text{-}U$，则存在一棵包含边(u,v)的最小生成树。

可以使用反证法来证明上述性质：假设不存在这棵包含边(u,v)的最小生成树，如果任取一棵最小生成树SHU，将(u,v)加入SHU中。根据树的性质，此时在SHU中肯定形成一个包含(u,v)的回路，并且在回路中肯定有一条边(u',v')的权值，或大于或等于(u,v)的权值。删除(u,v)后会得到一棵代价小于等于SHU的生成树SHU'，并且SHU'是一棵包含边(u,v)的最小生成树。这样就与假设相矛盾了。

上述性质被称为MST性质。在现实应用中，可以利用此性质生成一个连通网的最小生成树，常用的普里姆算法和克鲁斯卡尔算法也是利用了MST性质。

1. 普里姆算法

假设$N=(V,\{E\})$是连通网，JI是最小生成树中边的集合，则算法如下所示。

步骤01 初始时$U=\{u_0\}(u_0\in V)$，$JI=F$。

步骤02 在所有$u\in U$、$v\in V-U$的边中选一条代价最小的边(u_0,v_0)并入集合JI，同时将v_0并入U。

步骤03 重复**步骤02**，直到$U=V$为止。

此时在JI中肯定包含n-1条边，则$T=(V,\{JI\})$为N的最小生成树。由此可以看出，普里姆算法会逐步增加U中的顶点，这被称为"加点法"。在选择最小边时，可能有多条同样权值的边可选，此时任选其一。

为了实现普里姆算法，需要先设置一个辅助数组closedge[ ]，用于记录从U到$V-U$具有最小代价的边。因为每个顶点$v\in V-U$，所以在辅助数组中有一个分量closedge[v]，它包括两个域vex和lowcost，其中lowcost存储该边上的权，则有：

```
closedge[v].lowcost=Min({cost(u,v) | u∈U})
```

使用C语言实现普里姆算法的代码如下所示。

```
struct {
    VertexData adjvex;
    int lowcost;
} closedge[MAX_VERTEX_NUM];    /* 求最小生成树时的辅助数组*/
MiniSpanTree_Prim(AdjMatrix gn, VertexData u)
/*从顶点u出发，按普里姆算法构造连通网gn的最小生成树，并输出生成树的每条边*/
{
    k=LocateVertex(gn, u);
    closedge[k].lowcost=0;        /*初始化，U={u} */
    for (i=0;i<gn.vexnum;i++)
      if ( i!=k)     /*对V-U中的顶点i, 初始化closedge[i]*/
        {closedge[i].adjvex=u; closedge[i].lowcost=gn.arcs[k][i].adj;}
    for (e=1;e<=gn.vexnum-1;e++)       /*找n-1条边(n= gn.vexnum) */
    {
      k0=Minium(closedge);/* closedge[k0]中存有当前最小边（u0,v0）的信息*/
```

```
            u0= closedge[k0].adjvex;        /* u0∈U*/
            v0= gn.vexs[k0]                 /* v0∈V-U*/
            printf(u0, v0);            /*输出生成树的当前最小边（u0,v0）*/
            closedge[k0].lowcost=0; /*将顶点v0纳入U集合*/
            for ( i=0 ;i<vexnum;i++)/*在顶点v0并入U之后，更新closedge[i]*/
                if ( gn.arcs[k0][i].adj <closedge[i].lowcost)
                { closedge[i].lowcost= gn.arcs[k0][i].adj;
                    closedge[i].adjvex=v0;
                }
        }
}
```

因为在上述普里姆算法中有两个for循环嵌套，所以它的时间复杂度为$O(n^2)$。

2. 克鲁斯卡尔算法

假设$N=(V,\{E\})$是连通网，如果将N中的边按照权值从小到大进行排列，则克鲁斯卡尔算法的流程如下所示。

步骤01 将n个顶点看成n个集合。

步骤02 按照权值从小到大的顺序选择边，所选的边的两个顶点不能在同一个顶点集合内，将该边放到生成树的边集合中，同时将该边的两个顶点所在的顶点集合合并。

步骤03 重复 **步骤02** 直到所有的顶点都在同一个顶点集合内。

5.5.3 实践演练——创建一个最小生成树

下面将通过一个实例的实现过程，详细讲解创建一个最小生成树的具体方法。

实例5-4	创建一个最小生成树
源码路径	素材\daima\5\shu.c和shuTest.c

步骤01 实例文件shu.c的功能是创建一个最小生成树处理函数，具体实现代码如下所示。

```
#define USED 0                          //已使用，加入U集合
#define NOADJ -1                        //非邻接顶点
void Prim(MatrixGraph G)                //最小生成树
{
    int i,j,k,min,sum=0;
    int weight[VERTEX_MAX];             //权值
    char tmpvertex[VERTEX_MAX];         //临时顶点信息
```

```c
        for(i=1;i<G.VertexNum;i++)         //保存邻接矩阵中的一行数据
        {
            weight[i]=G.Edges[0][i];        //权值
            if(weight[i]==MAXVALUE)
                tmpvertex[i]=NOADJ;         //非邻接顶点
            else
                tmpvertex[i]=G.Vertex[0];   //邻接顶点
        }
        tmpvertex[0]=USED;                  //将0号顶点并入U集
        weight[0]=MAXVALUE;                 //设已使用顶点权值为最大值
        for(i=1;i<G.VertexNum;i++)
        {
            min=weight[0];                  //最小权值
            k=i;
            for(j=1;j<G.VertexNum;j++)      //查找权值最小的一个邻接边
                if(weight[j]<min && tmpvertex[j]>0)  //找到具有更小权值的未使用边
                {
                    min=weight[j];          //保存权值
                    k=j;                    //保存邻接点序号
                }
            sum+=min;//累加权值
            printf("(%c,%c),",tmpvertex[k],G.Vertex[k]);  //输出生成树一条边
            tmpvertex[k]=USED;              //将编号为k的顶点并入U集
            weight[k]=MAXVALUE;             //已使用顶点的权值为最大值
            for(j=0;j<G.VertexNum;j++)      //重新选择最小边
                if(G.Edges[k][j]<weight[j] && tmpvertex[j]!=0)
                {
                    weight[j]=G.Edges[k][j]; //权值
                    tmpvertex[j]=G.Vertex[k]; //上一个顶点信息
                }
        }
        printf("\n最小生成树的总权值为:%d\n",sum);
}
```

步骤02 编写文件shuTest.c测试文件shu.c中定义的函数的正确性,文件shuTest.c的具体实现代码如下所示。

```c
int main()
{
    MatrixGraph G;      //定义保存为邻接矩阵结构的图
    int path[VERTEX_MAX];
```

```
    int i,j,s,t;
    char select;
    do
    {
        printf("输入生成图的类型(0:无向图,1:有向图):");
        scanf("%d",&G.GraphType);          //图的种类
        printf("输入图的顶点数量和边数量:");
        scanf("%d,%d",&G.VertexNum,&G.EdgeNum);    //输入图的顶点数和边数
        for(i=0;i<G.VertexNum;i++)                 //清空矩阵
            for(j=0;j<G.VertexNum;j++)
                G.Edges[i][j]=MAXVALUE;    //设置矩阵中各元素的值为MAXVALUE
        Createtu(&G);                              //生成邻接矩阵结构的图
        printf("邻接矩阵数据如下:\n");
        Outtu(&G);
        printf("最小生成树的边为:\n");
        Prim(G);
        printf("继续进行吗?(Y/N)");
        scanf(" %c",&select);
        getchar();
    }while(select!='N' && select!='n');
    getch();
    return 0;
}
```

程序执行的结果如图5-30所示。

图 5-30 调用最小生成树函数的执行结果

5.6 求最短路径

两点之间直线最短,那么带权图中什么路径最短呢?带权图的最短路径是指两点间的路径中边的权值和最小的路径,下面将研究图中最短路径的问题。

5.6.1 求某一顶点到其他各顶点的最短路径

假设有一个带权的有向图 $Y=(V,\{E\})$,Y 中的边权为 $W(e)$。已知源点为 v_0,求 v_0 到其他各顶点的最短路径。例如,在图5-31(a)所示的带权有向图中,假设 v_0 是源点,则 v_0 到其他各顶点的最短路径如表5-1所示,其中各最短路径按路径长度从小到大的顺序排列。

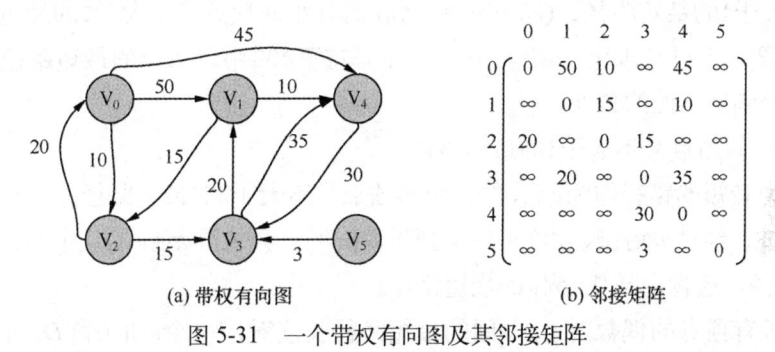

(a)带权有向图   (b)邻接矩阵

图 5-31 一个带权有向图及其邻接矩阵

表 5-1 v_0 到其他各顶点的最短路径

源点	终点	最短路径	路径长度
v_0	v_2	v_0,v_2	10
	v_3	v_0,v_2,v_3	25
	v_1	v_0,v_2,v_3,v_1	45
	v_4	v_0,v_4	45
	v_5	v_0,v_5	无最短路径

5.6.2 任意一对顶点间的最短路径

前面介绍的方法只能求出源点到其他顶点的最短路径,怎样计算任意一对顶点间的最短路径呢?正确的做法是将每一顶点作为源点,然后重复调用迪杰斯特拉(Dijkstra)算法 n 次即可实现,这种做法的时间复杂度为 $O(n^3)$。由此可见,这种做法的效率并不高。后来,弗洛伊德创造了一种形式更加简洁的弗洛伊德算法来解决这个问题。虽然弗洛伊德算法的时间复杂度也是 $O(n^3)$,但是整个过程非常简单。

弗洛伊德算法会按如下步骤同时求出图 G(假设图 G 用邻接矩阵法表示)中任意一对顶点 v_i 和 v_j 间的最短路径。

步骤01 将 v_i 到 v_j 的最短的路径长度初始化为g.arcs[i][j],接下来开始 n 次比较和修正。

步骤02 在v_i和v_j之间加入顶点v_0，比较(v_i,v_0,v_j)和(v_i,v_j)的路径长度，用其中较短的路径作为v_i到v_j的且中间顶点号不大于0的最短路径。

步骤03 在v_i和v_j之间加入顶点v_1，得到$(v_i,\cdots,v_1)$和$(v_1,\cdots,v_j)$，其中$(v_i,\cdots,v_1)$是v_i到v_1的并且中间顶点号不大于0的最短路径，$(v_1,\cdots,v_j)$是v_1到v_j的并且中间顶点号不大于0的最短路径，这两条路径在**步骤02**中已求出。将$(v_i,\cdots,v_1,\cdots,v_j)$与**步骤02**中已求出的最短路径进行比较，这个最短路径满足下面的两个条件：

①v_i到v_j中间顶点号不大于0的最短路径。

②取其中较短的路径作为v_i到v_j的且中间顶点号不大于1的最短路径。

步骤04 在v_i、v_j之间加入顶点v_2，得到$(v_i,\cdots,v_2)$和$(v_2,\cdots,v_j)$，其中$(v_i,\cdots,v_2)$是v_i到v_2的且中间顶点号不大于1的最短路径，$(v_2,\cdots,v_j)$是v_2到v_j的且中间顶点号不大于1的最短路径，这两条路径在**步骤03**中已经求出。将$(v_i,\cdots,v_2,\cdots,v_j)$与**步骤03**中已求出的最短路径进行比较，这个最短路径满足下面的条件。

①v_i到v_j中间顶点号不大于1的最短路径。

②取其中较短的路径作为v_i到v_j的且中间顶点号不大于2的最短路径。

以此类推，经过n次比较和修正后来到步骤$(n-1)$，会求得v_i到v_j的且中间顶点号不大于$n-1$的最短路径，这肯定是从v_i到v_j的最短路径。

图G中所有顶点的偶数对v_i、v_j间的最短路径长度对应一个n阶方阵D。在上述$n+1$步中，D的值不断变化，对应一个n阶方阵序列。定义格式如下所示。

n阶方阵序列：$D^{-1},D^0,D^1,D^2,\cdots,D^{n-1}$

其中：

$D^{-1}[i][j]=$ g.arcs[i][j]

$D^k[i][j]=\min\{D^{k-1}[i][j], D^{k-1}[i][k]+D^{k-1}[k][j]\}$ $0\leqslant k\leqslant n-1$

在此D^{n-1}中为所有顶点的偶数对v_i、v_j间的最终最短路径长度。

例如有向图G_6的带权邻接矩阵和带权有向图如图5-32所示。如果对G_6进行迪杰斯特拉算法，则得到从v_0到其余各顶点的最短路径，以及运算过程中D向量的变化状况，具体过程如表5-2所示。

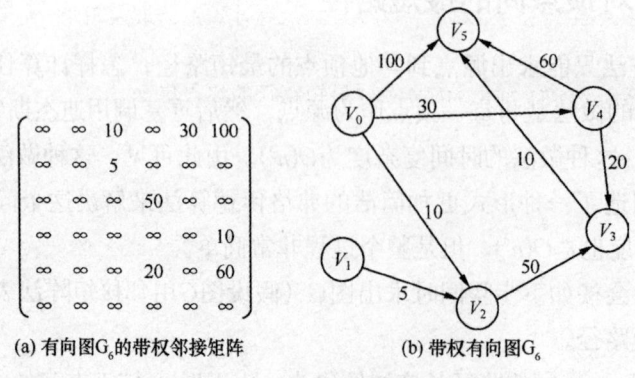

(a) 有向图G_6的带权邻接矩阵　　　　(b) 带权有向图G_6

图 5-32　带权邻接矩阵和带权有向图

表 5-2　最短路径求解过程

终点	从v_0到各终点的D值和最短路径的求解过程				
	$i=1$	$i=2$	$i=3$	$i=4$	$i=5$
v_1	¥	¥	¥	¥	无
v_2	10 (v_0,v_2)				
v_3	¥	60 (v_0,v_2,v_3)	50 (v_0,v_4,v_5)		
v_4	30 (v_0,v_4)	30 (v_0,v_4)			
v_5	100 (v_0,v_5)	100 (v_0,v_5)	90 (v_0,v_4,v_5)	60 (v_0,v_4,v_3,v_5)	
v_j	v_2	v_4	v_3	v_5	
S	$\{v_0,v_2\}$	$\{v_0,v_2,v_4\}$	$\{v_0,v_2,v_3,v_4\}$	$\{v_0,v_2,v_3,v_4,v_5\}$	

5.6.3　实践演练——实现最短路径

实例5-5	创建最短路径算法函数
源码路径	素材\daima\5\duan.c和duanTest.c

步骤01 在实例文件duan.c中创建了函数duan()，通过此函数可以计算邻接矩阵的最短路径，具体实现代码如下所示。

```
void duan(MatrixGraph G)
{
    int weight[VERTEX_MAX];      //某源点到各顶点的最短路径长度
    int path[VERTEX_MAX];        //某源点到终点经过的顶点集合的数组
    int tmpvertex[VERTEX_MAX];   //最短路径的终点集合
    int i,j,k,v0,min;
    printf("\n输入源点的编号:");
    scanf("%d",&v0);
    v0--;                        //编号自减1(因数组是从0开始)
    for(i=0;i<G.VertexNum;i++)   //初始辅助数组
    {
        weight[i]=G.Edges[v0][i];      //保存最小权值
```

```c
        if(weight[i]<MAXVALUE && weight[i]>0)     //有效权值
            path[i]=v0;             //保存边
        tmpvertex[i]=0;   //初始化顶点集合为空
    }
    tmpvertex[v0]=1;              //将顶点v0添加到集合U中
    weight[v0]=0;                 //将源顶点的权值设为0
    for(i=0;i<G.VertexNum;i++)
    {
        min=MAXVALUE;             //min中先保存一个最大值
        k=v0;                     //源顶点序号
        for(j=0;j<G.VertexNum;j++)   //在集合U中查找未用顶点的最小权值
            if(tmpvertex[j]==0 && weight[j]<min)
            {
                min=weight[j];
                k=j;
            }
        tmpvertex[k]=1;              //将顶点k加入集合U
        for(j=0;j<G.VertexNum;j++)    //以顶点k为中间点,重新计算权值
            if(tmpvertex[j]==0 && weight[k]+G.Edges[k][j]<weight[j])
            //有更小权值的路径
            {
                weight[j]=weight[k]+G.Edges[k][j]; //更新权值
                path[j]=k;
            }
    }
    printf("\n顶点%c到各顶点的最短路径是(终点 < 源点):\n",G.Vertex[v0]);
    for(i=0;i<G.VertexNum;i++)              //输出结果
    {
        if(tmpvertex[i]==1)
        {
        k=i;
        while(k!=v0)
        {
            j=k;
            printf("%c < ",G.Vertex[k]);
            k=path[k];
        }
        printf("%c\n",G.Vertex[k]);
        }else
```

```
            printf("%c<-%c:无路径\n",G.Vertex[i],G.Vertex[v0]);
    }
}
```

步骤 02 为了验证文件duan.c中的最短路径函数是否正确，下面编写文件duanTest.c，在里面调用函数duan()实现测试功能。文件duanTest.c的具体实现代码如下所示。

```
#include <stdio.h>
#include "Matrixtu.c"
#include "duan.c"
int main()
{
    MatrixGraph G;                          //定义保存为邻接矩阵结构的图
    int path[VERTEX_MAX];
    int i,j,s,t;
    char select;
    do
    {
        printf("输入生成图的类型(0:无向图,1:有向图):");
        scanf("%d",&G.GraphType);      //图的种类
        printf("输入图的顶点数量和边数量:");
        scanf("%d,%d",&G.VertexNum,&G.EdgeNum);    //输入图顶点数和边数
        for(i=0;i<G.VertexNum;i++)      //清空矩阵
            for(j=0;j<G.VertexNum;j++)
                G.Edges[i][j]=MAXVALUE;//设置矩阵中各元素的值为MAXVALUE
        Createtu(&G);                         //生成邻接矩阵结构的图
        printf("邻接矩阵数据如下:\n");
        Outtu(&G);
        printf("最短路径:\n");
        duan(G);
        printf("继续进行吗?(Y/N)");
        scanf(" %c",&select);
        getchar();
    }while(select!='N' && select!='n');
    getch();
    return 0;
}
```

程序执行的结果如图5-33所示。

图 5-33 测试最短路径算法的执行结果

思考与练习

1. 什么是图，什么是连通图？
2. 图的存储方式有几种，分别是什么？
3. 图的遍历方式有几种，每种的遍历过程是怎样的？
4. 如下图5-34所示，用邻接表法存储，编程实现此图，然后再用深度遍历方法遍历此图，写出遍历序列。

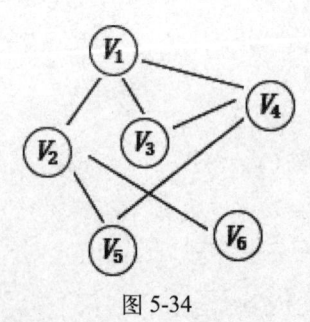

图 5-34

第6章 查找算法

> 前面的内容已经介绍了数据结构的基础知识,包括线性表、树、图结构,并讨论了这些结构的存储方式,以及相应的运算。从本章开始,将详细介绍数据结构中查找和排序的基础知识与算法,为学习后面的知识打下基础。

6.1 和查找相关的几个概念

在学习查找算法之前,需要先理解以下几个概念。

(1)列表:是指由同一类型的数据元素或记录构成的集合,可以使用任意数据结构实现。

(2)关键字:是指数据元素的某个数据项的值,能够标识列表中的一个或一组数据元素。如果一个关键字能够唯一标识列表中的一个数据元素,则称其为主关键字,否则称为次关键字。当数据元素中仅有一个数据项时,数据元素的值就是关键字。

(3)查找:根据指定的关键字的值,在某个列表中查找与关键字值相同的数据元素,并返回该数据元素在列表中的位置。如果找到相应的数据元素,则查找是成功的,否则查找是失败的,此时应返回空地址及失败信息,并可根据要求插入这个不存在的数据元素。显然,查找算法中涉及了如下3类参量。

① 查找对象K,即具体找什么。
② 查找范围L,即在什么地方找。
③ K在L中的位置,即查找的结果是什么。

其中,①、②是输入参量,③是输出参量。在函数中不能没有输入参量,可以使用函数返回值来表示输出参量。

(4)平均查找长度:为了确定数据元素在列表中的位置,需要将关键字个数的期望值与指定值进行比较,这个期望值被称为查找算法在查找成功时的平均查找长度。如果列表的长度为n,查找成功时的平均查找长度为:

$$ASL = P_1C_1 + P_2C_2 + \cdots + P_nC_n = \sum_{i=1}^{n} P_iC_i \qquad (6.1)$$

在公式(6.1)中,P_i表示查找列表中第i个数据元素的概率,C_i为当找到列表中第i个数据元素时已经进行过的关键字比较次数。因为查找算法的基本运算是在关键字之间进行比较,所以可用平均查找长度来衡量查找算法的性能。

查找的基本方法可分为两大类,分别是比较式查找法和计算式查找法。其中,比较式查找法又可以分为基于线性表的查找法和基于树的查找法,通常将计算式查找法称为哈希（Hash）查找法。

6.2 基于线性表的查找法

线性表是一种最简单的数据结构，线性表中的查找方法可分为3种，分别是顺序查找法、折半查找法和分块查找法。下面将分别介绍这3种查找方法的基础知识。

6.2.1 顺序查找法

顺序查找法的特点是逐一比较指定的关键字与线性表中各个元素的关键字，一直到查找成功或失败为止。下面是使用C语言定义顺序结构有关数据类型的代码。

```
#define LIST_SIZE 20
typedef struct {
        KeyType key;
        OtherType other_data;
        } RecordType;
typedef struct {
        RecordType  r[LIST_SIZE+1];   /* r[0]为工作单元 */
        int length;
        } RecordList;
```

基于顺序结构算法的代码如下所示。

```
int SeqSearch(RecordList l, KeyType k)
/*在顺序表l中查找关键字等于k的元素,若找到,则函数值为该元素在表中的位置,否则为0*/
{
    l.r[0].key=k;  i=l.length;
    while (l.r[i].key!=k)  i--;
    return(i);
}
```

其中将l.r[0]称为监视哨，能够防止越界。不用监视哨的算法代码如下所示。

```
int SeqSearch(RecordList l, KeyType k)
/*不用监视哨法,在顺序表中查找关键字等于k的元素*/
{
    l.r[0].key=k;  i=l.length;
    while (i>=1&&l.r[i].key!=k)  i--;
    if (i>=1) return(i)
```

```
        else return (0);
}
```

其中，循环条件i>=1用于判断查找是否越界。如果使用了监视哨，就可以省去这个循环条件，从而提高了查找效率。

接下来用平均查找长度来分析顺序查找算法的性能。假设一个列表的长度为n，如果要查找里面第i个数据元素，则需进行$n-i+1$次比较，即$C_i=n-i+1$。假设查找每个数据元素的概率相等，即$P_i=1/n$，则顺序查找算法的平均查找长度为：

$$ASL = \sum_{i=1}^{n} P_i C_i = \frac{1}{n} \sum_{i=1}^{n} C_i = \frac{1}{n} \sum_{i=1}^{n} (n-i+1) = \frac{1}{2}(n+i) \tag{6.2}$$

6.2.2 实践演练—实现顺序查找算法

下面将通过一个实例的实现过程，详细讲解顺序查找算法的具体实现方法。

实例6-1	实现顺序查找算法
源码路径	素材\daima\6\chazhao.c

本实例的实现文件是chazhao.c，其功能是当用户输入一个要查找的数字后会在指定数组中进行检索，然后输出查找结果。文件chazhao.c的具体实现代码如下所示。

```
#include <stdio.h>
#define ARRAYLEN 8
int source[]={63,61,88,37,92,32,28,54};

int chazhao(int s[],int n,int key)
{
    int i;
    for(i=0;i<n && s[i]!=key;i++)
        ;
    if(i<n)
        return i;
    else
        return -1;
}

int main()
{
    int key,i,pos;
```

```
    printf("输入关键字:");
    scanf("%d",&key);
    pos=chazhao(source,ARRAYLEN,key);
    printf("原数据表:");
    for(i=0;i<ARRAYLEN;i++)
        printf("%d ",source[i]);
    printf("\n");
    if(pos>=0)
        printf("查找成功,该关键字位于数组的第%d个位置。\n",pos);
    else
        printf("查找失败!\n");
    getch();
    return 0;
}
```

在函数chazhao()中有如下3个参数。

(1) s:用数组表示的静态查找表。

(2) n:表示静态查找表中数据元素的数量。

(3) key:查找的关键字。

在上述代码中,通过如下代码实现了循环检索处理。

```
for(i=0;i<n && s[i]!=key;i++)        //循环查找关键字
    ;                                //空循环
```

执行后的结果如图6-1所示。

```
输入关键字:61
原数据表:63 61 88 37 92 32 28 54
查找成功,该关键字位于数组的第1个位置。
```

图 6-1 执行结果

6.2.3 实践演练——改进的顺序查找算法

实例6-1中,每循环一次都会进行i<n和s[i]!=key这两个比较操作。如果在查找表中有很多个数据,就会需要较长的时间来完成查找功能,这样会降低程序的效率。接下来开始尝试对上面的算法进行改进,实现改进处理的程序文件是chazhao1.c。当在文件中创建静态查找表时,会在表的末端增加一个空的单元以保存查找的关键字,这样就不需要使用条件i<n进行判断了,并且在每次查找时总能在查找表中查找到关键字。

实例6-2	改进的顺序查找算法
源码路径	素材\daima\6\chazhao1.c

文件chazhao1.c的具体实现代码如下所示。

```c
#include <stdio.h>
#define ARRAYLEN 8
int source[ARRAYLEN+1]={61,62,90,33,88,6,28,54};

int chazhao(int s[],int n,int key)
{
    int i;
    for(i=0;s[i]!=key;i++)
        ;
    if(i<n)
        return i;
    else
        return -1;
}

int main()
{
    int key,i,pos;
    printf("输入关键字:");
    scanf("%d",&key);
    source[ARRAYLEN]=key;  //保存key值到最后一个元素
    pos=chazhao(source,ARRAYLEN,key);
    printf("原数据表:");
    for(i=0;i<ARRAYLEN;i++)
        printf("%d ",source[i]);
    printf("\n");
    if(pos>=0)
        printf("查找成功,该关键字位于数组的第%d个位置。\n",pos);
    else
        printf("查找失败!\n");
    getch();
    return 0;
}
```

程序执行的结果如图6-2所示。

```
输入关键字:54
原数据表:61 62 90 33 88 6 28 54
查找成功,该关键字位于数组的第7个位置。
```

图6-2 执行结果

6.2.4 折半查找法

折半查找法又称为二分法查找法，此方法要求待查找的列表必须是按关键字大小有序排列的顺序表。折半查找法的查找过程如下所示。

步骤 01 将表中间位置记录的关键字与查找关键字比较，如果两者相等，表示查找成功；否则利用中间位置记录将表分成前、后两个子表。

步骤 02 如果中间位置记录的关键字大于查找关键字，则进一步查找前一个子表，否则查找后一个子表。

步骤 03 重复以上过程，一直到找到满足条件的记录为止，此时表明查找成功。

步骤 04 如果最终子表不存在，则表明查找不成功。

下面将通过一个实例的实现过程，详细讲解使用折半查找算法查找数据的具体方法。

实例6-3	使用折半查找算法查找数据
源码路径	素材\daima\6\zheban.c

实例文件zheban.c的功能是当用户输入一个要查找的数字后，会在指定数组中进行检索并输出查找结果。文件zheban.c的实现代码如下所示。

```c
#include <stdio.h>
#define ARRAYLEN 10
int source[]={6,12,28,32,53,65,69,83,90,92};

int zheban(int s[],int n,int key)
{
    int low,high,mid;
    low=0;
    high=n-1;
    while(low<=high)         //查找范围含至少一个元素
    {
        mid=(low+high)/2;    //计算中间位置序号
        if(s[mid]==key)      //中间元素与关键字相等
            return mid;      //返回序号
        else if(s[mid]>key)  //中间元素大于关键字
            high=mid-1;      //重定义查找范围
        else                 //中间元素小于关键字
            low=mid+1;       //重定义查找范围
    }
    return -1;               //返回查找失败
}

int main()
{
```

```
    int key,i,pos;
    printf("请输入关键字:");
    scanf("%d",&key);
    pos=zheban(source,ARRAYLEN,key);
    printf("原数据表:");
    for(i=0;i<ARRAYLEN;i++)
        printf("%d ",source[i]);
    printf("\n");
    if(pos>=0)
        printf("查找成功,该关键字位于数组的第%d个位置。\n",pos);
    else
        printf("查找失败!\n");
    getch();
    return 0;
}
```

在上述函数zheban()中,通过low和high两个变量来保存查找表的查找范围,然后通过循环查找表中的数据。查找结果要求最少有一个数据,在循环中取位于中间位置的元素与关键字进行比较。执行结果如图6-3所示。

```
请输入关键字:32
原数据表:6 12 28 32 53 65 69 83 90 92
查找成功,该关键字位于数组的第3个位置。
```

图 6-3 折半查找算法的执行结果

6.2.5 分块查找法

分块查找法要求将列表组织成下面的索引顺序结构,如图6-4所示。

步骤01 将列表分成若干个块(子表):一般情况下,块的长度均匀,最后一块可以不满。每块中元素任意排列,即块内无序,但块与块之间有序。

步骤02 构造一个索引表:其中每个索引项对应一个块并记录每块的起始位置,以及每块中的最大关键字(或最小关键字)。索引表按关键字有序排列。

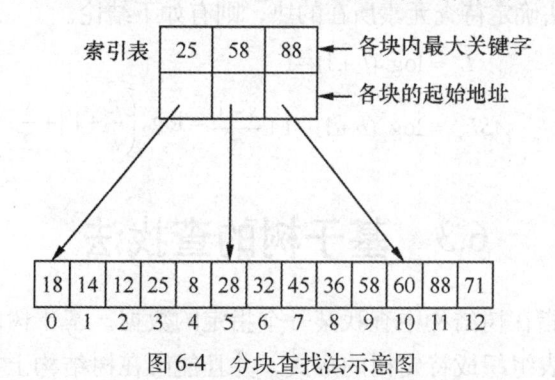

图 6-4 分块查找法示意图

图6-4为一个索引顺序表，包括了如下3个块。

（1）第1个块的起始地址为0，块内最大关键字为25。
（2）第2个块的起始地址为5，块内最大关键字为58。
（3）第3个块的起始地址为10，块内最大关键字为88。

分块查找的基本过程如下：

步骤01 为了确定待查记录所在的块，先将待查关键字K与索引表中的关键字进行比较，在此可以使用顺序查找法或折半查找法进行查找。

步骤02 继续用顺序查找法，在相应块内查找关键字为K的元素。

假如在图6-4所示的索引顺序表中查找36，则具体过程如下：

步骤01 将36与索引表中的关键字进行比较，因为25＜36＜58，所以应在第2个块中继续查找。

步骤02 在第2个块中顺序查找，最后在8号单元中找到36。

分块查找的平均查找长度由两部分构成，分别是查找索引表时的平均查找长度L_b，以及在相应块内进行顺序查找的平均查找长度L_w。

$$ASL_{bs}=L_b+L_w \tag{6.3}$$

假设将长度为n的表分成b块，且每块含s个元素，则$b=n/s$。又假定表中每个元素的查找概率相等，则每个索引项的查找概率为$1/b$，块中每个元素的查找概率为$1/s$。若用顺序查找法确定待查元素所在的块，则有如下结论。

$$L_b = \frac{1}{b}\sum_{j=1}^{b} j = \frac{b+1}{2}$$

$$L_w = \frac{1}{s}\sum_{i=1}^{s} i = \frac{s+1}{2} \tag{6.4}$$

$$ASL_{bs} = L_b + L_w = \frac{(b+s)}{2}+1$$

将$b=\dfrac{n}{s}$带入会得到：

$$ASL_{bs} = \frac{1}{2}\left(\frac{n}{s}+s\right)+1 \tag{6.5}$$

如果用折半查找法确定待查元素所在的块，则有如下结论。

$$L_b = \log_2(b+1)-1$$

$$ASL_{bs} = \log_2(b+1)-1+\frac{s+1}{2} \approx \log_2\left(\frac{n}{s}+1\right)+\frac{s}{2} \tag{6.6}$$

6.3 基于树的查找法

基于树的查找是指在树结构中查找某一个指定的数据。基于树的查找法又称为树表查找法，能够将待查表组织成特定树的形式，并且能够在树结构上实现查找。基于树的查找法主要包括二叉排序树、平衡二叉排序树和B树等。

6.3.1 二叉排序树

二叉排序树又称二叉查找树，是一种特殊结构的二叉树，通常被定义为一棵空树，或者被描述为具有如下性质的二叉树。

（1）如果它的左子树非空，则左子树上所有节点的值均小于根节点的值。

（2）如果它的右子树非空，则右子树上所有节点的值均大于根节点的值。

（3）左右子树都是二叉排序树。

由此可见，对二叉排序树的定义可以用一个递归定义的过程来描述。由上述定义可知二叉排序树的一个重要性质：当中序遍历一个二叉排序树时，可以得到一个递增有序序列。如图6-5所示的两棵二叉树就是二叉排序树，如果按中序遍历图6-5（a）所示的二叉排序树，可得到如下递增有序序列：1—2—3—4—5—6—7—8—9。

在二叉排序树的操作中可以使用二叉链表作为存储结构，其节点结构如下所示。

```
typedef struct node
{   KeyType   key ;                     /*关键字的值*/
    struct node *lchild,*rchild;        /*左右指针*/
}bstnode,*BSTree;
```

1. 插入和生成

已知一个关键字值为key的节点J，如果将其插入到二叉排序树中，则需要保证插入后仍然符合二叉排序树的定义。可以使用下面的方法进行插入操作。

步骤01 如果二叉排序树是空树，则key成为二叉排序树的根。

步骤02 如果二叉排序树非空，则将key与二叉排序树的根进行如下比较。

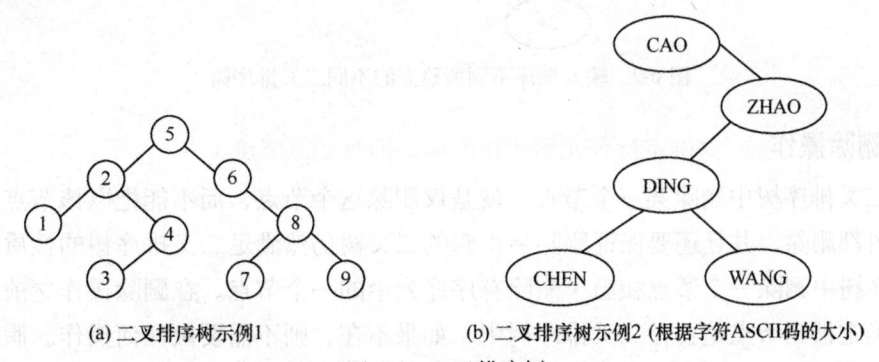

(a) 二叉排序树示例1　　　　　(b) 二叉排序树示例2（根据字符ASCII码的大小）

图 6-5　二叉排序树

（1）如果key的值等于根节点的值，则停止插入。

（2）如果key的值小于根节点的值，则将key插入左子树。

（3）如果key的值大于根节点的值，则将key插入右子树。

假设关键字的输入顺序为45、24、53、12、28、90，按上述算法生成二叉排序树的过程如图6-6所示。对于同样的一些元素值，如果输入顺序不同，所创建的二叉树的形态也不同。例如，上面的例子中把输入顺序改为45、12、53、28、90、24，则生成的二叉排序树如图6-7所示。

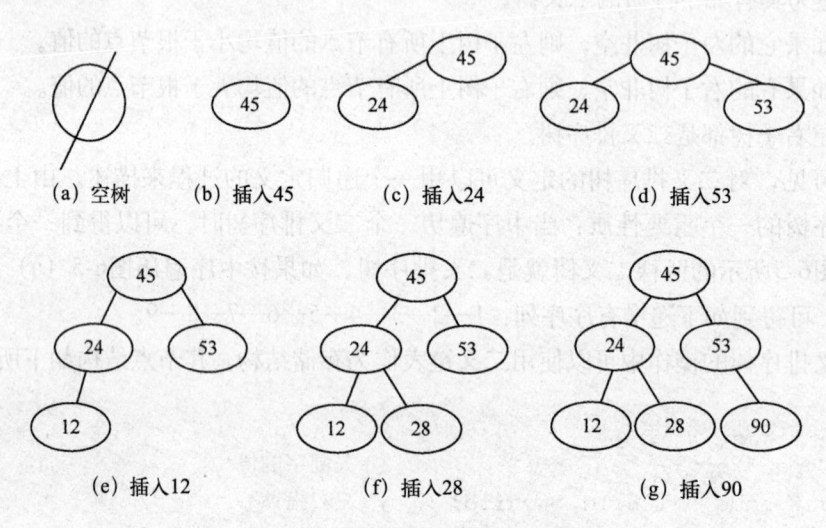

(a) 空树　　(b) 插入45　　(c) 插入24　　(d) 插入53

(e) 插入12　　(f) 插入28　　(g) 插入90

图 6-6　二叉排序树的建立过程

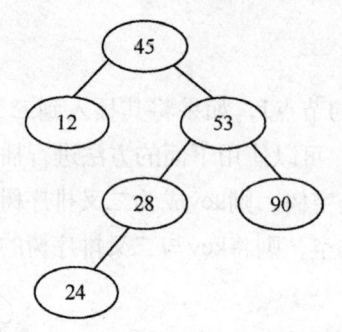

图 6-7　输入顺序不同所建立的不同二叉排序树

2. 删除操作

从二叉排序树中删除某一个节点，就是仅删除这个节点，而不能把以该节点为根的所有子树都删除，并且还要保证删除后得到的二叉树仍然满足二叉排序树的性质，即在二叉排序树中删除一个节点相当于删除有序序列中的一个节点。在删除操作之前，首先要查找确定被删节点是否在二叉排序树中，如果不在，则不需要做任何操作。假设要删除的节点是 p，节点 p 的双亲节点是 f，如果节点 p 是节点 f 的左孩子，在删除时需要分如下3种情况来讨论。

（1）如果 p 为叶节点，则可以直接将其删除，具体代码如下所示。

```
f->lchild=NULL;
free(p);
```

(2) 如果 p 节点只有左子树或只有右子树，则可将 p 的左子树或右子树直接改为其双亲节点 f 的左子树或右子树，具体代码如下所示。

```
f->lchild=p->lchild;
free(p);
```

或：

```
f->lchild=p->rchild;
free(p);
```

(3) 如果 p 既有左子树，也有右子树，如图 6-8（a）所示。此时有如下两种处理方法。

方法 1：首先找到 p 节点在中序序列中的直接前驱 s 节点，如图 6-8（a）所示，然后将 p 的左子树改为 f 的左子树，而将 p 的右子树改为 s 的右子树。代码为：f->lchild=p->lchild; s->rchild= p->rchild; free(p)，结果如图 6-8（b）所示。

方法 2：首先找到 p 节点在中序序列中的直接前驱 s 节点，如图 6-8（c）所示，然后用 s 节点的值，替代 p 节点的值，再将 s 节点删除，原 s 节点的左子树改为 s 的双亲节点 q 的右子树。代码为：p->data=s->data; q->rchild= s->lchild; free(s)，结果如图 6-8（d）所示。

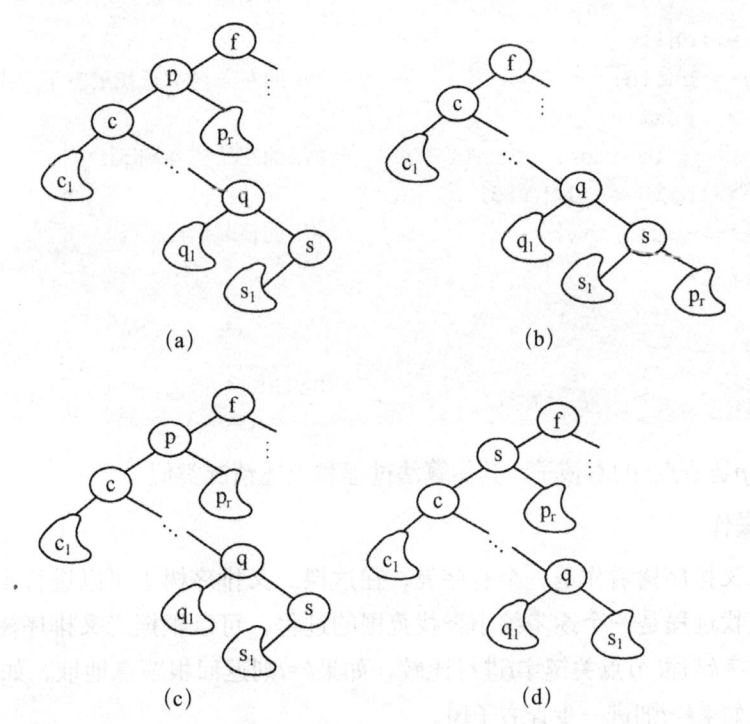

图 6-8 二叉排序树删除过程

经过上面的分析可以得到如下在二叉排序树中删去一个节点的算法。

```
BSTNode *DelBST(BSTree t, KeyType k)   /*在二叉排序树t中删去关键字为k的节点*/
{
  BSTNode  *p, *f,*s ,*q;
  p=t;f=NULL;
  while(p)                              /*查找关键字为k的待删节点p*/
  { if(p->key==k ) break;               /*找到，则跳出查找循环*/
     f=p;                               /*f指向p节点的双亲节点*/
     if (p->key>k) p=p->lchild;
     else p=p->rchild;
  }
  if(p==NULL) return t;                 /*若找不到，返回原来的二叉排序树*/
  if(p->lchild==NULL)                   /*p无左子树*/
  {  if(f==NULL) t=p->rchild;           /*p是原二叉排序树的根*/
     else if(f->lchild==p)              /*p是f的左孩子*/
         f->lchild=p->rchild;           /*将p的右子树连到f的左链上*/
     else                               /*p是f的右孩子*/
         f->rchild=p->rchild ;          /*将p的右子树连到f的右链上*/
     free(p);                           /*释放被删除的节点p*/
  }
  else                                  /*p有左子树*/
  { q=p;s=p->lchild;
     while(s->rchild)                   /*在p的左子树中查找最右下节点*/
     {q=s;s=s->rchild;}
     if(q==p) q->lchild=s->lchild ;     /*将s的左子树连到q上*/
     else q->rchild=s->lchild;
     p->key=s->key;                     /*将s的值赋给p*/
     free(s);
  }
  return t;
}                                       /*DelBST*/
```

如果节点 p 是节点 f 的右孩子，具体算法过程和上述情况类似。

3. 查找操作

可以将二叉排序树看作是一个有序表，在这棵二叉排序树上可以进行查找操作。二叉排序树的查找过程是一个逐步缩小查找范围的过程，可以根据二叉排序树的特点，首先将待查关键字 k 与根节点关键字 t 进行比较，如果 $k=t$ 则返回根节点地址，如果 $k<t$ 则进一步查左子树，如果 $k>t$ 则进一步查右子树。

6.3.2 实践演练——将数据插入到二叉排序树节点中

下面将通过一个实例的实现过程，详细讲解将数据插入到二叉排序树节点中的具体方法。

实例6-4	创建二叉排序树，并将数据插入到节点中
源码路径	素材\daima\6\ercha.c

实例文件ercha.c的功能是通过C语言创建一棵二叉树，并将数据插入到节点中。文件ercha.c的具体实现代码如下所示。

```c
#include <stdio.h>
#define ARRAYLEN 10
int source[]={54,20,6,70,12,37,92,28,65,83};
typedef struct bst
{
    int data;
    struct bst *left;
    struct bst *right;
}BSTree;
void Inserter(BSTree *t,int key)          //在二叉排序树中插入查找关键字key
{
    BSTree *p,*parent,*head;
    if(!(p=(BSTree *)malloc(sizeof(BSTree *))))    //申请内存空间
    {
        printf("申请内存出错!\n");
        exit(0);
    }
    p->data=key;                          //保存节点数据
    p->left=p->right=NULL;                //左右子树置空
    head=t;
    while(head)                           //查找需要添加的父节点
    {
        parent=head;
        if(key<head->data)                //若关键字小于节点的数据
            head=head->left;              //在左子树上查找
        else                              //若关键字大于节点的数据
            head=head->right;             //在右子树上查找
    }
                                          //判断添加到左子树还是右子树
    if(key<parent->data)                  //小于父节点
        parent->left=p;                   //添加到左子树
    else                                  //大于父节点
```

```c
            parent->right=p;                //添加到右子树
}
void Createer(BSTree *t,int data[],int n)//n个数据在数组data[]中
{
    int i;
    t->data=data[0];
    t->left=t->right=NULL;
    for(i=1;i<n;i++)
    {
        Inserter(t,data[i]);
    }
}
void BST_LDR(BSTree *t)                   //中序遍历
{
    if(t)//树不为空,则执行如下操作
    {
        BST_LDR(t->left);                 //中序遍历左子树
        printf("%d ",t->data);            //输出节点数据
        BST_LDR(t->right);                //中序遍历右子树/
    }
    return;
}
int main()
{
    int i,key;
    BSTree bst,*pos;                      //保存二叉排序树根节点
    printf("原数据:");
    for(i=0;i<ARRAYLEN;i++)
        printf("%d ",source[i]);
    printf("\n");
    Createer(&bst,source,ARRAYLEN);
    printf("遍历二叉排序树:");
    BST_LDR(&bst);
    getch();
    return 0;
}
```

程序执行后会将原数据从小到大排列,并输出排序结果。执行结果如图6-9所示。

```
原数据:54 20 6 70 12 37 92 28 65 83
遍历二叉排序树:6 12 20 28 37 54 65 70 83 92
```

图6-9 数据插入到二叉排序树节点中的执行结果

6.3.3 平衡二叉排序树

平衡二叉排序树的定义为：平衡二叉排序树要么是空树，要么是具有下列性质的二叉排序树。

（1）左子树与右子树的高度之差的绝对值小于等于1。

（2）左子树和右子树也是平衡二叉排序树。

使用平衡二叉排序树的目的是为了提高查找效率，其平均查找长度为$O(\log_2 n)$。

在一般情况下，只有祖先节点为根的子树才有可能失衡。当下层的祖先节点恢复平衡后，会使上层的祖先节点恢复平衡，所以应该调整最下面的失衡子树。因为平衡因子为0的祖先不可能失衡，所以从新插入节点开始向上遇到的第1个平衡因子不等于0的祖先节点，是第1个可能失衡的节点。如果失衡，需要调整以该节点为根的子树。根据不同的失衡情况，对应的调整方法也不相同。具体的失衡类型及对应的调整方法可以分为以下4种。

1. LL型

假设最低层失衡节点为A，在节点A的左子树的左子树插入新节点S后，导致失衡，如图6-10（a）所示。新节点（记为S）一定插在最低失衡节点（记为A）的左子树上，并且A原本一定有左孩子（记为B）。为了恢复平衡并保持二叉排序树特性，可以将A改为B的右子，将B原来的右子B_R改为A的左子，如图6-10（b）所示。这相当于以B为轴，对A做了一次顺时针旋转。

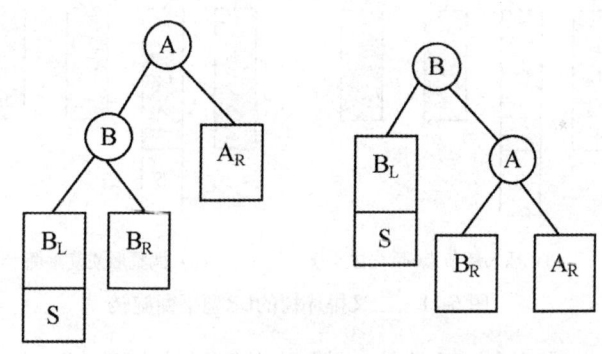

(a) 插入新节点S后失去平衡　　(b) 调整后恢复平衡

图6-10　二叉排序树的LL型平衡旋转

在一般二叉排序树的节点中，可以增加一个存放平衡因子的域bf，这样就可以用来表示平衡二叉排序树，则LL型失衡的特点是：A->bf=2，B->bf=1，可以用如下语句来完成相应的调整操作。

```
B=A->Lchild;
A->Lchild=B->rchild;
B->rchild=A;
A->bf=0;    B->bf=0;
```

将调整后的二叉树的根节点B"接到"原A处。令A原来的父指针为FA，如果FA非空，则用B来代替A，当作FA的左子或右子；否则原来A就是根节点，此时应令根指针t指向B。

```
if (FA==NULL)    t=B;
    else if (A==FA->Lchild) FA->Lchild=B;
        else FA->rchild=B;
```

2. LR型

假设最低层失衡节点是A，在节点A的左子树的右子树插入新节点S后会导致失衡，如图6-11（a）所示。在图6-11（a）中，假设在C_L下插入S，如果在C_R下插入S，与对树的调整方法相同，不同的只是调整后A和B的平衡因子。由A、B、C的平衡因子容易推知，C_L与C_R深度相同，B_L与A_R深度相同，并且B_L、A_R的深度比C_L、C_R的深度小1。为了恢复平衡并保持二叉排序树的特性，可以将B改为C的左子，将C原来的左子C_L改为B的右子。将A改为C的右子，将C原来的右子C_R改为A的左子，如图6-11（b）所示。这相当于对B做了一次逆时针旋转，对A做了一次顺时针旋转。

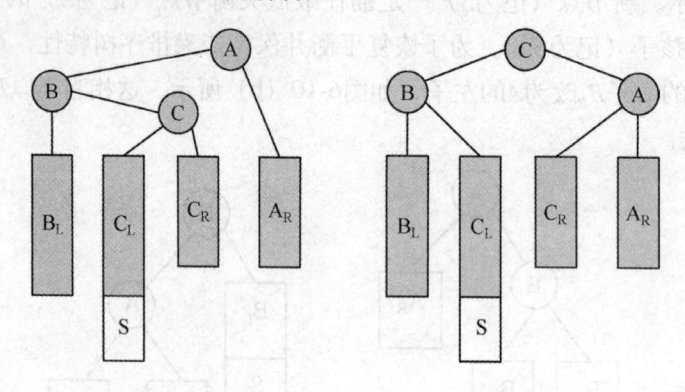

(a) 插入新节点S后失去平衡　　　　(b) 调整后恢复平衡

图6-11 二叉排序树的LR型平衡旋转

在上面提到了在C_L下插入S和在C_R下插入S的两种情况。在现实应用中还有另外一种情况，即B的右子树为空，C本身就是插入的新节点S。此时C_L、C_R、B_L和A_R都为空。在这种情况下，对树的调整方法仍然相同，不同的是调整后的A和B的平衡因子都为0。

LR型失衡的特点是：A->bf=2，B->bf=-1。相应的调整操作可以用如下语句来完成。

```
B=A->lchild;      C=B->Rchild;
B->rchild=C->lchild;
A->lchild=C->rchild;
C->lchild=B;    C->rchild=A;
```

针对上述3种不同情况，可以修改A、B、C的平衡因子。

```
if (S->key <C->key)      /* 在C_L下插入S  */
  { A->bf=-1; B->bf=0; C->bf=0; }
if (S->key >C->key)      /* 在C_R下插入S  */
  { A->bf=0; B->bf=1; C->bf=0; }
if (S->key ==C->key)     /* C本身就是插入的新节点S */
  { A->bf=0; B->bf=0; }
```

将调整后的二叉树的根节点C"接到"原A处，使A原来的父指针为FA。如果FA非空，则用C代替A来当作FA的左子或右子；否则原来A就是根节点，此时应令根指针t指向C。

```
if  (FA==NULL)   t=C;
else  if (A==FA->lchild)    FA->lchild=C;
else   FA->rchild=C;
```

3. RR型

RR型与LL型相互对称。假设最低层失衡节点为A，如在节点A的右子树的右子树插入新节点S后会导致失衡，如图6-12（a）所示。由A和B的平衡因子可知，B_L、B_R以及A_L深度相同。为恢复平衡并保持二叉排序树特性，可以将A改为B的左子，将B原来的左子B_L改为A的右子，如图6-12（b）所示。这相当于以B为轴，对A做了一次逆时针旋转。

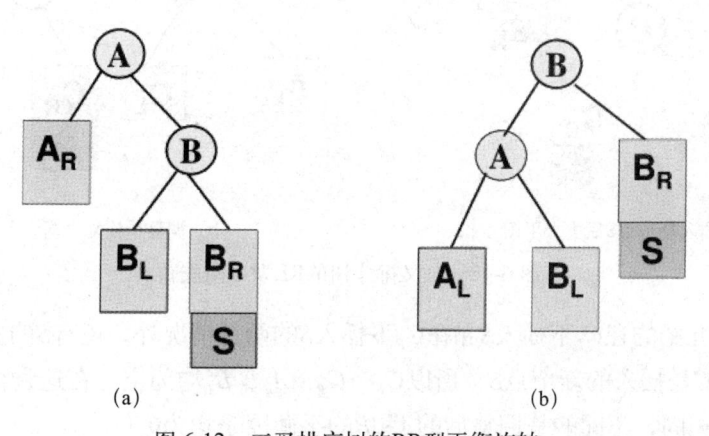

图6-12 二叉排序树的RR型平衡旋转

RR型失衡的特点是：A->bf=－2，B->bf=－1。相应的调整操作可以用如下代码来完成。

```
B=A->rchild;
A->rchild=B->lchild;
B->lchild=A;
A->bf=0;   B->bf=0;
```

最后将调整后的二叉树的根节点B"接到"原A处，令A原来的父指针为FA，如果

FA非空，则用B代替A当作FA的左子或右子；否则原来A就是根节点，此时应使根指针t指向B。

```
if  (FA==NULL)    t=B;
    else if  (A==FA->Lchild)    FA->Lchild=B;
    else  FA->rchild=B;
```

4. RL型

RL型与LR型相互对称。假设最低层的失衡节点是A，在节点A的右子树的左子树插入新节点S后会导致失衡，如图6-13（a）所示。假设是在图中的C_R下插入S，如果在C_L下插入S，则对树的调整方法相同，不同的只是调整后A、B的平衡因子。由A、B、C的平衡因子可知，C_L与C_R深度相同，A_L与B_R深度相同，并且A_L、B_R的深度比C_L、C_R的深度小1。为了恢复平衡并保持二叉排序树特性，可以先将B改为C的右子，将C原来的右子C_R改为B的左子；将A改为C的左子，将C原来的左子C_L改为A的右子，如图6-13（b）所示。这相当于对B做了一次顺时针旋转，对A做了一次逆时针旋转。

(a) 插入新节点S后失去平衡　　　　　　　(b) 调整后恢复平衡

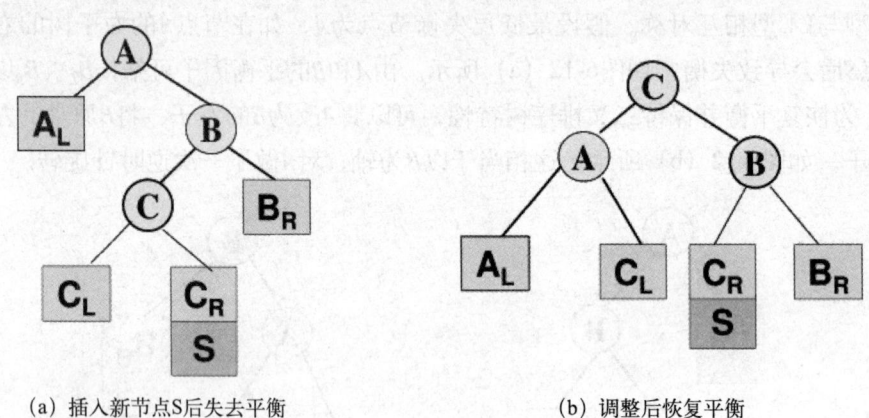

图6-13　二叉排序树的RL型平衡旋转

除了前面介绍的在C_L下插入S和在C_R下插入S的两种情况外，还有B的左子树为空这一种情况。因为C是插入的新节点S，所以C_L、C_R、A_L、B_R均为空。在这种情况下，对树的调整方法仍然相同，不同的是调整后的A和B的平衡因子均为0。

RL型失衡的特点是：A->bf=-2，B->bf=1。相应调整操作可用如下代码来完成。

```
B=A->rchild;        C=B->lchild;
B->lchild=C->rchild;
A->rchild=C->lchild;
C->lchild=A;    C->rchild=B;
```

然后针对上述3种不同情况，通过如下代码修改A、B、C的平衡因子。

```
if (S->key <C->key)      /* 在CL下插入S  */
```

```
    { A->bf=0; B->bf=-1; C->bf=0; }
if (S->key >C->key)      /* 在CR下插入S  */
    { A->bf=1; B->bf=0; C->bf=0; }
if (S->key ==C->key)     /* C本身就是插入的新节点S */
    { A->bf=0; B->bf=0; }
```

最后，将调整后的二叉树的根节点C"接到"原A处。令A原来的父指针为FA，如果FA非空，则用C代替A当作FA的左子或右子；否则原来的A就是根节点，此时应令根指针t指向C。

```
if  (FA==NULL)    t=C;
else  if  (A==FA->lchild)    FA->lchild=C;
else  FA->rchild=C;
```

由此可以看出，在一个平衡二叉排序树上插入一个新节点S时，主要通过以下3个步骤实现。

步骤01 查找应插的位置，同时记录离插入位置最近的可能失衡节点A（A的平衡因子不等于0）。

步骤02 插入新节点S，并修改从A到S路径上各节点的平衡因子。

步骤03 根据A、B的平衡因子，判断是否失衡以及失衡类型，并做相应处理。

接下来给出完整的算法，其中AVLTree表示平衡二叉排序树类型，AVLTNode表示平衡二叉排序树节点类型。

```
void  ins_AVLtree (AVLTree  *avlt , KeyType   k)
/*在平衡二叉排序树中插入元素k，使之成为一棵新的平衡二叉排序树*/
{
    s=(AVLTree)malloc(sizeof(AVLTNode));
    s->key=k;   s->lchild=s->rchild=NULL;
    s->bf=0;
    if  (*avlt==NULL)  *avlt=s;
    else
    {
        /* 首先查找s的插入位置fp，同时记录距s的插入位置最近且
        平衡因子不等于0（等于-1或1）的节点A，A为可能的失衡节点*/
        A=*avlt;    fA=NULL;
        p=*avlt;    fp=NULL
        while  (p!=NULL)
        { if  (p->bf!=0)   {A=p; fA=fp};
          fp=p;
          if  (k < p->key)   p=p->lchild;
          else  p=p->rchild;
```

```
          }
   /* 插入s*/
   if (k < fp->key) fp->lchild=s;
   else  fp->rchild=s;
   /* 确定节点B，并修改A的平衡因子 */
   if (k < A->key)   {B=A->lchild; A->bf=A->bf+1}
   else {B=A->rchild; A->bf=A->bf-1}
   /* 修改B到s路径上各节点的平衡因子（原值均为0）*/
   p=B;
   while  (p!=s)
     if  (k < p->key)    {p->bf=1; p=p->lchild}
     else    {p->bf=-1; p=p->rchild}
   /* 判断失衡类型并做相应处理 */
    if  (A->bf==2 && B->bf==1)            /* LL型 */
    {
         B=A->Lchild;
         A->Lchild=B->rchild;
         B->rchild=A;
         A->bf=0;   B->bf=0;
         if FA=NULL    *avlt=B
         else  if  A=FA->Lchild    FA->Lchild=B
             else   FA->rchild=B;
    }
     else if  (A->bf==2 && B->bf==-1)         /* LR型 */
     {
          B=A->lchild;   C=B->rchild;
          B->rchild=C->lchild;
          A->lchild=C->rchild;
          C->lchild=B;   C->rchild=A;
          if (S->key <C->key)
          { A->bf=-1; B->bf=0; C->bf=0; }
          else if (S->key >C->key)
          { A->bf=0; B->bf=1; C->bf=0; }
          else   { A->bf=0; B->bf=0; }
          if  (FA==NULL)   *avlt=C;
          else  if (A==FA->lchild)  FA->lchild=C;
          else  FA->rchild=C;
     }
     else if  (A->bf==-2 && B->bf==1)          /* RL型 */
     {
          B=A->rchild;   C=B->lchild;
```

```
            B->lchild=C->rchild;
            A->rchild=C->lchild;
            C->lchild=A;    C->rchild=B;
            if (S->key <C->key)
            { A->bf=0; B->bf=-1; C->bf=0; }
            else if (S->key >C->key)
            { A->bf=1; B->bf=0; C->bf=0; }
            else  { A->bf=0; B->bf=0; }
            if (FA==NULL)  *avlt=C;
            else  if (A==FA->lchild)  FA->lchild=C;
            else  FA->rchild=C;
        }
        else if  (A->bf==-2 && B->bf==-1)         /* RR型 */
        {
            B=A->rchild;
            A->rchild=B->lchild;
            B->lchild=A;
            A->bf=0;   B->bf=0;
            if (FA==NULL) *avlt=B;
            else  if (A==FA->Lchild)  FA->Lchild=B;
                else FA->rchild=B;
        }
    }
}
```

6.4 哈希法

哈希法又称散列法或关键字地址计算法，它定义了一种将字符组成的字符串转换为固定长度（一般是更短长度）的数值或索引值的方法。由于通过更短的哈希值比用原始值进行数据库搜索更快，这种方法一般用来在数据库中建立索引并进行搜索，同时还用在各种解密算法中。

6.4.1 哈希法的基本思想

（1）在元素关键字k和元素存储位置p之间建立对应关系f，使得$p=f(k)$，f称为哈希函数。

（2）在创建哈希表时，把关键字为k的元素直接存入地址为$f(k)$的单元。

（3）当查找关键字为k的元素时，利用哈希函数计算出该元素的存储位置$p=f(k)$，从而达到按关键字直接存取元素的目的。

> **注意**
>
> 如果关键字集合很大,则关键字值中不同的元素可能会映像到与哈希表相同的地址上,即 k1≠k2,但是H(k1)=H(k2),上述现象称为冲突。在这种情况下,通常称k1和k2是同义词。在实际应用中,不能避免上述冲突的情形,只能通过改进哈希函数的性能来减少冲突。

哈希法主要包括以下两方面的内容:①如何构造哈希函数;②如何处理冲突。

6.4.2 构造哈希函数

在构造哈希函数时需要遵循如下原则。

(1) 函数本身便于计算。

(2) 计算出来的地址分布均匀,即对任一关键字k,$f(k)$对应不同地址的概率相等,目的是尽可能减少冲突。

构造哈希函数的方法有多种,其中最为常用的有如下5种。

1. 数字分析法

如果预先知道关键字集合,当每个关键字的位数比哈希表的地址码位数多时,可以从关键字中选出分布较均匀的若干位来构成哈希地址。假设有80个记录,关键字是一个8位的十进制整数:$m_1m_2m_3\cdots m_7m_8$,如哈希表长度取值100,则哈希表的地址空间为:00~99。如果经过分析之后,各关键字中m_4和m_7的取值分布比较均匀,则哈希函数为:$h(key)=h(m_1m_2m_3\cdots m_7m_8)=m_4m_7$。反之,如果经过分析之后,各关键字中$m_1$和$m_8$的取值分布很不均匀,例如$m_1$都等于5,$m_8$都等于2,则哈希函数为:$h(key)=h(m_1m_2m_3\cdots m_7m_8)=m_1m_8$,这种用不均匀的取值构造函数的算法误差会比较大,所以不可取。

2. 平方取中法

如果无法确定关键字中哪几位分布比较均匀,可以先求出关键字的平方值,然后按照需要取平方值的中间几位作为哈希地址。因为平方后的中间几位和关键字中的每一位都相关,所以不同的关键字会以较高的概率产生不同的哈希地址。

假设把英文字母在字母表中的位置序号作为该英文字母的内部编码,例如K的内部编码为11,E的内部编码为05,Y的内部编码为25,A的内部编码为01,B的内部编码为02,由此可以得出关键字"KEYA"的内部代码为11052501。同理,也可以得到关键字"KYAB""AKEY""BKEY"的内部编码。对关键字进行平方运算之后,取出第7~9位作为该关键字的哈希地址,如表6-1所示。

表 6-1 平方取中法求得的哈希地址

关键字	内部编码	内部编码的平方值	H(k)关键字的哈希地址
KEYA	11050201	122157778355001	778
KYAB	11250102	126564795010404	795
AKEY	01110525	001233265775625	265
BKEY	02110525	004454315775625	315

3. 分段叠加法

分段叠加法是指按照哈希表地址位数将关键字分成位数相等的几部分，其中最后一部分可以比较短。然后将这几部分相加，舍弃最高进位后的结果就是该关键字的哈希地址。分段叠加有折叠法与移位法两种。移位法是指将分割后的每部分低位对齐相加，折叠法是指从一端向另一端沿分割边界来回折叠，用奇数段表示正序，用偶数段表示倒序，然后将各段相加。

4. 除留余数法

为了更加直观地了解除留余数法，在此举例说明。假设哈希表长为 n，p 为小于等于 n 的最大素数，则哈希函数为：

```
h(k)=k % p
```

其中%为模 p 的取余运算。

假设待散列元素为（18,75,60,43,54,90,46），表长 n=10，p=7，则有：

```
h(18)=18 % 7=4      h(75)=75 % 7=5      h(60)=60 % 7=4
h(43)=43 % 7=1      h(54)=54 % 7=5      h(90)=90 % 7=6
h(46)=46 % 7=4
```

此时冲突较多，为减少冲突，可以取较大的 n 值和 p 值，例如 $n=p=13$，此时结果如下：

```
h(18)=18 % 13=5     h(75)=75 % 13=10    h(60)=60 % 13=8
h(43)=43 % 13=4     h(54)=54 % 13=2     h(90)=90 % 13=12
h(46)=46 % 13=7
```

此时没有冲突，如图 6-14 所示。

0	1	2	3	4	5	6	7	8	9	10	11	12
		54		43	18		46	60		75		90

图 6-14 除留余数法求哈希地址

5. 伪随机数法

伪随机数法是指采用一个伪随机函数当作哈希函数，即$h(key)$=random(key)。

在实际应用中，应根据具体情况灵活采用不同的方法，并使用实际数据来测试它的性能，以便做出正确判定。在判断时通常需要考虑如下5个因素。

（1）计算哈希函数所需时间（简单）。

（2）关键字的长度。

（3）哈希表大小。

（4）关键字分布情况。

（5）记录查找频率。

6.4.3 处理冲突

使用性能良好的哈希函数可以减少冲突，但是通常不可能完全避免冲突，所以解决冲突是哈希法的另一个关键问题。无论是在创建哈希表时，还是在查找哈希表时都会遇到冲突，这两种情况下解决冲突的方法是一致的。以创建哈希表为例，有以下4种常用的解决冲突的方法。

1. 开放定址法

开放定址法也称再散列法，其基本思想如下：

当关键字key的哈希地址$m=H(key)$出现冲突时，以m为基础产生另一个哈希地址m_1，如果m_1还是冲突，再以m为基础产生另一个哈希地址m_2……如此继续，一直到找出一个不冲突的哈希地址m_i为止，此时将相应元素存入其中。

开放定址法遵循如下通用的再散列函数形式。

```
H_i=(H(key)+d_i)% m    i=1,2,…,n
```

其中，$H(key)$为哈希函数，m为表长，d_i为增量序列。增量序列的取值方式不同，相应的再散列方式也不同。主要有如下3种再散列方式。

（1）线性探测再散列。其特点是发生冲突时，顺序查看表中下一单元，直到找出一个空单元或查遍全表，格式如下：

```
d_i=1,2,3,…,m-1
```

（2）二次探测再散列。其特点是当发生冲突时，在表的左右进行跳跃式探测，比较灵活，格式如下：

```
d_i=1², -1², 2², -2², …, k², -k²     ( k<=m/2 )
```

（3）伪随机探测再散列。在具体实现时需要先建立一个伪随机数发生器，例如，i=(i+p) % m，并设置一个随机数做起点。其格式如下：

d_i=伪随机数序列。

2. 再哈希法

再哈希法能够同时构造多个不同的哈希函数，具体格式如下所示。

$H_i=RH_i(key)$　　i=1,2,…,k

当哈希地址$H_i=RH_i$(key)发生冲突时计算另一个哈希函数地址，直到冲突不再产生为止。这种方法不易产生聚集，但增加了计算时间。

3. 链地址法

链地址法的基本思想是：将所有哈希地址为i的元素构成一个同义词链的单链表，并将单链表的头指针存在哈希表的第i个单元中。链地址法适用于经常进行插入和删除的情况，其中的查找、插入和删除操作主要在同义词链中进行。

假设有如下一组关键字：

32,40,36,53,16,46,71,27,42,24,49,64

哈希表长度为13，哈希函数为：H(key)= key % 13，则用链地址法处理冲突的结果如图6-15所示。

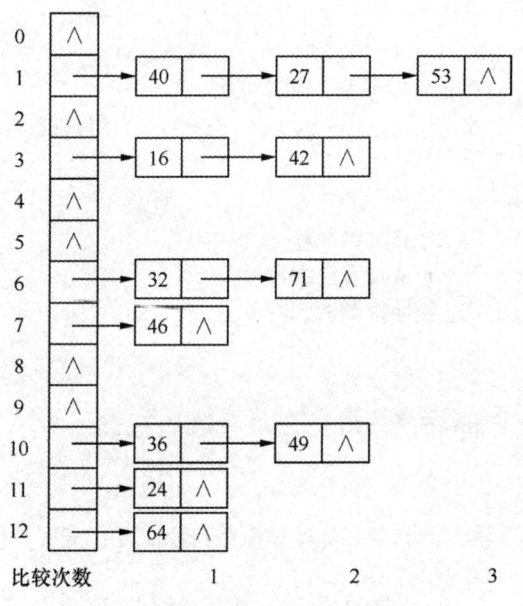

图 6-15　链地址法处理冲突时的哈希表

这组关键字的平均查找长度ASL=(1×7+2×4+3×1)/12=1.5。

4. 建立公共溢出区

建立公共溢出区的基本思想是将哈希表分为基本表和溢出表两部分，凡是和基本表发生冲突的元素，一律填入溢出表。

6.4.4 分析哈希法的性能

因为冲突的存在，哈希法仍然需要比较关键字，然后用平均查找长度来评价哈希法的查找性能。在哈希法中，影响关键字比较次数的因素有3个，分别是哈希函数、处理冲突的方法和哈希表的装填因子。哈希表的装填因子α为：

$$\alpha = 哈希表中元素个数/哈希表的长度$$

α用于描述哈希表的装满程度。如果α越小，发生冲突的可能性就越小；如果α越大，发生冲突的可能性就越大。假设哈希函数是均匀的，则只有两个影响平均查找长度的因素，分别是处理冲突的方法和装填因子α。

下面将通过创建哈希法查找程序的方法来说明哈希法的具体算法。

实例6-5	创建哈希法查找程序
源码路径	素材\daima\6\haxi.c

此演示文件名为haxi.c，具体代码如下所示。

```c
#include <stdio.h>
#define haxi_LEN 13
#define TABLE_LEN 8
int data[TABLE_LEN]={56,68,92,39,95,62,29,55};     //原始数据
int hash[haxi_LEN]={0};//哈希表，初始化为0
void Inserthaxi(int hash[],int m,int data)  //将关键字data插入哈希表hash中
{
    int i;
    i=data % 13;       //计算哈希地址
    while(hash[i])    //元素位置已被占用
        i=(++i) % m;  //线性探测法解决冲突
    hash[i]=data;
}
void Createhaxi(int hash[],int m,int data[],int n)
{
    int i;
    for(i=0;i<n;i++)  //循环将原始数据保存到哈希表中
        Inserthaxi(hash,m,data[i]);
}
int haxisou(int hash[],int m,int key)
{
    int i;
    i=key % 13;//计算哈希地址
    while(hash[i] && hash[i]!=key)  //判断是否冲突
        i=(++i) % m;  //线性探测法解决冲突
```

```c
        if(hash[i]==0)  //查找到开放单元,表示查找失败
            return -1;//返回失败值
        else//查找成功
            return i;//返回对应元素的下标
}
int main()
{
    int key,i,pos;
    Createhaxi(hash,haxi_LEN,data,TABLE_LEN);//调用函数创建哈希表
    printf("哈希表中各元素的值:");
    for(i=0;i<haxi_LEN;i++)
        printf("%ld ",hash[i]);
    printf("\n");
    printf("输入查找关键字:");
    scanf("%ld",&key);
    pos=haxisou(hash,haxi_LEN,key);  //调用函数在哈希表中查找
    if(pos>0)
        printf("查找成功,该关键字位于数组的第%d个位置。\n",pos);
    else
        printf("查找失败!\n");
    getch();
    return 0;
}
```

上述代码是使用C语言先创建了一个哈希查找程序,然后使用此查找程序查找出相应的关键字。执行结果如图6-16所示。

图6-16 创建并应用哈希查找程序的执行结果

6.5 索引查找

索引查找是指在索引表和主表(线性表的索引存储结构)上进行的查找。下面将简要介绍索引查找算法的基础知识,为学习后面的知识打下基础。

6.5.1 索引查找的过程

索引查找的过程如下:

步骤01 根据指定的索引值K_1,在索引表中查找索引值等于K_1的索引项,以确定在主

表中对应的开始位置和长度。

步骤02 根据给定的关键字K_2，在对应的子表中查找出关键字等于K_2的元素（节点）。

步骤03 在查找索引表或子表时，如果表是顺序存储的有序表，则既可以进行顺序查找，也可以进行二分查找；否则只能进行顺序查找。

由以上流程可知，索引查找分如下两步进行。

步骤01 将外存上含有索引区的页块送入内存，查找所需记录的物理地址。

步骤02 将含有该记录的页块送入内存。

当索引表不大时，可以一次读入内存。在索引文件中检索时只需两次访问外存，一次实现读索引，另一次实现读记录。另外，因为索引表是有序的，所以可以用顺序查找或二分查找等方法来查找索引表。

6.5.2 实践演练——索引查找法查找指定的关键字

下面将通过一个实例的实现过程，详细讲解使用索引查找法查找出指定关键字的方法。

实例6-6	使用索引查找法查找出指定的关键字
源码路径	素材\daima\6\suo.c

实例文件suo.c的功能是创建一个索引查找程序，然后使用查找程序在数据结构中查找出相应的关键字。文件suo.c的具体代码如下所示。

```c
#include <stdio.h>
#define INDEXTABLE_LEN 3
#define TABLE_LEN 30
typedef struct item
{
    int index;      //索引值
    int start;      //开始位置
    int length;     //子表长度
}SUOJIE;
                    //定义主表数据
long zhu[TABLE_LEN]={
    1080101,1080102,1080103,1080104,1080105,1080106,0,0,0,0,
    1080201,1080202,1080203,1080204,0,0,0,0,0,0,
    1080301,1080302,1080303,1080304,0,0,0,0,0,0};
//定义索引表
SUOJIE indextable[INDEXTABLE_LEN]={
    {10801,0,6},
    {10802,10,4},
```

```c
                        {10803,20,4}};
int IndexSearch(int key)                       //按索引查找
{
    int i,index1,start,length;
    index1=key/100;                             //计算索引值
    for(i=0;i<INDEXTABLE_LEN;i++)               //在索引表中查找索引值
    {
        if(indextable[i].index==index1)         //找到索引值
        {
            start=indextable[i].start;          //获取数组开始序号
            length=indextable[i].length;        //获取元素长度
            break;                              //跳出循环
        }
    }
    if(i>=INDEXTABLE_LEN)
        return -1;                              //索引表中查找失败
    for(i=start;i<start+length;i++)
    {
        if(zhu[i]==key)                         //找到关键字
            return i;                           //返回序号
    }
    return -1;                                  //查找失败，返回-1
}
int main()
{
    long key;
    int i,pos;
    printf("原数据:");
    for(i=0;i<TABLE_LEN;i++)
        printf("%ld ",zhu[i]);
    printf("\n");
    printf("输入查找关键字:");
    scanf("%ld",&key);
    pos=IndexSearch(key);
    if(pos>0)
        printf("查找成功,该关键字位于数组的第%d个位置。\n",pos);
    else
        printf("查找失败!\n");
    getch();
    return 0;
}
```

执行后会创建一个索引查找程序，然后使用查找程序在数据结构中查找出相应的关键字。执行结果如图6-17所示。

图6-17 索引查找法查找指定关键字的执行结果

6.5.3 实践演练—实现索引查找并插入一个新关键字

为了展示索引查找的强大功能，接下来编写文件juyi.c，此文件的功能是创建一个索引查找程序，然后使用查找程序在数据结构中查找出相应的关键字，并向表中插入一个新的元素。

实例6-7	实现索引查找并插入一个新关键字
源码路径	素材\daima\6\juyi.c

文件juyi.c的具体实现代码如下所示。

```c
#include <stdio.h>
#define INDEXTABLE_LEN 3
#define TABLE_LEN 30
typedef struct item
{
    int index;      //索引值
    int start;      //开始位置
    int length;     //子表长度
}suoyin;
                    //定义主表数据
long zhu[TABLE_LEN]={
    1080101,1080102,1080103,1080104,1080105,1080106,0,0,0,0,
    1080201,1080202,1080203,1080204,0,0,0,0,0,0,
    1080301,1080302,1080303,1080304,0,0,0,0,0,0};
                    //定义索引表
suoyin indextable[INDEXTABLE_LEN]={
    {10801,0,6},
    {10802,10,4},
    {10803,20,4}};
int IndexSearch(int key)  //按索引查找
{
    int i,index1,start,length;
```

```
    index1=key/100;//计算索引值
    for(i=0;i<INDEXTABLE_LEN;i++)        //在索引表中查找索引值
    {
        if(indextable[i].index==index1)      //找到索引值
        {
            start=indextable[i].start;       //获取数组开始序号
            length=indextable[i].length;     //获取元素长度
            break;                            //跳出循环
        }
    }
    if(i>=INDEXTABLE_LEN)
        return -1;                            //索引表中查找失败
    for(i=start;i<start+length;i++)
    {
        if(zhu[i]==key)                       //找到关键字
            return i;                         //返回序号
    }
    return -1;                                //查找失败，返回-1
}
int InsertNode(key)
{
    int i,index1,start,length;
    index1=key/100;                           //计算索引值
    for(i=0;i<INDEXTABLE_LEN;i++)             //在索引表中查找索引值
    {
        if(indextable[i].index==index1)       //找到索引值
        {
            start=indextable[i].start;        //获取数组开始序号
            length=indextable[i].length;      //获取元素长度
            break;                             //跳出循环
        }
    }
    for(i=0;i<INDEXTABLE_LEN;i++)             //在索引表中查找索引值
    {
        if(indextable[i].index==index1)       //找到索引值
        {
            start=indextable[i].start;        //获取数组开始序号
            length=indextable[i].length;      //获取元素长度
            break;                             //跳出循环
        }
    }
```

```c
    if(i>=INDEXTABLE_LEN)
        return -1;                //索引表中查找失败
    zhu[start+length]=key;   //保存关键字到主表
    indextable[i].length++;  //修改索引表中的子表长度
    return 0;
}

int main()
{
    long key;
    int i,pos;
    printf("原数据:");
    for(i=0;i<TABLE_LEN;i++)
        printf("%ld ",zhu[i]);
    printf("\n");
    printf("输入查找关键字:");
    scanf("%ld",&key);
    pos=IndexSearch(key);
    if(pos>0)
        printf("查找成功,该关键字位于数组的第%d个位置。\n",pos);
    else
        printf("查找失败!\n");
    printf("输入插入关键字:");
    scanf("%ld",&key);
    if(InsertNode(key)==-1)
        printf("插入数据失败!\n");
    else
    {
        for(i=0;i<TABLE_LEN;i++)
            printf("%ld ",zhu[i]);
        printf("\n");
    }
    getch();
    return 0;
}
```

程序执行的结果如图6-18所示。

图6-18 索引查找并插入一个新关键字的执行结果

思考与练习

1. 线性表的查找法有几种，分别是哪几种？
2. 什么是二叉排序树？试举一个二叉排序树的例子。
3. 哈希法的基本思想是什么？哈希法中如何处理冲突？
4. 索引查找的过程是怎样的？
5. 给出序列{7,15,36,41,95,102,359,760}，编写程序，用折半查找法查找元素102。

第7章 内部排序算法

通过排序（sorting）可以重新排列一个数据元素集合或序列，其目的是将无序序列按数据元素某一项的值调整为有序序列。排序是计算机程序设计中的一种重要操作，作为排序依据的数据项被称为"排序码"，即数据元素的关键码。本章将详细讲解内部排序的基础知识，并通过具体实例来讲解其实现过程。

7.1 排序基础

排序实际上也是一种选择的过程，即排序过程也是选择一个元素是放在靠前位置还是靠后位置的过程。排序是计算机内经常进行的一种操作，其目的是将一组无序的记录序列调整为有序的记录序列，可分为内部排序和外部排序。若整个排序过程不需要访问外存便能完成，则称此类排序为内部排序。反之，若参加排序的记录数量很大，整个序列的排序过程不可能在内存中完成，则称此类排序为外部排序。内部排序的过程是一个逐步扩大记录的有序序列长度的过程。

7.1.1 排序的目的和过程

为了便于查找，人们希望计算机中的数据表是按关键码进行有序排列的，例如，使用有序表的折半查找会提高查找效率。另外，二叉排序树、B-树和B+树的构造过程也都是一个排序过程。如果关键码是主关键码，则对于任意待排序序列，排序后会得到唯一的结果。如果关键码是次关键码，则排序结果可能会不唯一。造成不唯一的原因是存在具有相同关键码的数据元素，这些元素在排序结果中，它们之间的位置关系与排序前不能保持一致。

如果使用某个排序方法对任意的数据元素进行排序，例如对它按关键码进行排序，如果相同关键码元素间的位置关系在排序前与排序后保持一致，则称这种排序方法是稳定的；如果不能保持一致，则称这种排序方法是不稳定的。

先看排序的过程：如果有n个记录的序列$\{R_1,R_2,...,R_n\}$，其相应关键字的序列是$\{K_1,K_2,...,K_n\}$，相应的下标序列为$1,2,\cdots,n$。通过排序，要求找出当前下标序列$1,2,\cdots,n$的一种排列$p1,p2,...,pn$，使得相应关键字满足如下的非递减（或非递增）关系，即$K_{p1} \leq K_{p2} \leq \cdots \leq K_{pn}$，这样就得到一个按关键字排列的"有序"记录序列：$\{R_{p1},R_{p2},\cdots,R_{pn}\}$。

7.1.2 内部排序与外部排序

根据排序时数据所占用存储器的不同,可将排序分为如下两类。

(1) 内部排序:整个排序过程完全在内存中进行。

(2) 外部排序:因为待排序记录数据量太大,内存无法容纳全部数据,需要借助外部存储设备才能完成排序工作。

7.2 插入排序法

插入排序建立在一个已排好序的记录子集基础上,其基本思想是:每一步将下一个待排序的记录插入到已排好序的记录子集中,直到将所有待排记录全部插入完毕为止。例如打扑克牌时的抓牌过程就是一个典型的插入排序,每抓一张牌,都需要将这张牌插入到合适位置,一直到抓完牌为止,从而得到一个有序序列。

7.2.1 直接插入排序

直接插入排序是一种最基本的插入排序方法,能够将第i个记录插入到前面$i-1$个已排好序的记录中,具体插入过程如下所示。

将第i个记录的关键字K_i顺序与其前面记录的关键字$K_{i-1}, K_{i-2}, \cdots, K_1$进行比较,将所有关键字大于$K_i$的记录依次向后移动一个位置,直到遇见关键字小于或者等于K_i的记录K_j。此时K_j后面必为空位置,将第i个记录插入此空位置即可。完整的直接插入排序是从$i=2$开始,也就是说,将第1个记录作为已排好序的单元素子集合,然后将第2个记录插入单元素子集合中。将i从2循环到n,即可实现完整的直接插入排序。图7-1给出了一个完整的直接插入排序实例。图中大括号内为当前已排好序的记录子集合。

```
A: {48} 62  35  77  55  14  35  98
B: {48  62} 35  77  55  14  35  98
C: {35  48  62} 77  55  14  35  98
D: {35  48  62  77} 55  14  35  98
E: {35  48  55  62  77} 14  35  98
F: {14  35  48  55  62  77} 35  98
G: {14  35  35  48  55  62  77} 98
H: {14  35  35  48  55  62  77  98}
```

图 7-1 直接插入排序示例

假设待排序记录保存在数组r中,需要设置一个监视哨r[0],使得r[0]始终保存待插入的记录,其目的是能够提高效率。此处设置监视哨有如下两个作用。

(1) 备份待插入的记录,以便前面关键字较大的记录后移。

(2) 防止越界,这一点与顺序查找法中监视哨的作用相同。

7.2.2 实践演练—使用直接插入排序算法对数据进行排序

下面将通过一个实例的实现过程,详细讲解直接插入排序算法的具体实现方法。

实例7-1	使用直接插入排序算法对数据进行排序
源码路径	素材\daima\7\Create.c和InserSort.c

步骤 01 实例文件Create.c是用C语言编写的实现直接插入排序算法代码,具体代码如下所示。

```c
#include <stdlib.h>
int Create(int arr[],int n,int min,int max)
//创建一个随机数组arr[]保存生成的数据,n为数组元素的数量
{
    int i,j,flag;
    srand(time(NULL));
    if((max-min+1)<n) return 0;
//最大数与最小数之差小于产生数组的数量,生成数据不成功
    for(i=0;i<n;i++)
    {
        do
        {
            arr[i]=(max-min+1)*rand()/(RAND_MAX+1)+min;
            flag=0;
            for(j=0;j<i;j++)
            {
                if(arr[i]==arr[j])
                    flag=1;
            }
        }while(flag);
    }
    return 1;
}
```

步骤 02 上面的实例文件Create.c实现了一个直接插入排序算法,为了验证上述算法的功能,接下来编写文件InserSort.c来调用实例7-1中的插入排序算法函数,从而实现对随机数组的排序处理。文件InserSort.c的具体实现代码如下所示。

```c
#include <stdio.h>
#include "Create.c"              //生成随机数的函数
#define ARRAYLEN 10              //需要排序的数据元素数量
void InserSort(int a[],int n)    //直接插入排序
```

```c
{
    int i,j,t;
    for(i=1;i<n;i++)
    {
        t=a[i];                                    //取出一个未排序的数据
        for(j=i-1;j>=0 && t<a[j];--j)              //在排序序列中查找位置
            a[j+1]=a[j];                           //向后移动数据
        a[j+1]=t;                                  //插入数据到序列
    }
}
int main()
{
    int i,a[ARRAYLEN];                             //定义数组
    for(i=0;i<ARRAYLEN;i++)                        //清空数组
        a[i]=0;
    if(!Create(a,ARRAYLEN,1,100))                  //判断生成随机数是否成功
    {
        printf("生成随机数不成功!\n");
        getch();
        return 1;
    }
    printf("原数据:");                              //输出生成的随机数
    for(i=0;i<ARRAYLEN;i++)
        printf("%d ",a[i]);
    printf("\n");
    InserSort(a,ARRAYLEN);                         //调用插入排序函数
    printf("排序后:");
    for(i=0;i<ARRAYLEN;i++)                        //输出排序后的结果
        printf("%d ",a[i]);
    printf("\n");
    getch();
    return 0;
}
```

执行结果如图7-2所示。

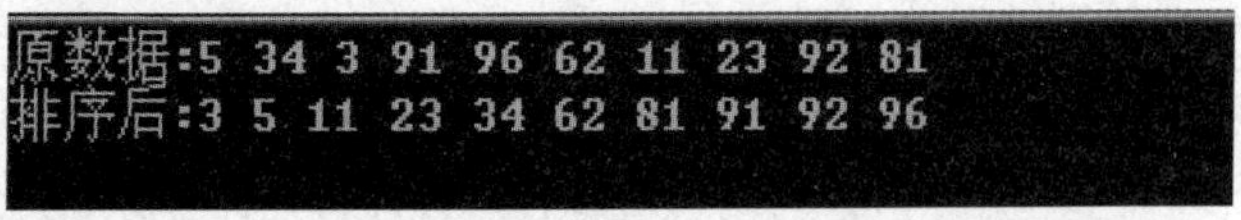

```
原数据:5 34 3 91 96 62 11 23 92 81
排序后:3 5 11 23 34 62 81 91 92 96
```

图7-2 用直接插入排序法对数据进行排序的执行结果

7.2.3 折半插入排序

因为对有序表进行折半查找的性能要优于顺序查找,所以可以将折半查找法用在有序记录r[1…i-1]中来确定应该插入的位置,这种排序法被称为折半插入排序算法。使用折半插入排序法的好处是减少了关键字的比较次数。在插入每一个元素的时候,需要比较的最大次数是折半判定树的深度。假如正在插入第i个元素,则需进行$\log_2 i$次比较,所以插入$n-1$个元素的平均关键字比较次数为$O(n\log_2 n)$。

与直接插入排序法相比,虽然折半插入排序法改善了算法中比较次数的数量级大的问题,但是仍然没有改变移动元素的时间耗费,所以折半插入排序的总的时间复杂度仍然是$O(n^2)$。

7.2.4 表插入排序

表插入排序是指使用链表存储结构实现插入排序,这种排序的基本思想是:先在待插入记录之前的有序子链表中查找应插入位置,然后将待插入记录插入到链表。因为链表的插入操作只修改指针域,而不移动记录,所以使用表插入排序能够提高排序效率。在具体算法实现上,可以采用静态链表作为存储结构,其类型说明如下:

```c
typedef int KeyType;
typedef struct {
    KeyType key;
    OtherType other_data;
    int   next;
} RecordType1;
```

假设r[]是用RecordType1类型数组表示的静态链表,可以用r[0]作为表头节点,这样做是为了便于插入;然后再构成循环链表,即r[0].next指向静态循环链表的第1个节点。使用C语言实现表插入排序算法的代码如下所示。

```c
void  SLinkListSort(RecordType1 r[],int length)
{
  int n=length;
  r[0].next=n;   r[n].next=0;

  for ( i=n-1 ; i>=1; --i)
  {   p= r[0].next; q=0;
    while(p>0 && r[p].key< r[i].key)   /* 寻找插入位置 */
    {          q=p; p= r[p].next; }
    r[q].next=i; r[i].next=p;          /* 修改指针,完成插入 */
  }
} /*  SLinkListSort  */
```

从上述算法的实现代码可以看出，在插入每一条记录时，最大的比较次数等于已排好序的记录个数，即当前循环链表长度为n时，总的比较次数为 $\sum_{i=1}^{n-1} i = \frac{n(n-1)}{2} \approx \frac{n^2}{2}$，表插入排序的时间复杂度为$T(n)=O(n^2)$。表插入排序中移动记录的次数为零，但移动记录时间耗费的减少是以增加n个next域为代价的。

7.2.5 希尔排序

希尔排序（Shell排序）又称为缩小增量排序法，是一种基于插入思想的排序方法。希尔排序利用了直接插入排序的最佳性质，首先将待排序的关键字序列分成若干个较小的子序列，然后对子序列进行直接插入排序操作。经过上述粗略调整，整个序列中的记录已经基本有序，最后再对全部记录进行一次直接插入排序。在时间耗费上，与直接插入排序相比，希尔排序极大地改进了排序性能。

在进行直接插入排序时，如果待排序记录序列已经有序，直接插入排序的时间复杂度可以提高到$O(n)$。因为希尔排序对直接插入排序进行了改进，所以会大大提高排序的效率。

希尔排序在具体实现时，首先选定两个记录间的距离d_1，在整个待排序记录序列中将所有间隔为d_1的记录分成一组，然后在组内进行直接插入排序。接下来取两个记录间的距离$d_2<d_1$，在整个待排序记录序列中，将所有间隔为d_2的记录分成一组，进行组内直接插入排序，一直到选定两个记录间的距离$d_i=1$为止。此时只有一个子序列，即整个待排序记录序列。图7-3给出了一个希尔排序的具体实现过程。

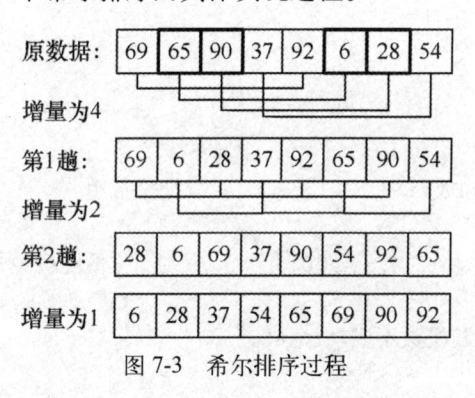

图 7-3 希尔排序过程

7.2.6 实践演练—使用希尔排序算法对数据进行排序

下面将通过一个实例的实现过程，详细讲解使用希尔排序算法对数据进行排序处理的具体方法。

实例7-2	使用希尔排序算法对数据进行排序
源码路径	素材\daima\7\xier.c

实例文件xier.c是使用C语言编写的希尔排序算法的实现代码。具体代码如下所示。

```c
#include <stdio.h>
#include "Create.c"    //生成随机数的函数
#define ARRAYLEN 10    //需要排序的数据元素数量
void xier(int a[],int n)//希尔排序
{
    int d,i,j,x;
    d=n/2;
    while(d>=1)                        //循环至增量为1时结束
    {
        for(i=d;i<n;i++)
        {
            x=a[i];                    //获取序列中的下一个数据
            j=i-d;                     //序列中前一个数据的序号
            while(j>=0 && a[j]>x)      //下一个数大于前一个数
            {
                a[j+d]=a[j];           //将后一个数向前移动
                j=j-d;                 //修改序号，继续向前比较
            }
            a[j+d]=x;                  //保存数据
        }
        d/=2;                          //缩小增量
    }
}
int main()
{
    int i,a[ARRAYLEN];                 //定义数组
    for(i=0;i<ARRAYLEN;i++)            //清空数组
        a[i]=0;
    if(!Create(a,ARRAYLEN,1,100))      //判断生成随机数是否成功
    {
        printf("生成随机数不成功!\n");
        getch();
        return 1;
    }
    printf("原数据:");                 //输出生成的随机数
    for(i=0;i<ARRAYLEN;i++)
        printf("%d ",a[i]);
    printf("\n");
    xier(a,ARRAYLEN);                  //调用希尔排序函数
    printf("排序后:");
```

```
    for(i=0;i<ARRAYLEN;i++)          //输出排序后的结果
        printf("%d ",a[i]);
    printf("\n");
    getch();
    return 0;
}
```

执行结果如图7-4所示。

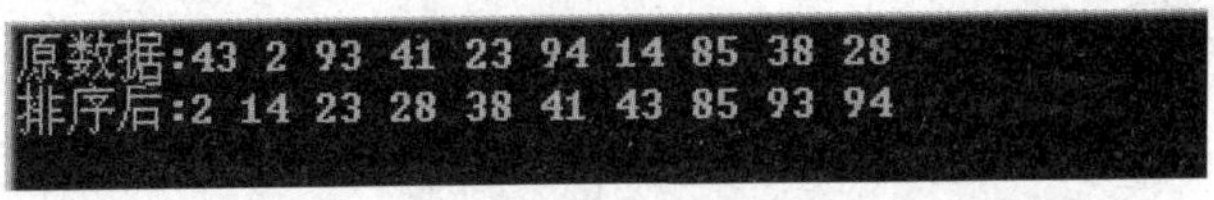

```
原数据:43 2 93 41 23 94 14 85 38 28
排序后:2 14 23 28 38 41 43 85 93 94
```

图 7-4　使用希尔排序算法对数据进行排序的执行结果

7.2.7　实践演练—使用希尔排序处理数组

下面将通过一个实例的实现过程，详细讲解使用希尔排序处理数组的具体方法。

实例7-3	使用希尔排序处理数组
源码路径	素材\daima\7\xier1.c

实例文件xier1.c的具体实现代码如下所示。

```c
#include <stdio.h>
#define max 100//数组大小
void shellsort(int* a,int n) {
 int delta,i,j;
 for(delta=n/2;delta>0;delta /= 2) {
    for(i=delta;i<n;i++) {
        int temp = a[i];
        for(j=i-delta;j>=0;j -= delta) {
            if(temp<a[j]) {
                a[j+delta] = a[j];
            }
            else {
                break;
            }
        }
        a[j+delta] = temp;
    }
 }
}
```

```
/////////////////////////////////
//输出排序之后的数据序列
/////////////////////////////////
void print(int* a,int n) {
  int i;
  for(i=0;i<n;i++) {
    printf("%d ",a[i]);
  }
  printf("\n");
}

/////////////////////////////////
//主函数
/////////////////////////////////
int main() {
  int a[max];
  int n;//输入的数据个数
  scanf("%d",&n);
  int i;
  for(i=0;i<n;i++)
    scanf("%d",&a[i]);
  shellsort(a,n);
  print(a,n);
  return 0;
}
```

7.3 交换类排序法

顾名思义，交换类排序法是一种基于交换的排序法，能够通过交换逆序元素进行排序。本节将详细介绍使用交换思想实现的冒泡排序的方法，并在此基础上给出了交换排序的改进方法——快速排序法的实现过程。

7.3.1 冒泡排序（相邻比序法）

冒泡排序是一种简单的交换类排序方法，能够将相邻的数据元素进行交换，从而逐步将待排序序列变成有序序列。冒泡排序的基本思想是：从头扫描待排序记录序列，在扫描的过程中顺次比较相邻的两个元素的大小。下面以升序为例介绍排序过程。

第7章 内部排序算法

步骤 01 在第1趟排序中，对n个记录进行如下操作。

（1）对相邻的两个记录的关键字进行比较，如果逆序就交换位置。

（2）在扫描的过程中，不断向后移动相邻两个记录中关键字较大的记录。

（3）将待排序记录序列中的最大关键字记录交换到待排序记录序列的末尾，这也是最大关键字记录应在的位置。

步骤 02 然后进行第2趟冒泡排序，对前n-1个记录进行同样的操作，其结果是使次大的记录被放在第n-1个记录的位置上。

步骤 03 继续进行排序工作，在后面几趟的升序处理也反复遵循了上述过程，直到排好顺序为止。如果在某一趟冒泡过程中没有发现一个逆序，就可以马上结束冒泡排序。整个冒泡过程最多可以进行n-1趟，图7-5演示了一个完整冒泡排序过程。

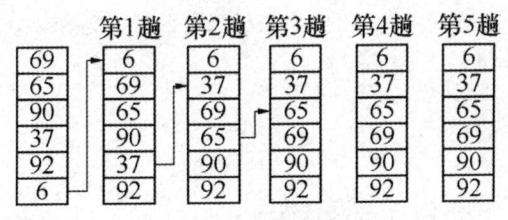

图 7-5　冒泡排序过程

下面将通过一个实例的实现过程，详细讲解用冒泡排序算法实现对数据排序的具体方法。

实例7-4	用冒泡排序算法实现对数据的排序
源码路径	素材\daima\7\mao.c

实例文件mao.c是用C语言编写的冒泡排序算法的实现代码。文件mao.c的具体代码如下所示。

```c
#include <stdio.h>
#include "Create.c"
#define ARRAYLEN 6
void mao(int a[],int n)
{
    int i,j,t;
    for(i=0;i<n-1;i++)
    {
        for(j=n-1;j>i;j--)
        {
            if(a[j-1]>a[j])
            {
                t=a[j-1];
```

```c
                a[j-1]=a[j];
                a[j]=t;
            }
        }
        printf("第%2d遍:",i+1);
        for(j=0;j<n;j++)
            printf("%d ",a[j]);
        printf("\n");
    }
}
void mao1(int a[],int n)
{
    int i,j,t,flag=0;          //flag用来标记是否发生交换
    for(i=0;i<n-1;i++)
    {
        for(j=n-1;j>i;j--)
        {
            if(a[j-1]>a[j])//交换数据
            {
                t=a[j-1];
                a[j-1]=a[j];
                a[j]=t;
                flag=1;
            }
        }
        printf("第%2d遍:",i+1);
        for(j=0;j<n;j++)
            printf("%d ",a[j]);
        printf("\n");
        if(flag==0)           //没发生交换,直接跳出循环
            break;
        else
            flag=0;
    }
}
int main()
{
    int i,a[ARRAYLEN];
    for(i=0;i<ARRAYLEN;i++)
        a[i]=0;
    if(!Create(a,ARRAYLEN,1,100))
    {
```

```
        printf("生成随机数不成功!\n");
        getch();
        return 1;
    }
    printf("原数据:");
    for(i=0;i<ARRAYLEN;i++)
        printf("%d ",a[i]);
    printf("\n");
    mao1(a,ARRAYLEN);
    printf("排序后:");
    for(i=0;i<ARRAYLEN;i++)
        printf("%d ",a[i]);
    printf("\n");
    getch();
    return 0;
}
```

在上述代码中，函数mao1(int a[],int n)有2个参数，其中a[]是一个数组，表示需要传入排序的数组；n表示数组中元素的数量，并通过循环对数组实现n-1遍扫描。执行结果如图7-6所示。

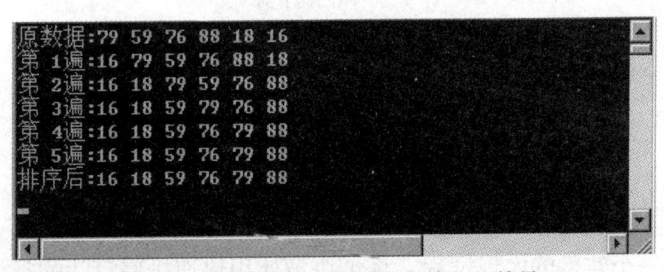

图7-6　用冒泡排序算法排序的执行结果

7.3.2　快速排序

在冒泡排序中，扫描过程中只比较相邻的两个元素，所以在互换两个相邻元素时只能消除一个逆序。其实也可以对两个不相邻的元素进行交换，这样做的好处是消除待排序记录中的多个逆序，会加快排序的速度。由此可见，快速排序方法就是通过一次交换消除多个逆序的过程。

快速排序的基本思想如下所示。

步骤01 从待排序记录序列中选取一个记录，通常选取第1个记录，将其关键字设为K_1。

步骤02 将关键字小于K_1的记录移到前面，将关键字大于K_1的记录移到后面，结果会将待排序记录序列分成两个子表。

步骤03 将关键字为K_1的记录插到其分界线的位置。

通常将上述排序过程称作一趟快速排序，通过一次划分之后，会以关键字K_1这个记录作为分界线，将待排序序列分成了两个子表，前面子表中所有记录的关键字都不能大于K_1，后面子表中所有记录的关键字都不能小于K_1。可以对分割后的子表继续按上述原则进行分割，直到所有子表的表长不超过1为止，此时待排序记录序列就变成了一个有序表。

快速排序算法基于分治策略，可以把待排序数据序列分为两个子序列，具体步骤如下所示。

步骤01 从数列中挑出一个元素，将该元素称为"基准"。

步骤02 扫描一遍数列，将所有比"基准"小的元素排在基准前面，所有比"基准"大的元素排在基准后面。

步骤03 使用递归将各子序列划分为更小的序列，直到把小于基准值元素的子数列和大于基准值元素的子数列都排好序。

例如，有一个数组 {69,65,90,37,92,6,28,54} ，其排序过程如图7-7所示。

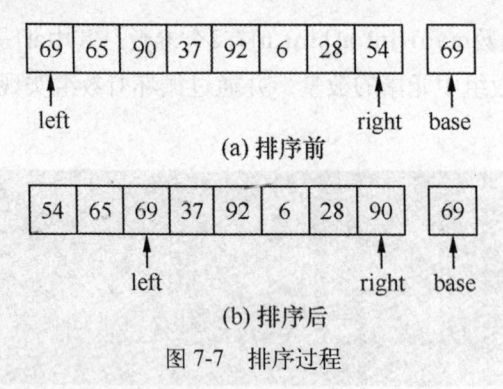

69	65	90	37	92	6	28	54		69
↑left							↑right		base

(a) 排序前

54	65	69	37	92	6	28	90		69
		↑left					↑right		base

(b) 排序后

图 7-7 排序过程

下面将通过一个实例的实现过程，详细讲解使用快速排序算法的具体方法。

实例7-5	演示快速排序算法的用法
源码路径	素材\daima\7\kuaisu.c

编写文件kuaisu.c来演示快速排序算法的创建和使用方法，具体实现代码如下所示。

```c
#include <stdio.h>
#include "Create.c"
#define ARRAYLEN 10
int Division(int a[],int left, int right) //分割
{
    int base=a[left];      //基准元素
    while(left<right)
    {
```

```c
        while(left<right && a[right]>base)
            --right;        //从右向左找第1个比基准小的元素
        a[left]=a[right];
        while(left<right && a[left]<base )
            ++left;         //从左向右找第1个比基准大的元素
        a[right]=a[left];
    }
    a[left]=base;
    return left;
}
void kuai(int a[],int left,int right)
{
    int i,j;
    if(left<right)
    {
        i=Division(a,left,right);      //分割
        kuai(a,left,i-1);              //将两部分分别排序
        kuai(a,i+1,right);
    }
}
int main()
{
    int i,a[ARRAYLEN];
    for(i=0;i<ARRAYLEN;i++)
        a[i]=0;
    if(!Create(a,ARRAYLEN,1,100))
    {
        printf("生成随机数不成功!\n");
        getch();
        return 1;
    }
    printf("原数据:");
    for(i=0;i<ARRAYLEN;i++)
        printf("%d ",a[i]);
    printf("\n");
    kuai(a,0,ARRAYLEN-1);
    printf("排序后:");
    for(i=0;i<ARRAYLEN;i++)
        printf("%d ",a[i]);
    printf("\n");
    getch();
    return 0;
}
```

在上述代码中,函数Division()有3个参数,其中,a表示要处理的数组,left和right分别表示要分隔数组的左右序号。执行结果如图7-8所示。

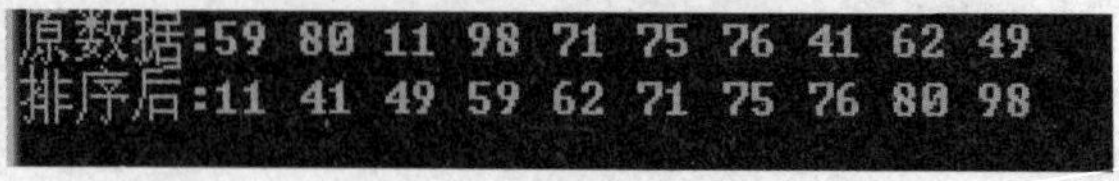

```
原数据:59 80 11 98 71 75 76 41 62 49
排序后:11 41 49 59 62 71 75 76 80 98
```

图 7-8 执行结果

7.4 选择类排序法

在排序时可以有选择地进行,但是不能随便选择,只能选择关键字最小的数据。在选择排序法中,每一趟从待排序的记录中选出关键字最小的记录,顺序放在已排好序的子文件的最后,直到全部记录排序完为止。常用的选择排序方法有3种,分别是直接选择排序、树形选择排序和堆排序。

7.4.1 直接选择排序

直接选择排序又称为简单选择排序,第i趟简单选择排序是指通过$n-i$次关键字的比较,从$n-i+1$个记录中选出关键字最小的记录,并与第i个记录进行交换。这样共需进行$i-1$趟比较,直到排序完成所有记录为止。例如,当进行第i趟选择时,从当前候选记录中选出关键字最小的k号记录,并与第i个记录进行交换。

对拥有n个记录的文件进行直接选择排序,经过$n-1$趟直接选择排序可以得到一个有序的结果。具体排序过程如下所示。

步骤 01 在初始状态,无序区为$R[1…n]$,有序区为空。

步骤 02 实现第1趟排序。在无序区$R[1…n]$中选出关键字最小的记录$R[k]$,将它与无序区的第1个记录$R[1]$交换,使$R[1…n]$和$R[2…n]$分别变为记录个数增加1个的新有序区和记录个数减少1个的新无序区。

步骤 03 实现第i趟排序。

在开始第i趟排序时,当前有序区和无序区分别是$R[1…i-1]$和$R[i…n](1≤i≤n-1)$。该趟排序会从当前无序区中选出关键字最小的记录$R[k]$,将它与无序区的第1个记录$R[i]$进行交换,使$R[1…i]$和$R[i+1…n]$分别变为记录个数增加1个的新有序区和记录个数减少1个的新无序区。

这样,n个记录文件经过$n-1$趟直接选择排序后,会得到有序结果。

7.4.2 树形选择排序

在简单选择排序中,首先从n个记录中选择关键字最小的记录需进行$n-1$次比较,在$n-1$个记录中选择关键字最小的记录需进行$n-2$次比较……每次都没有利用上次比较的结果,所以比较操作的时间复杂度为$O(n^2)$。如果想降低比较的次数,需要保存比较过程中的大小关系。

树形选择排序也称为锦标赛排序,其基本步骤如下:

步骤 01 两两比较待排序的n个记录的关键字,并取出较小者。

步骤 02 在n/2个较小者中,采用同样的方法比较选出每两个中的较小者。

如此反复上述过程,直至选出最小关键字记录为止。可以用一棵有n个叶节点的树来表示,选出的最小关键字记录就是这棵树的根节点。当输出最小关键字之后,为了选出次小关键字,可以设置根节点(即最小关键字记录所对应的叶节点)的关键字值为∞,然后再进行上述的过程,直到所有的记录全部输出为止。

例如,存在如下数据 {49,38,65,97,76,13,27,49},如果想从上述8个数据中选出最小数据,具体实现过程如图7-9所示。

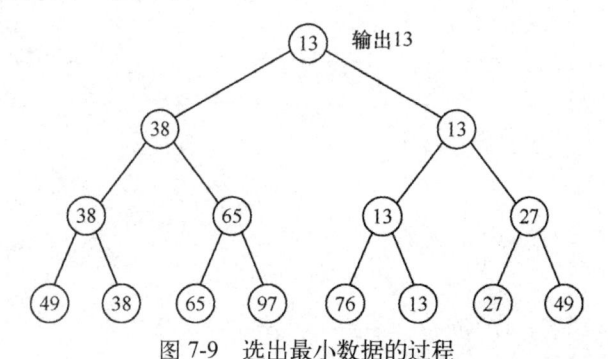

图 7-9 选出最小数据的过程

在树形选择排序中,被选中的关键字都是走了一条由叶节点到根节点的比较过程,因为含有n个叶节点的完全二叉树的深度为$[\log_2 n]+1$,所以在树形选择排序中,每当选择一个关键字都需要进行$\log_2 n$次比较,其时间复杂度为$O(\log_2 n)$。因为移动记录次数不超过比较次数,所以总的算法时间复杂度为$O(n\log_2 n)$。与简单选择排序相比,树形选择排序降低了比较次数的数量级,增加了n-1个存放中间比较结果的额外存储空间,并同时附加了与∞进行比较的时间耗费。为了弥补上述缺陷,威廉姆斯在1964年提出了进一步的改进方法,即另外一种形式的选择排序方法——堆排序。

下面将通过一个实例的实现过程,详细讲解用直接选择排序算法实现对数据的排序方法。

实例7-6	用直接选择排序算法实现对数据的排序
源码路径	素材\daima\7\zhijie.c

实例文件zhijie.c是用C语言编写的直接选择排序算法代码,例如,对数组中的数据{3,2,5,8,4,7,6}进行排序。文件zhijie.c的具体实现代码如下所示。

```
#include <stdio.h>
```

```
#include <stdlib.h>
void SelectedSort(int a[],int n)
{
   int i,j,kmin,t;
   for(i=0;i<n-1;i++)
   {
      kmin=i;
      for(j=i+1;j<n;j++)
      {
          if(a[j]<a[kmin])
             kmin=j;
      }
      if(i-kmin){
         t=a[i];
         a[i]=a[kmin];
         a[kmin]=t;
      }
   }
}
 int main(void)
 {
   int a[7]={3,2,5,8,4,7,6};
   SelectedSort(a,7);
   int i;
   for(i=0;i<7;i++){
      printf("%5d",a[i]);
   }
   return 0;
 }
```

执行结果如图7-10所示。

图 7-10 用直接选择排序算法对数据排序的执行结果

7.4.3 堆排序

堆排序是指在排序过程中，将向量中存储的数据看成一棵完全二叉树，利用完全二叉树中双亲节点和孩子节点之间的内在关系，来选择关键字最小记录的过程。待排序记录仍采用向量数组方式存储，并非采用树的存储结构，而仅仅是采用完全二叉树的顺序结构的特征进行分析而已。堆排序是对树形选择排序的改进。当采用堆排序时，需要一个能够记录大小的辅助空间。

堆排序的具体做法是：将待排序记录的关键字存放在数组r[1…n]之中，将r用一棵完全二叉树的顺序来表示。每个节点表示一个记录，第1个记录r[1]作为二叉树的根，后面的各个记录r[2…n]依次逐层从左到右顺序排列，任意节点r[i]的左孩子是r[2i]，右孩子是r[2i+1]，双亲是r[r/2]。调整这棵完全二叉树，使各节点的关键字值满足下列条件。

r[i].key≥r[2i].key并且r[i].key≥r[2i+1].key(i=1,2,…[n/2])

将满足上述条件的完全二叉树称为堆，将堆中根节点为最大关键字的堆称为大根堆。反之，如果此完全二叉树中任意节点的关键字小于或等于其左孩子和右孩子的关键字（当有左孩子或右孩子时），则对应的堆为小根堆。

假如存在如下两个关键字序列都满足上述条件：

(10,15,56,25,30,70)

(70,56,30,25,15,10)

上述两个关键字序列都是堆，(10,15,56,25,30,70) 对应的完全二叉树为小根堆，如图7-11（a）所示；(70,56,30,25,15,10) 对应的完全二叉树为大根堆，如图7-11（b）所示。

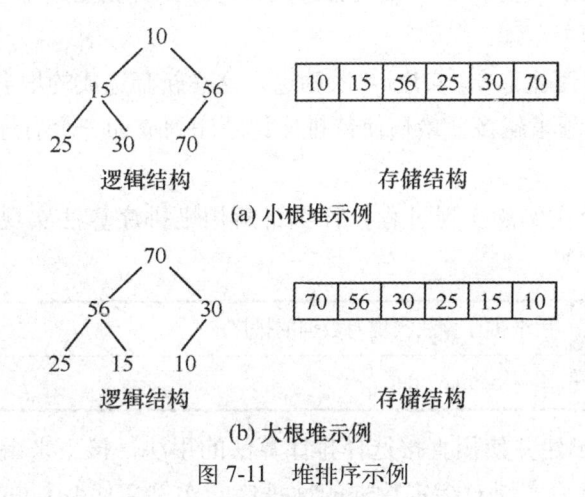

逻辑结构　　　　　存储结构

(a) 小根堆示例

逻辑结构　　　　　存储结构

(b) 大根堆示例

图 7-11　堆排序示例

堆排序的过程主要需要解决如下几个问题。

（1）如何重建堆？

（2）如何由一个任意序列建初堆？

（3）如何利用堆进行排序？

1. 重建堆

重建堆的过程非常简单，只需要如下两个移动步骤即可实现。

步骤01　移出完全二叉树根节点中的记录，该记录称为待调整记录，此时的根节点接近于空节点。

步骤02 从空节点的左子、右子中选出一个关键字较小的记录,如果该记录的关键字小于待调整记录的关键字,则将该记录上移至空节点中。此时,原来那个关键字较小的子节点相当于空节点。

重复上述移动步骤,直到空节点左子、右子的关键字均不小于待调整记录的关键字为止,此时将待调整记录放入空节点即可完成重建。通过上述调整方法,实际上是使待调整记录实现了逐步向下"筛"处理,所以上述过程一般被称为"筛选"法。

2. 用任意序列建初堆

可以将一个任意序列看作是对应的完全二叉树,因为可以将叶节点视为单元素的堆,所以可以反复利用"筛选"法,自底向上逐层把所有子树调整为堆,直到将整个完全二叉树调整为堆。可以确定最后一个非叶节点位于[$n/2$]个元素,n为二叉树节点数目。所以"筛选"必须从第[$n/2$]个元素开始,逐层向上倒退,直到根节点为止。

3. 堆排序

使用堆进行排序的具体步骤如下所示。

步骤01 将待排序记录按照堆的定义建立一个初堆,并输出堆顶元素。

步骤02 调整剩余的记录序列,使用筛选法将前$n-i$个元素重新筛选,以便建成为一个新堆,然后再输出堆顶元素。

步骤03 重复执行**步骤02**,实现$n-1$次筛选,这样新筛选成的堆会越来越小,而新堆后面的有序关键字会越来越多,最后使待排序记录序列成为一个有序的序列,这个过程称之为堆排序。

下面将通过一个实例的实现过程,详细讲解用堆排序算法实现对数据排序的具体方法。

实例7-7	用堆排序算法实现对数据的排序
源码路径	素材\daima\7\dui.c

实例7-1展示了创建并使用直接选择排序算法的用法,接下来编写文件dui.c来创建一个堆排序算法,然后实现对指定数据的堆排序。实例文件dui.c的具体实现代码如下所示。

```
#include <stdio.h>
#include "Create.c"
#define ARRAYLEN 10
void goudui(int a[],int s,int n)//构成堆
{
    int j,t;
    while(2*s+1<n)          //第s个节点有右子树
    {
```

```c
            j=2*s+1 ;
            if((j+1)<n)
            {
                if(a[j]<a[j+1])  //如果左子树小于右子树，则需要比较右子树
                    j++;          //序号增加1，指向右子树
            }
            if(a[s]<a[j])        //比较以s和j为序号的数据
            {
                t=a[s];           //交换数据
                a[s]=a[j];
                a[j]=t;
                s=j ;             //堆被破坏，需要重新调整
            }
            else                  //比较左右孩子，如果堆未被破坏，则不再需要调整
                break;
    }
}
void paidui(int a[],int n)//堆排序
{
    int t,i;
    int j;
    for(i=n/2-1;i>=0;i--)    //将a[0,n-1]建成大根堆
        goudui(a, i, n);
    for(i=n-1;i>0;i--)
    {
        t=a[0];///与第i个记录交换
        a[0] =a[i];
        a[i] =t;
        goudui(a,0,i);         //将a[0]至a[i]重新调整为堆
    }
}
int main()
{
    int i,a[ARRAYLEN];
    for(i=0;i<ARRAYLEN;i++)
        a[i]=0;
    if(!Create(a,ARRAYLEN,1,100))
    {
        printf("生成随机数失败！\n");
        getch();
        return 1;
```

```
}
printf("原数据:");
for(i=0;i<ARRAYLEN;i++)
    printf("%d ",a[i]);
printf("\n");
paidui(a,ARRAYLEN);
printf("排序后:");
for(i=0;i<ARRAYLEN;i++)
    printf("%d ",a[i]);
printf("\n");
getch();
return 0;
}
```

在上述代码中,函数goudui(int a[],int s,int n)有3个参数,其中参数a[]是一个数组,用于保存以线性方式保存的二叉树,参数s表示需要构成堆的根节点序号,参数n表示数组的长度。执行结果如图7-12所示。

```
原数据:88 85 14 27 51 33 53 79 37 17
排序后:14 17 27 33 37 51 53 79 85 88
```

图7-12 用堆排序算法对数据排序的执行结果

7.5 归并排序法

使用归并排序法可将两个或两个以上有序表合并成一个新的有序表。假设初始序列含有 k 个记录,首先将这 k 个记录看成 k 个有序的子序列,每个子序列的长度为1,然后两两进行归并,得到 $k/2$ 个长度为2(k 为奇数时,最后一个序列的长度为1)的有序子序列。最后在此基础上再进行两两归并,如此重复下去,直到得到一个长度为 k 的有序序列为止。上述排序方法称作二路归并排序法。

7.5.1 归并排序思想

归并排序就是利用归并过程,开始时先将 k 个数据看成 k 个长度为1的已排好序的表,将相邻的表成对合并,得到长度为2的($k/2$)个有序表,每个表含有2个数据;进一步再将相邻表成对合并,得到长度为4的($k/4$)个有序表……如此重复做下去,直到将所有数据均合并到一个长度为 k 的有序表为止,从而完成排序。图7-13显示了二路归并排序的过程。

初始值	[6]	[14]	[12]	[10]	[2]	[18]	[16]	[8]
第1趟归并	[6	14]	[10	12]	[2	18]	[8	16]
第2趟归并	[6	10	12	14]	[2	8	16	18]
第3趟归并	[2	6	8	10	12	14	16	18]

图 7-13 二路归并排序过程

在图7-14中,假设使用函数Merge()将两个有序表进行归并处理,假设将两个待归并的表分别保存在数组A和B中,将其中一个的数据安排在下标从 m 到 n 单元中,另一个安排在下标从(n+1)到 h 单元中,将归并后得到的有序表存入辅助数组C。归并过程是依次比较这两个有序表中相应的数据,按照"取小"原则复制到C中。

A | 2 | 6 | 8 | 10 |

B | 2 | 8 | 16 | 18 |

C | 2 | 6 | 8 | 10 | 12 | 14 | 16 | 18 |

图 7-14 两个有序表的归并图

函数Merge()的功能只是归并两个有序表,在进行二路归并的每一趟归并过程中,能够将多对相邻的表进行归并处理。接下来开始讨论一趟的归并,假设已经将数组r中的 n 个数据分成成对长度为 s 的有序表,要求将这些表两两归并,归并成一些长度为 $2s$ 的有序表,并把结果置入辅助数组r2中。如果 n 不是 $2s$ 的整数倍,虽然前面进行归并的表长度均为 s,但是最后还是能再剩下一对长度都是 s 的表。在这个时候,需要考虑如下两种情况。

(1) 剩下一个长度为 s 的表和一个长度小于 s 的表,由于上述的归并函数merge()并不要求待归并的两个表必须长度相同,因此仍可将二者归并,这样归并后的表的长度小于其他表的长度 $2s$。

(2) 只剩下一个表,它的长度小于或等于 s,由于没有另一个表与它归并,只能将它直接复制到数组r2中,准备参加下一趟的归并。

7.5.2 两路归并算法的思路

假设将两个有序的子文件(相当于输入堆)放在同一向量中的相邻位置上,位置是r[low⋯m]和r[m+1⋯high],可以先将它们合并到一个局部的暂存向量r1(相当于输出堆)中,当合并完成后将r1复制回r[low⋯high]中。

1. 合并过程

步骤01 预先设置3个指针i、j和p,其初始值分别指向这3个记录区的起始位置。

步骤02 在合并时依次比较r[i]和r[j]的关键字,将关键字较小的记录复制到r1[p]中,然后将被复制记录的指针i或j加1,指向复制位置的指针p也加1。

步骤03 重复上述过程,直到两个输入的子文件中有一个已全部复制完毕为止,此时将另一非空的子文件中剩余记录依次复制到r1中。

2. 动态申请r1

在两路归并过程中，r1是动态申请的，因为申请的空间会很大，所以需要判断加入申请空间是否成功。二路归并排序法的操作目的非常简单，只是将待排序列中相邻的两个有序子序列合并成一个有序序列。在合并过程中，两个有序的子表被遍历了一遍，表中的每一项均被复制了一次。因此，合并的代价与两个有序子表的长度之和成正比，该算法的时间复杂度为$O(n)$。

7.5.3 实现归并排序

实现归并排序的方法有两种，分别是自底向上和自顶向下，具体说明如下所示。

1. 自底向上的方法

（1）自底向上的基本思想。

自底向上的基本思想是：当第1趟归并排序时，将待排序的文件R[1…n]看作是n个长度为1的有序子文件，然后将这些子文件两两归并。

①如果n为偶数，则得到$n/2$个长度为2的有序子文件。

②如果n为奇数，则最后一个子文件轮空（不参与归并）。

所以当完成本趟归并后，前[$n/2$]个有序子文件长度为2，最后一个子文件长度仍为1。

第2趟归并的功能是将第1趟归并所得到的[$n/2$]个有序的子文件实现两两归并。如此反复操作，直到最后得到一个长度为n的有序文件为止。

上述每次归并操作，都是将两个有序的子文件合并成一个有序的子文件，所以称其为"二路归并排序"。类似地还有$k(k>2)$路归并排序。

（2）一趟归并算法。

在某趟归并中，设各子文件长度为length（最后一个子文件的长度可能小于length），则归并前R[1…n]中共有[lg$n$]个有序的子文件：R[1…length]，R[length+1…2length]，…，R[([n/length]−1)*length+1…n]。

> **注意**
>
> 调用归并操作将相邻的一对子文件进行归并时，必须对子文件的个数可能是奇数以及最后一个子文件的长度小于length这两种特殊情况进行特殊处理。

①如果子文件个数为奇数，则最后一个子文件无须和其他子文件归并（即本趟轮空）。

②如果子文件个数为偶数，则要注意最后一对子文件中后一子文件的区间上界是n。

2. 自顶向下的方法

用分治法进行自顶向下的算法设计，这种形式更为简洁。

(1) 分治法的3个步骤。

设归并排序的当前区间是R[low…high]，分治法的3个步骤如下：

步骤01 分解：将当前区间一分为二，即求分裂点。

步骤02 求解：递归地对两个子区间R[low…mid]和R[mid+1…high]进行归并排序。

步骤03 组合：将已排序的两个子区间R[low…mid]和R[mid+1…high]归并为一个有序的区间R[low…high]。

递归的终结条件：子区间长度为1。

(2) 具体实现。

例如，已知序列{26,5,77,1,61,11,59,15,48,19}，写出采用归并排序算法排序的每一趟的结果。归并排序各趟的结果如下所示。

[26] [5] [77] [1] [61] [11] [59] [15]

[26 5 77 1]   [61 11 59 15]

[26 5] [77 1]   [61 11] [59 15]

[5 26] [1 77]   [11 61] [15 59]

[1 5 26 77]   [11 15 59 61]

[1 5 11 15 26 59 61 77]

7.5.4 实践演练——用归并算法实现排序处理

下面将通过一个实例的实现过程，详细讲解用归并算法实现对数据排序的具体方法。

实例7-8	用归并算法实现对数据的排序
源码路径	素材\daima\7\gui.c

实例文件gui.c的功能是通过归并算法将指定的数据排序，具体代码如下所示。

```c
#include <stdio.h>

#define LEN 8
int a[LEN] = { 1, 3, 5, 7, 9, 11, 13, 15 };

void merge(int start, int mid, int end)
{
    int n1 = mid - start + 1;
    int n2 = end - mid;
    int left[n1], right[n2];
    int i, j, k;
```

```c
    for (i = 0; i < n1; i++) /* left holds a[start..mid] */
        left[i] = a[start+i];
    for (j = 0; j < n2; j++) /* right holds a[mid+1..end] */
        right[j] = a[mid+1+j];

    i = j = 0;
    k = start;
    while (i < n1 && j < n2)
        if (left[i] < right[j])
            a[k++] = left[i++];
        else
            a[k++] = right[j++];

    while (i < n1) /* left[] is not exhausted */
        a[k++] = left[i++];
    while (j < n2) /* right[] is not exhausted */
        a[k++] = right[j++];
}

void sort(int start, int end)
{
    int mid;
    if (start < end) {
        mid = (start + end) / 2;
        printf("sort (%d-%d, %d-%d) %d %d %d %d %d %d %d %d\n",
            start, mid, mid+1, end,
            a[0], a[1], a[2], a[3], a[4], a[5], a[6], a[7]);
        sort(start, mid);
        sort(mid+1, end);
        merge(start, mid, end);
        printf("merge (%d-%d, %d-%d) to %d %d %d %d %d %d %d %d\n",
            start, mid, mid+1, end,
            a[0], a[1], a[2], a[3], a[4], a[5], a[6], a[7]);
    }
}
int main(void)
{
    sort(0, LEN-1);
    getch();
    return 0;
}
```

在上述代码中，函数sort()能够把a[start…end]平均分成两个子序列，分别是a[start…mid]和a[mid+1…end]，对这两个子序列分别递归调用函数sort()进行排序，然后调用函数merge()将排好序的两个子序列合并起来。由于两个子序列都已经排好序，合并的过程很简单，每次循环取两个子序列中最小的元素进行比较，将较小的元素取出放到最终的排序序列中，如果其中一个子序列的元素已取完，就把另一个子序列剩下的元素都放到最终的排序序列中。执行结果如图7-15所示。

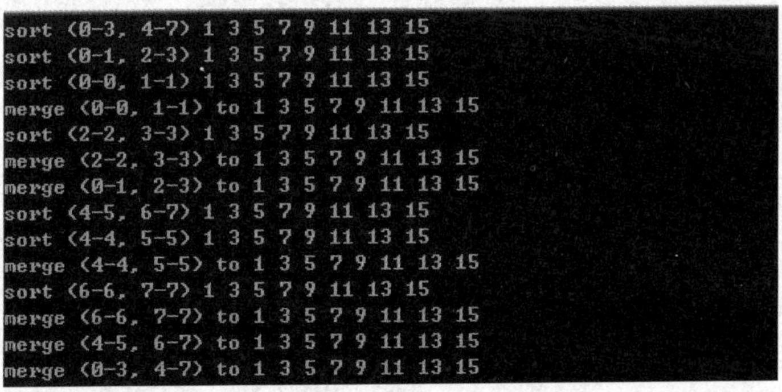

图 7-15　执行结果

7.5.5　实践演练—使用归并排序算法求逆序对

下面将通过一个实例的实现过程，详细讲解使用归并排序算法求逆序对的具体方法。

实例7-9	使用归并排序算法求逆序对
源码路径	素材\daima\7\gui1.c

文件gui1.c演示的是归并算法的一种具体用法，所实现的功能是使用归并排序算法求逆序对。文件gui1.c的具体代码如下所示。

```
#include <stdio.h>
#include <stdlib.h>

#define MAX 32767

int merge(int *array, int p,int q,int r) {
//归并array[p…q]与array[q+1…r]

    int tempSum=0;
    int n1 = q-p+1;
    int n2 = r-q;
    int *left = NULL;
    int *right = NULL;
```

```
    int i,j,k;

    left = ( int *)malloc(sizeof(int) * (n1+1));
    right = ( int *)malloc(sizeof(int) * (n2+1));

    for(i=0; i<n1; i++)
       left[i] = array[p+i];

    for(j=0; j<n2; j++)
       right[j] = array[q+1+j];

    left[n1] = MAX;  //避免检查每一部分是否为空
    right[n2] = MAX;

    i=0;
    j=0;

    for(k=p; k<=r; k++) {
       if( left[i] <= right[j]) {
          array[k] = left[i];
          i++;
       } else {
          array[k] = right[j];
          j++;
          tempSum += n1 - i;
          printf("tempSum = %d\n", tempSum);
       }
    }
//释放内存
    free(left);
    free(right);
    left = NULL;
    right = NULL;
    return tempSum;

}

int mergeSort(int *array, int start, int end ) {
    int sum=0;
    if(start < end) {
       int mid = (start + end) /2;
       sum += mergeSort(array, start, mid);
```

```
        sum += mergeSort(array, mid+1, end);
        sum += merge(array,start,mid,end);
    }
    return sum;
}

int main(int argc, char** argv) {
    int array[5] = {9,1,0,5,4};
    int inversePairNum;

    int i;

    inversePairNum = mergeSort(array,0,4);
    for( i=0; i<5; i++)
        printf("%d ", array[i]);
    printf("\nInverse pair num = %d\n", inversePairNum);
    getch();
    return 0;
}
```

执行结果如图7-16所示。

图 7-16　执行结果

7.6　基数排序法

前面所述的各种排序方法使用的基本操作主要是比较与交换，而基数排序则利用分配和收集这两种基本操作，基数类排序就是典型的分配类排序。在介绍分配类排序之前，先介绍关于多关键字排序的问题。

7.6.1　多关键字排序

关于多关键字排序问题，可以通过一个例子来了解。例如：可以将一副扑克牌的排序过程看成是对花色和面值两个关键字进行排序的问题。若规定花色和面值的顺序如下：

(1) 花色：梅花<方块<红桃<黑桃。
(2) 面值：A<2<3<…<10<J<Q<K。

进一步规定花色的优先级高于面值，则一副扑克牌从小到大的顺序为：梅花A，梅花2，……，梅花K；方块A，方块2，……，方块K；红桃A，红桃2，……，红桃K；黑桃A，黑桃2，……，黑桃K。进行排序时有两种做法：其中一种是先按花色分成有序的四类，然后再按面值对每一类从小到大排序，该方法称为"高位优先"排序法。另一种做法是分配与收集交替进行，即首先按面值从小到大把牌摆成13叠（每叠4张牌），然后将每叠牌按面值的次序收集到一起，再对这些牌按花色摆成4叠，每叠有13张牌，最后把这4叠牌按花色的次序收集到一起，于是就得到了上述有序序列，该方法称为"低位优先"排序法。

7.6.2 链式基数排序

基数排序属于上述"低位优先"排序法，通过反复进行分配与收集操作完成排序。假设记录r[i]的关键字为key_i，key_i是由d位十进制数字构成的，即$key_i=K_i^1 K_i^2 \cdots K_i^d$，则每一位可以视为一个子关键字，其中$K_i^1$是最高位，$K_i^d$是最低位，每一位的值都在$0 \leq K_i^j \leq 9$的范围内，此时基数$rd$=10。如果$key_i$是由$d$个英文字母构成的，即$key_i=K_i^1 K_i^2 \cdots K_i^d$，其中'a'$\leq K_i^j \leq$'z'，则基数$rd$=26。

排序时先按最低位的值对记录进行初步排序，在此基础上再按次低位的值进行进一步排序。以此类推，由低位到高位，每一趟都是在前一趟的基础上，根据关键字的某一位对所有记录进行排序，直至最高位，这样就完成了基数排序的全过程。

例如，某关键字K是数值型，取值范围为$0 \leq K \leq 999$。则可把每一位数字看成一个关键字，即可认为K是由3个关键字（K^1,K^2,K^3）组成，其中K^1是百位数，K^2是十位数，K^3是个位数。此时基数rd为10。

例如，有关键字K是由5位大写字母组成的单词，则可把此关键字看成是由5个关键字（K^1,K^2,K^3,K^4,K^5）组成的。此时基数rd为26。

链式基数排序的实现步骤如下：

步骤01 以静态链表存储n个待排记录。

步骤02 按最低位关键字进行分配，把n个记录分配到rd个链队列中，每个队列中记录关键字的最低位值相等，然后再改变所有非空队列的队尾指针，令其指向下一个非空队列的队头记录，重新将rd个队列中的记录收集成一个链表。

步骤03 对第二低位关键字进行分配、收集，依次进行，直到对最高位关键字进行分配、收集，便可得到一个有序序列。

例如，对关键字序列（278,109,063,930,589,184,505,269,008,083）进行基数排序，其过程如图7-17所示。

图 7-17 基数排序过程

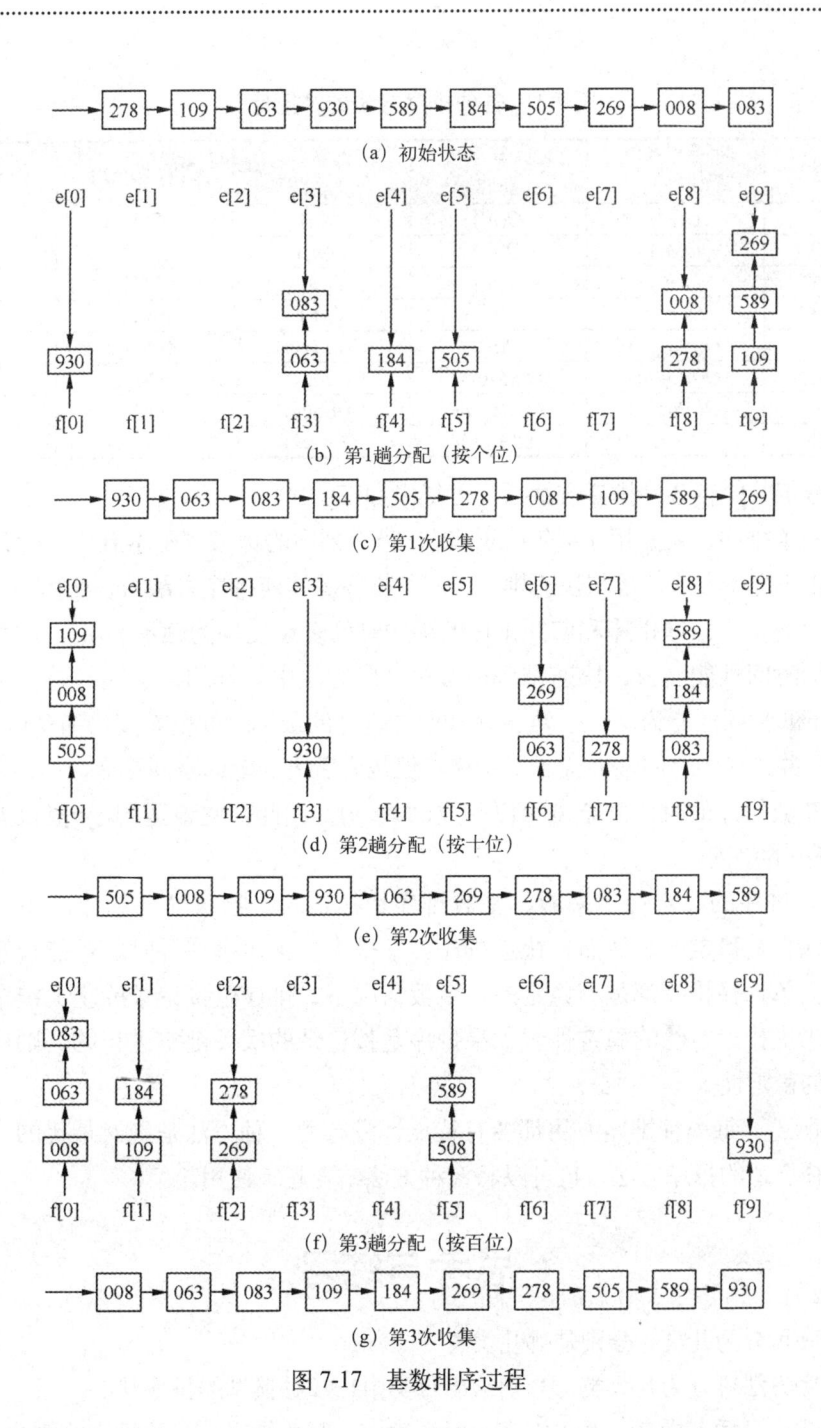

7.7 比较各种排序方法的效率

从算法的平均时间复杂度、最坏时间复杂度以及算法的空间复杂度三方面，对各种排序方法加以比较，如表7-1所示。其中简单排序包括除希尔排序以外的其他插入排序、冒泡排序和简单选择排序。

表 7-1 各种排序方法的性能比较

排序方法	时间复杂度（平均）	时间复杂度（最坏）	时间复杂度（最好）	空间复杂度	稳定性
冒泡排序	$O(n^2)$	$O(n^2)$	$O(n)$	$O(1)$	稳定
选择排序	$O(n^2)$	$O(n^2)$	$O(n^2)$	$O(1)$	不稳定
插入排序	$O(n^2)$	$O(n^2)$	$O(n)$	$O(1)$	稳定
希尔排序	$O(n^{1.3})$	$O(n^2)$	$O(n)$	$O(1)$	不稳定
快速排序	$O(n\log_2 n)$	$O(n^2)$	$O(n\log_2 n)$	$O(n\log_2 n)$	不稳定
归并排序	$O(n\log_2 n)$	$O(n\log_2 n)$	$O(n\log_2 n)$	$O(n)$	稳定
堆排序	$O(n\log_2 n)$	$O(n\log_2 n)$	$O(n\log_2 n)$	$O(1)$	不稳定
基数排序	$O(n*k)$	$O(n*k)$	$O(n*k)$	$O(n*k)$	稳定

综合分析并比较各种排序方法后，可得出如下结论。

（1）简单排序一般只用于n较小的情况。当序列中的记录"基本有序"时，直接插入排序是最佳的排序方法，常与快速排序、归并排序等其他排序方法结合使用。

（2）快速排序、堆排序和归并排序的平均时间复杂度均为$O(n\log_2 n)$，但实验结果表明，就平均时间性能而言，快速排序是所有排序方法中最好的。遗憾的是，快速排序在最坏情况下的时间性能为$O(n^2)$。堆排序和归并排序的最坏时间复杂度仍为$O(n\log_2 n)$，当n较大时，归并排序的时间性能优于堆排序，但是它所需的辅助空间更多。

（3）基数排序的时间复杂度可以写成$O(d \times n)$。因此，它最适用于n值很大而关键字的位数d较小的序列。

（4）从排序的稳定性上来看，基数排序是稳定的，除了简单选择排序，其他各种简单排序法也是稳定的。然而，快速排序、堆排序、希尔排序等时间性能较好的排序方法，以及简单选择排序都是不稳定的。多数情况下，排序是按记录的主关键字进行的，此时不用考虑排序方法的稳定性。如果排序是按记录的次关键字进行的，则应充分考虑排序方法的稳定性。

综上所述，每一种排序方法都各有特点，没有哪一种方法是绝对最优的，应根据具体情况选择合适的排序方法，也可以将多种方法结合起来使用。

思考与练习

1. 排序可分为几类，分别是哪几类？
2. 排序方法可分为几大类？分别给出每类中1或2种典型的排序法。
3. 简述折半插入排序、希尔排序、冒泡排序、归并排序、基数排序的排序过程。
4. 排序的稳定性指什么，本章中所讲的排序方法中哪几种排序法是稳定的？
5. 给定一个有10个元素的数组{6,15,-3,0,27,93,49,-20,36,58}，试分别用直接插入法、冒泡排序法、选择排序法、快速排序法编程实现将数组中的数值按从小到大的顺序排列出来。
6. 本章所讲的排序算法中，哪种算法是最省时间的？哪种算法是最省空间的？

第8章 经典问题的算法与实现

前面章节中介绍的是数据结构的知识，以及不同数据结构的具体算法问题。为了加深读者对常用算法的理解程度，本章将介绍一些经典问题的实例。这些实例生动有趣又充满挑战，希望读者能从中获得思维启迪，提高自身解决问题的能力与编程水平。

8.1 计算机进制转换

实例8-1	通过编程的方式，实现计算机常用进制的转换
源码路径	素材\daima\8\8-1.c

问题描述：进制即数制，数制是人们利用符号进行计数的科学方法。数制有很多种，在计算机中常用的数制有十进制、二进制和十六进制。数制也称计数制，是指用一组固定的符号和统一的规则来表示数值的方法。计算机是信息处理的工具，实际上，任何信息必须转换成二进制形式数据后才能由计算机进行处理、存储和传输。

具体实现：编写实例文件8-1.c，其具体实现流程如下所示。

8.1.1 栈操作

定义栈结构，函数StackInit()用于初始化栈，函数PUSH()实现入栈操作，POP()实现出栈操作，StackLength()用于获取栈长度，用函数StackFree()释放栈。具体代码如下所示。

```
#include <stdio.h>
#include <stdlib.h>
#define STACK_INIT_SIZE  100
#define SIZE_INCREMENT   5
typedef struct            //栈结构
{
    int *base;            //栈底
    int *top;             //栈顶
    int stacksize;        //栈大小
}SqStack,*SQSTACK;
int StackInit(SQSTACK s) //初始化栈
{
    s->base=(int *)malloc(STACK_INIT_SIZE*sizeof(int));
    if(!(s->base))
        exit(0);
```

```c
    s->top=s->base;
    s->stacksize=STACK_INIT_SIZE;
    return 1;
}
int PUSH(SQSTACK s,int e)    //入栈
{
    if(s->base+s->stacksize==s->top)
    {
            s->base=(int *)realloc(s->base,(SIZE_INCREMENT+s->stacksize)*sizeof(int));
        s->top=s->base+s->stacksize;
        s->stacksize+=SIZE_INCREMENT;
    }
    *(s->top)=e;
     s->top+=1;
     return 1;
}
int POP(SQSTACK s,int *p)    //出栈
{
    if(s->base==s->top)       //空栈
        return 0;
     *p=*(s->top-1);
     s->top--;
     return 1;
}
int StackLength(SQSTACK s)  //栈的长度(元素数量)
{
    return (s->top-s->base);
}
int StackFree(SQSTACK s)     //释放栈
{
    free(s->base);
    s->top=s->base=NULL;
    return 1;
}
```

8.1.2 转换为十进制

函数OtherToDec()的功能是将其他任何进制转换为十进制。此函数不需要栈，因为其他进制数可能会使用字母来表示超过9的数，所以其他进制数应该是使用一个字符串来表示。在函数中，首先将该字符串的各个字符转换为对应的十进制数，然后按照权进行展开相加，最后返回一个十进制数。函数OtherToDec()的具体代码如下所示。

```c
int OtherToDec(int sys,char *in_str)   //其他进制转换为十进制(输入数)
{   //sys表示进制,*in_str表示需处理的字符串
    int i,j,length,start=0;
    unsigned long sum=0,pow;
    int *in_bit;

    length=strlen(in_str);              //字符串的长度
    if(!(in_bit=(int *)malloc(sizeof(int)*length)))
    {
        printf("内存分配失败!\n");
        exit(0);
    }
    if(in_str[0]=='-')                  //为负数,跳过符号
        start++;
    j=0;
    for(i=length-1;i>=start;i--)
    {
        if(in_str[i]>='0' && in_str[i]<='9')            //为数字0~9
            in_bit[j]=in_str[i]-'0';    //将字符转换为整数
        else if(in_str[i]>='A' && in_str[i]<='F')  //大写字母A~F
            in_bit[j]=in_str[i]-'A'+10;
        else if(in_str[i]>='a' && in_str[i]<='f')  //小写字母a~f
            in_bit[j]=in_str[i]-'a'+10;
        else
            exit(0);
        j++;
    }
    length-=start;
    for(i=0;i<length;i++)
    {
        if(in_bit[i]>=sys)   //若某个数超过了设置的进制
        {
            printf("输入的数据不符合%d进制数据的规则!",sys);   //显示错误
            exit(0);
        }
        for(j=1,pow=1;j<=i;j++)
            pow*=sys;
        sum+=in_bit[i]*pow;
    }
    return sum;
}
```

8.1.3 将十进制转换为其他进制

函数DecToOther()的功能为将十进制转换为其他进制。此函数需要通过栈来保存余数，因为其他进制可能需要使用字母来表示，所以转换的结果不能用数值变量来保存，而是需要保存为一个字符串。函数DecToOther()的具体代码如下所示。

```c
char *DecToOther(unsigned long num,int sys)
//十进制数转换为其他进制数，返回一个字符串
{//num为需转换的数据,sys为需转换的进制
    SqStack s;
    int rem,i,length,num1,inc=1;
    char *out,*p;            //控制输出字符串
    if(!StackInit(&s))       //初始化栈失败
        exit(0);//退出
    do{
        if(num<sys)          //如果被除数小于要求的进制
        {
            rem=num;
            PUSH(&s,rem);    //进制作为除数入栈
            break;//退出循环
        }
        else
        {
            rem=num % sys;   //除进制数取余数
            PUSH(&s,rem);    //将余数入栈
            num=(num-rem)/sys;//商
        }
    }while(num);             //被除数不为0
    if(sys==16)              //十六进制有两个字符的前缀0X
        inc++;
    length=StackLength(&s);  //获取栈的长度(需输出元素的个数)
    if(!(out=(char *)malloc(sizeof(char)*(length+inc))))//若分配内存失败
    {
        printf("内存分配失败!\n");
        exit(0);
    }
    p=out;                   //指针p指向分配内存首地址
    *p++='0';                //添加前缀
    if(sys==16)              //十六进制的前缀
        *p++='x';
    for(i=1;i<=length;i++)
    {
        POP(&s,&num1);       //从栈中弹出一个数
```

```
        if(num1<10)                    //若小于10
            *p++=num1+'0';             //保存数字的ASCII字符
        else  //大于10，输出A~F
            *p++=num1+'A'-10;          //输出A~F之间的字母
    }
    StackFree(&s);                     //释放栈所占用空间
    *p='\0';
    return (out);                      //返回字符串
}
```

8.1.4 主函数main()

主函数main()用于测试前面定义的转换函数的功能，具体代码如下所示。

```
int main()
{
    int old,new1;
    char select='N',*other,str[80];    //符号
    unsigned long num10;               //保存十进制数
    char array[32];
    do{
        printf("\n原数据进制:");
        scanf("%d",&old);
        printf("输入%d进制数:",old);
        scanf("%s",str);               //保存字符串
        num10=OtherToDec(old,str);     //将其他进制转换为十进制
        printf("需转换的进制:");
        scanf("%d",&new1);
        if(10==new1)                   //若是转换为十进制
        {
            printf("\n将%d进制数%s\n转换为10进制数:%d\n",old,str,num10);
        }
        else
        {
            other=DecToOther(num10,new1);
            printf("将%d进制数%s\n转换为%d进制数:%s\n",old,str,new1,other);
        }
        printf("\n继续(Y/N)?");
        select=getch();
    }while(select=='y' || select =='Y');
    getch();
    return 0;
}
```

编译后执行的结果如图8-1所示。

图 8-1 计算机进制转换的执行结果

8.2 中序表达式转换为后序表达式

实例8-2	将中序表达式转换为后序表达式
源码路径	素材\daima\8\8-2.c

8.2.1 问题描述

中序表达式是指操作运算符在中间，被操作数在操作运算符两侧的表达式。平时见到的表达式大多数都是中序表达式。后序表达式要求每一个操作符出现在其操作数之后。例如，中序表达式A/B*C的后序表达式为AB/C*，其中除号紧接其操作数A和B之后，以此类推。

前序表达式要求每一个操作符出现在其操作数之前，一般不用这种方式。后序表达式便于计算机编程中栈的实现，所以在现实中用得比较多。

8.2.2 具体实现

编写实例文件8-2.c，其具体实现流程如下所示。

步骤01 定义函数PRI()，通过switch_case语句返回运算符的优先级，具体代码如下所示。

```
int PRI(char op)  //设定算符的优先级
{
    switch (op)
    {
        case '+':
        case '-':
            return 1;
        case '*':
        case '/':
            return 2;
```

```
        default:
            return 0;
    }
}
```

步骤 02 编写函数toPosfix()用于计算后序表达式。首先，设置参数infix是一个指针，指向需要转换的中序表达式字符串，并计算中序表达式的长度；然后，从中序表达式中逐个取出字符进行判断，并分别处理左括号和右括号；最后处理4个运算符，如果栈未满则将当前运算符入栈。函数toPosfix()的具体代码如下所示。

```
char *toPosfix(char *infix)                              // 求后序表达式
{
    int length=strlen(infix);
    char *stack,*buf,*p,flag;
    char op;
    int i,top=0;
    if(!(stack=(char *)malloc(sizeof(char)*length)))//申请栈内存空间
    {
        printf("内存分配失败!\n");
        exit(0);
    }
    if(!(buf=(char *)malloc(sizeof(char)*length*2)))//保存后序表达式字符串
    {
        printf("内存分配失败!\n");
        exit(0);
    }
    p=buf;
    for(i=0;i<length;i++)
    {
        op=infix[i];                    //获取表达式中一个字符
        switch(op)                      //根据字符进行入栈操作
        {
            case '(':                   //为左括号
                if(top<length)          //若栈未满
                {
                    top++;              //修改栈顶指针
                    stack[top]=op;      //保存运算符到栈
                }
                flag=0;
                break;
            case '+':
            case '-':
```

```c
            case '*':
            case '/':
                //判断栈顶运算符与当前运算符的级别
                while(PRI(stack[top])>=PRI(op))
                {
                    *p++=stack[top];        //将栈中的运算符保存到字符串
                    top--;                  //修改栈顶指针
                    flag=0;
                }
                if(top<length)          //栈未满
                {
                    top++;                  //修改栈顶指针
                    stack[top]=op;          //保存运算符到栈
                    if(flag==1)
                        *p++=',';           //添加一个逗号分隔数字
                    flag=0;
                }
                break;
            case ')':                   //右括号
                while(stack[top]!= '(')     //在栈中一直找到左括号
                {
                    *p++=stack[top];//将栈顶的运算符保存到字符串
                    top--;              //修改栈顶指针
                }
                flag=0;
                top--;                  //修改栈顶指针,将左括号出栈
                break;
            default:                //其他字符(数字、字母等非运算符)
                *p++=op;
                flag=1;
                break;
        }
    }
    while (top>0)                   //若栈不为空
    {
        *p++=stack[top];            //将栈中的运算符出栈
        top--;  //修改栈顶指针
    }
    free(stack);                    //释放栈占用的内存
    *p='\0';
    return (buf);                   //返回字符串
}
```

步骤 03 在进行四则运算前需要编写运算函数calc()，在函数calc()中通过switch_case语句进行不同的运算处理。其中，参数d1、d2表示2个运算数，op表示运算符。函数calc()的具体代码如下所示。

```
double calc(double d1, char op, double d2)    //计算函数
{
    switch (op)                                //根据运算符进行操作
    {
        case '+':
            return d1 + d2;
        case '-':
            return d1 - d2;
        case '*':
            return d1 * d2;
        case '/':
            return d1 / d2;
    }
    return 0;
}
```

步骤 04 编写函数eval()，使用后序表达式对指定的表达式进行求值运算，在此函数中使用一个栈来保存前面运算的结果。函数eval()的具体代码如下所示。

```
double eval(char *postfix)          //计算表达式的值
{
    double *stack,num,k=1.0;        //k为系数
    int i,length,top=0,dec=0,flag;
    //dec为0表示整数,为1表示小数,flag=1表示有数据需入栈
    char token;
    
    length=strlen(postfix);
    if(!(stack=(double *)malloc(sizeof(double)*length)))
    {
        printf("内存分配失败!\n");
        exit(0);
    }
    num=0;
    for(i=0;i<length;i++)
    {
        token=postfix[i];
        switch(token)                           //取出一个字符
        {
            case '+':                           //若是运算符
```

```c
        case '-':
        case '*':
        case '/':
            if(top<length && flag==1)          //若栈未满
            {
                top++;                          //修改栈顶指针
                stack[top]=(double)num;         //将数字保存到栈中
                num=0;
            }
            //取出每个栈的前两个元素进行运算,结果保存到栈中
            stack[top-1]=calc(stack[top-1], token, stack[top]);
            top--;                              //修改栈顶指针
            dec=0;                              //先设为整数
            flag=0;                             //下一步操作不将数入栈
            break;
        default:                                //不为运算符
            if(token==',')                      //若为逗号
            {
                if(top<length)                  //若栈未满
                {
                    top++;                      //修改栈顶指针
                    stack[top]=(double)num;     //将数字保存到栈中
                    num=0;
                    dec=0;
                    break;
                }
            }
            else if(token=='.')
            {
                k=1.0;
                dec=1;
                break;
            }
            if(dec==1)         //小数部分
            {
                k=k*0.1;
                num=num+(token-'0')*k;
            }
            else
            {
                num=num*10+token-'0';
            }
```

```
            flag=1;              //有数需要入库
            break;
        }
    }
    return stack[top];           //返回栈顶的结果
}
```

步骤 05 编写主函数main()用于测试前面各函数的功能,具体代码如下所示。

```
int main()
{
    char infix[80];
    printf("输入表达式:");
    scanf("%s",infix);
    printf("中序表达式:%s\n", infix);
    printf("后序表达式:%s\n", toPosfix(infix));
    printf("后序表达式求值:%lf\n",eval(toPosfix(infix)));
    getch();
    return 0;
}
```

程序执行的结果如图8-2所示。

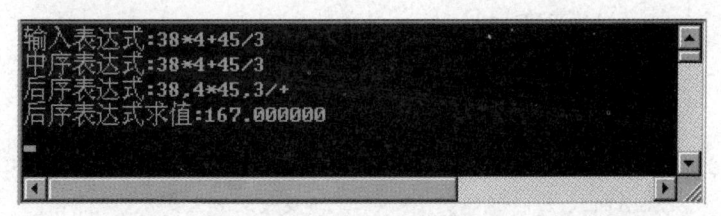

图 8-2 中序表达式转换为后序表达式的执行结果

8.3 最大公约数和最小公倍数

实例8-3	计算两个正整数的最大公约数和最小公倍数
源码路径	素材\daima\8\8-3.c

8.3.1 算法分析

所谓两个数的最大公约数,是指两个数 *a*、*b* 的公约数中最大的那一个。例如4和8,两个数的公约数分别为1、2、4,其中4为4和8的最大公约数。

要计算出两个数的最大公约数,最简单的方法是从两个数中较小的那个开始,依次递减,得到的第1个这两个数的公因数即为这两个数的最大公约数。

如果一个数i为a和b的公约数,那么一定满足$a\%i$等于0,并且$b\%i$等于0。所以,在计算两个数的公约数时,只需从$i=\min(a,b)$开始依次递减1,并逐一判断i是否为a和b的公约数,得到的第1个公约数就是a和b的最大公约数。

所谓两个数的最小公倍数,是指两个数a、b的公倍数中最小的那一个。例如5和3,两个数的公倍数可以是15,30,45……因为15最小,所以15是5和3的最小公倍数。

根据上述描述,要计算两个数的最小公倍数,最简单的方法是从两个数中最大的那个数开始依次加1,得到的第1个公倍数就是这两个数的最小公倍数。

如果一个数i为a和b的公倍数,那么一定满足$i\%a$等于0,并且$i\%b$等于0。所以,设计算法时只需从$i=\max(a,b)$开始依次加1,并逐一判断i是否为a和b的公倍数,得到的第1个公倍数就是a和b的最小公倍数。

8.3.2 具体实现

编写实例文件8-3.c,具体代码如下所示。

```c
#include "stdio.h"
/*最大公约数*/
int gcd(int a,int b){
    int min;
    if(a<=0||b<=0) return -1;
    if(a>b) min = b;                    /*找到a、b中的较小的一个赋值给min*/
    else min = a;
    while(min){
        if(a%min == 0 && b%min == 0)    /*判断是否能整除*/
            return min;                 /*找到最大公约数,返回*/
        min--;                          /*没有找到最大公约数,min减1*/
    }
    return -1;
}
/*最小公倍数*/
int lcm(int a,int b)
{
    int max;
    if(a<=0||b<=0) return -1;
    if(a>b) max = a;
    else max = b;                       /*找到a、b中的较大的一个赋值给max*/
    while(max){
        if(max%a == 0 && max%b == 0)    /*判断公倍数*/
            return max;                 /*找到最小公倍数,返回*/
        max++;                          /*没有找到最小公倍数,max加1*/
```

```
    }
    return -1;
}
main(){
    int a,b;
    printf("Please input two digit for getting GCD and LCM\n");
    scanf("%d %d",&a,&b);
    printf("The GCD of %d and %d is %d\n",a,b,gcd(a,b));
    /*打印出a、b的最大公约数*/
    printf("The LCM of %d and %d is %d\n",a,b,lcm(a,b));
    /*打印出a、b的最小公倍数*/
    getch();
}
```

程序执行的结果如图8-3所示。

图 8-3 计算最大公约数和最小公倍数

8.4 完全数

实例8-4	编写程序，求出1～10 000的完全数
源码路径	素材\daima\8\8-4.c

8.4.1 什么是完全数

完全数（perfect number），又称完美数或完备数，是一些特殊的自然数，满足所有的真因数（即除了自身以外的约数）和（即因数函数）等于它本身这一条件。

例如：第1个完全数是6，它有约数1、2、3、6，除去它本身6外，其余3个数相加，1+2+3＝6。第2个完全数是28，它有约数1、2、4、7、14、28，除去它本身28外，其余5个数相加，1+2+4+7+14＝28。后面的完全数是496、8 128等。即：

6＝1+2+3

28＝1+2+4+7+14

496＝1+2+4+8+16+31+62+124+248

8 128＝1+2+4+8+16+32+64+127+254+508+1 016+2 032+4 064

再例如，数字"4"，它的真因数有1和2，和是3。因为4本身比其真因数之和要大，这样的数叫作亏数。如果是数字"12"，它的真因数有1、2、3、4、6，其和是16。由于12本身比其真因数之和要小，这样的数就叫作盈数。那么有没有既不盈余又不亏欠的数呢？有，这样的数就叫作完全数。

请编写一个程序，求出1~10 000的完全数。

8.4.2 算法分析

完全数有许多有趣的性质，具体说明如下。

（1）它们都能写成连续自然数之和。例如：

6 = 1+2+3

28 = 1+2+3+4+5+6+7

496 = 1+2+3+…+30+31

（2）它们的全部因数的倒数之和都是2，因此每个完全数都是调和数（在数学上，第n个调和数是首n个正整数的倒数和）。例如：

1/1+1/2+1/3+1/6 = 2

1/1+1/2+1/4+1/7+1/14+1/28 = 2

（3）除6以外的完全数，还可以表示成连续奇立方数之和。例如：

$28 = 1^3+3^3$

$496 = 1^3+3^3+5^3+7^3$

$8128 = 1^3+3^3+5^3+…+15^3$

$33550336 = 1^3+3^3+5^3+…+125^3+127^3$

（4）完全数都可以表达为2的一些连续正整数次幂之和。例如：

$6 = 2^1+2^2$

$28 = 2^2+2^3+2^4$

$8128 = 2^6+2^7+2^8+2^9+2^{10}+2^{11}+2^{12}$

$33550336 = 2^{12}+2^{13}+…+2^{24}$

（5）完全数都是以6或8结尾。如果以8结尾，那么就肯定是以28结尾。

（6）除6以外的完全数，被9除后都余1。

28：2+8 = 10，1+0 = 1

496：4+9+6 = 19，1+9 = 10，1+0 = 1

数学家欧几里得曾经推算出完全数的获得公式：如果2^p-1为质数，那么（2^p-1）×2（$p-1$）便是一个完全数。例如，$p=2$，$2^p-1=3$是质数，（2^p-1）×2（$p-1$）= 3×2 = 6是完全数。如$p=3$，$2^p-1=7$是质数，（2^p-1）×2（$p-1$）= 7×4 = 28是完全数。但是2^p-1什么条件下才是质数呢？事实上，当2^p-1是质数的时候，称其为梅森素数。

8.4.3 具体实现

编写实例文件8-4.c，具体代码如下所示。

```c
/*求10000以内的完全数*/
#include <stdio.h>
int main()
{
    long p[300];                    //保存分解的因数
    long i,num,count,s,c=0;
    for(num=2;num<=10000;num++)
    {
        count=0;
        s=num;
        for(i=1;i<num/2+1;i++) //循环处理每1个数
        {
            if(num % i==0)      //能被i整除*/
            {
                p[count++]=i;   //保存因数，计数器count增加1
                s-=i;           //减去一个因数*/
            }
        }
        if(s==0)                //已被分解完成，则输出*/
        {
            printf("%4ld是完全数,因数是",num);
            printf("%ld=%ld",num,p[0]);         //输出完数 */
            for(i=1;i<count;i++)                //输出因数 */
                printf("+%ld",p[i]);
            printf("\n");
            c++;
        }
    }
    printf("\n共找到%d个完全数。\n",c);
    getch();
    return 0;
}
```

程序执行结果如图8-4所示。

```
   6是完全数,因数是6=1+2+3
  28是完全数,因数是28=1+2+4+7+14
 496是完全数,因数是496=1+2+4+8+16+31+62+124+248
8128是完全数,因数是8128=1+2+4+8+16+32+64+127+254+508+1016+2032+4064
共找到4个完全数。
```

图8-4 求完全数的执行结果

8.5 水仙花数

实例8-5	编程解决"水仙花数"问题
源码路径	素材\daima\8\8-5.c

8.5.1 问题描述

所谓"水仙花数"是指一个三位数，其各位数字的立方和等于该数本身。例如，153是一个"水仙花数"，因为$153=1^3+5^3+3^3$。

问题描述：求出100~999之间的所有"水仙花数"。

8.5.2 算法分析

解此题的关键是怎样从一个三位数中分离出百位数、十位数和个位数。可以假设该三位数以i表示，由a、b、c三个数字组成。

(1) 百位数字a：a = int(i/100)。
(2) 十位数字b：b = int((i−100*a)/10)。
(3) 个位数字c：c = i−int(i/10)*10。

8.5.3 具体实现

编写实例文件为8-5.c，具体代码如下所示。

```
#include <stdio.h>
int main()
{
    int i,j,k,c;
    printf("100～999之间的水仙花数:");
    for(c=100;c<=999;c++)
    {
        i=c/100;           //分解出百位数
        j=(c-i*100)/10;    //分解出十位数
        k=c%10;            //分解出个位数
        if(i*i*i+j*j*j+k*k*k==c)
            printf("%d ",c);
    }
    getch();
    return 0;
}
```

程序执行的结果如图8-5所示。

图 8-5　求100~999之间的水仙花数

8.6　阶乘

在数学领域中，阶乘是指从1到n的连续自然数相乘的积，记作$n!$。例如，要求的数是4，则4的阶乘是$1×2×3×4$，得到的积是24，24就是4的阶乘；要求的数是6，则6的阶乘是$1×2×3×\cdots×6$，得到的积是720，即$6!=720$；要求的数是n，则n的阶乘是$1×2×3×\cdots×n$，设得到的积是x，即$n!=x$。阶乘的概念相当简单、直接，但它的应用很广泛。在排列、组合、微积分（如泰勒级数）、概率论中都有它的身影。

8.6.1　使用递归法解决阶乘问题

实例8-6	使用递归法解决阶乘问题
源码路径	素材\daima\8\8-6-1.c

问题描述：使用递归法计算阶乘。

算法分析：在计算机科学的教学中，阶乘与斐波那契数列经常被选为递归算法的素材，因为阶乘满足下面的递归关系（如果$n≥1$）：$n!=n×(n-1)!$。

具体实现：编写实例文件8-6-1.c，具体代码如下所示。

```c
#include <stdio.h>
unsigned long factorial(unsigned long n)
{
    if(n<0)
        return 1;
    if(1==n)
        return 1;
    else
        return (unsigned long)n*factorial(n-1);
}
int main()
{
    unsigned long n;
    printf("输入一个整数n(n>0):");
```

```
    scanf("%d",&n);
    printf("%lu!=%lu\n",n,factorial(n));
    getch();
    return 0;
}
```

程序执行的结果如图8-6所示。

图 8-6 计算阶乘

> **注意**
>
> 在去某公司面试的时候,笔者曾经遇到这样的一个面试题:100!的后面会带多少个0?这个问题该怎么分析呢?先找简单的情况来看,5!= 120,后面带着一个0,这个0是怎么产生的? $1×2×3×4×5$,应该是 $4×5$ 产生的,而 $4 = 2×2$,应该看到如果乘积的因子中包含2和5,就会在结尾产生0。根据数论知识,任何大于1的整数都可以分解为若干个素数的乘积,那么如果把一个阶乘按此分解,其形式必然是 $2^a × 5^b × p1^{a1} \cdots × pn^{an}$,这样可以得到0的个数为min(a,b)。这样就可以知道面试题的答案了。
>
> 根据上面的分析,问题可以转化为阶乘分解后包含多少个2和5的因子,并且能够估计出5的个数一定会少于2的个数,如果能证明这个估计,那么结论是0的个数就是因子5的个数。
>
> 假设函数 $F2(n!)$ 表示 $n!$ 所包含的因子2的个数,可以证明 $F2((2n)!) = F2(n!) + n$,例如当 $n = 2$ 时,$F2(2!) = 1$,$F2(4!) = 1 + 2 = 3$。
>
> 令 $n = 2^t$,可以得到 $F2(2^{(t+1)!}) = F2(2^{t!}) + 2^t$,再根据数学归纳法,可以得到结论:$F2(2^{n!}) = 2^n - 1$。
>
> 同理,可以假设函数 $F5(n!)$ 表示 $n!$ 所包含的因子5的个数,可以证明 $F5(5^n!) = (5^{n-1})/(5-1)$。有了这两个结论,可以使用数学归纳法来进一步确定 $F5(n!) <= F2(n!)$。
>
> 由此得出的结论是:0的个数就是因子5的个数。$F5(5!) = 1$,所以5!带1个0,即120;$F5(10!) = 2$,所以10!带2个0,即3 628 800。

8.6.2 实现大数的阶乘

1. 何谓大数

这里提到的大数是指有效数字非常多的数,它可能包含少则几十、几百位的十进制数,多则几百万或者更多位的十进制数。有效数字这么多的数只具有数学意义,在现实生活中,并不需要这么高的精度,比如银河系的直径有10万光年,如果用原子核的直径来度量,31位十进制数就可使得误差不超过一个原子核。

2. 大数的表示

(1) 定点数和浮点数。

在计算机中，数是存储在内存（RAM）中的。在内存中存储一个数有两类格式，定点数和浮点数。定点数可以精确地表示一个整数，但数的范围相对较小，如一个32比特的无符号整数可表示0～4 294 967 295之间的数，可精确到9～10位数字（这里的数字是指十进制数字，如果没有特别指出，数字一律指十进制数字），而一个8字节的无符号整数则能精确到19位数字。浮点数能表示更大的范围，但精度较低。当表示的整数很大，就可能存在误差。一个8字节的双精度浮点数可表示$2.22 \times 10^{-308} \sim 1.79 \times 10^{308}$之间的数，可以精确到15～16位数字。

(2) 日常生活中的数的表示。

前面提到的两种表示法还不能满足表示大数的需求，所以需要设计一种表示法来存储大数。以日常生活中的十进制数为例，看看是如何表示的。假如一个数N被写成"12345"，则这个数可以用如下数组a来表示：

$$a[0]=1，a[1]=2，a[2]=3，a[3]=4，a[4]=5$$

这时数$N=a[4] \times 10^0 + a[3] \times 10^1 + a[2] \times 10^2 + a[1] \times 10^3 + a[0] \times 10^4$，$10^i$叫作权，在日常生活中，$a[0]$被称作万位，$a[1]$被称作千位。

(3) 用计算机语言表示大数。

在日常生活中，使用的阿拉伯数字只有0～9共10个，按照书写习惯，一个字符表示一位数字。计算机中，常用的最小数据存储单位是字节，在C语言中表示为char类型，多个字节可表示一个更大的存储单位。习惯上，把两个相邻字节组合起来的数称作短整数，在32位的C语言编译器中称之为short，汇编语言一般记作word，4个相邻的字节组合起来称为一个长整数，在32位的C语言编译器中称之为long，汇编语言一般记作DWORD。在计算机中，按照权的不同，数可以分为如下两种。

①二进制：从严格意义上说应该是2^k进制，具有占用空间少、运算速度快的优点。

②十进制：从严格意义上说应该是10^k进制，具有易于显示的优点。

假设有一个大数用一个长为len的short型数组A来表示，并采用权从大到小的顺序依次存放，数N表示为$A[0] * 65\,536\text{\^{}}(len-1) + A[1] * 65\,536\text{\^{}}(len-2) + \cdots + A[len-1] * 65\,536\text{\^{}}0$，这时65 536称为基，是十进制数2的16次方。

假设用一个长为len的short型数组A来表示一个大数，并按照权的从大到小顺序依次存放，数$N=A[0] \times 10\,000^{(len-1)} + A[1] \times 10\,000^{(len-2)} + \cdots + A[len-1] \times 10\,000^0$，这里10 000被称为基，进制为10 000，即10^4，数组的每个元素可表示4位数字。一般地，这时数组的每一个元素为小于10 000的数。同样，可以用long型数组，基为$2^{32}=4\,294\,967\,296$，表示一个大数。也可以用long型组，基为1 000 000 000来表示。通过这种表示法，数组的每个元素可以表示为9位数字。也可以用char型数组来表示，基为10。

(4) 大尾序和小尾序。

在写一个数时总是先写权较大的数字，然后写权较小的数字，例如，先写万位，再写千位，再写百位，再写十位，再写个位……但是计算机中的数并不总是按这个顺序来存放的。小尾（little endian）是指将低位字节排放在内存的低端，高位字节排放在内存的高端。例如，有一个4字节的整数0x12345678，在内存中将按照如下顺序排放。Intel处理器大多数使用小尾字节序。

```
Address[0]: 0x78
Address[1]: 0x56
Address[2]: 0x34
Address[3]: 0x12
```

大尾（big endian）是指将高位字节排放在内存的低端，低位字节排放在内存的高端。例如，对于一个4字节的整数0x12345678，在内存中将按照如下顺序排放。Motorola处理器大多数使用大尾字节序。

```
Address[0]: 0x12
Address[1]: 0x34
Address[2]: 0x56
Address[3]: 0x78
```

类似地，一个大数的各个元素的排列方式既可以采用低位在前的方式，也可以采用高位在前的方式，说不上哪个更好，各有利弊。

(5) 不完全精度的大数表示。

虽然以上的表示法可以准确地表示一个整数，但是有时可能只要求计算结果精确到有限的几位。如果用Windows自带的计算器计算1 000的阶乘时，只能得到大约32位的数字。也就是说，Windows计算器的精度为32位，1 000的阶乘是一个整数，但只要它的前几位有效数字。将Windows计算器只能表示部分有效数字的表示法称为不完全精度。不完全精度不但节省空间，而且在只要求计算结果为有限精度的情况下，可以减少计算量。对于大数的不完全精度的表示法，除了需要使用数组来存储有效数字外，还需要用一个数来表示第1个有效数字的权。例如，1 000! ≈ 4.023 872 600 770 937e + 2 567，则第1个有效数字的权是10^{2567}，这时把2 567叫作阶码。

(6) 大数的链式存储法。

在现实应用中，一般采用链表存储大数。尽管这种存储方式能够表示大数，也不需要事先知道一个特定的数有多少位有效数字，还可以在运算过程中自动扩展链表长度。但是如果从基于运算速度和内存考虑，不建议采用这种存储方式，因为这种存储方式的内存利用率很低。

基于大数乘法的计算和显示，一般需要定义双链表，假如用一个char表示1位十进制数，则可以这样定义链表的节点。

```
struct _node{
    struct _node *pre;
    struct _node *next;
```

```
    char n;
};
```

当编译器采用默认设置，例如在常用的的32位编译器中，这个结构体将占用12个字节。但这并不等于说，分配具有1 000个节点的链表需要1 000×12个字节。不要忘记，操作系统或者库函数在从内存池中分配和释放内存时，也需要维护一个链表。实验表明，VC编译的程序中，一个节点总的内存占用量为sizeof(struct_node)向上取16的倍数再加8字节。也就是说，采用这种方式表示n位十进制数需要$24n$字节，而采用一个char型数组仅需要n字节。

3. 大数的阶乘

下面是一段简单的实现阶乘的代码。

```
#include "stdio.h"
#include "stdlib.h"
int main(int argc, char *argv[])
{
        long i,n,p;
        printf("n=?");
        scanf("%d",&n);
        p=1;
        for (i=1;i<=n;i++)
            p*=i;
        printf("%d!=%d\n",n,p);
        return 0;
}
```

上述程序在计算12以内的数的阶乘时是正确的，但当$n>12$时，程序的计算结果就完全错误了。单从算法上讲，程序并没有错，可是这个程序到底错在什么地方呢？这是因为一个long型整数能够表示的范围是有限的。当$n \geqslant 13$时，计算结果溢出，在C语言中，整数相乘发生溢出时不会产生任何异常，也不会给出任何警告。既然整数的范围有限，那么能否用范围更大的数据类型来做运算呢？这个主意是不错，那么到底选择哪种数据类型呢？有人想到了double类型，将上述程序中long类型换成double类型，结果如下。

```
#include "stdio.h"
#include "stdlib.h"
int main(int argc, char *argv[])
{
   double i,n,p;
   printf("n=?");
```

```
scanf("%lf",&n);
p=1.0;
for (i=1;i<=n;i++)
        p*=i;
printf("%lf!=%.16g\n",n,p);
return 0;
}
```

运行上述程序，将运算结果和Windows计算器对比后发现，当n在170以内时，结果在误差范围内是正确。但当n≥171，结果就不能正确显示了。这是因为数据发生了溢出，即运算结果超出了数据类型能够表示的范围。看来C语言提供的数据类型不能满足计算大数阶乘的需要，因此需要用别的方法来解决这个问题。有两个办法：

（1）找一个能表示和处理大数的运算的类库。
（2）自己实现大数的存储和运算问题。

方法（1）不在本书的讨论范围内，下面的内容将围绕方法（2）来展开。

实例8-7	解决大数的阶乘问题
源码路径	素材\daima\8\8-6-2.c

编写实例文件8-6-2.c，具体实现代码如下所示。

```
#include <stdio.h>
#include <math.h>
#include <stdlib.h>
void carry(int bit[],int pos)              //计算进位
{
    int i,carray=0;
    for(i=0;i<=pos;i++)                    //从0～pos逐位检查是否需要进位
    {
        bit[i]+=carray;                    //累加进位
        if(bit[i]<=9)                      //小于9不进位
            carray=0;
        else if(bit[i]>9 && i<pos)         //大于9但不是最高位
        {
            carray=bit[i]/10;              //保存进位值
            bit[i]=bit[i]%10;              //得到该位的一位数
        }
        else if(bit[i]>9 && i>=pos)        //大于9且是最高位
        {
            while(bit[i]>9)                //循环向前进位
            {
```

```
                    carray=bit[i]/10;         //计算进位值
                    bit[i]=bit[i]%10;         //当前的一位数
                    i++;
                    bit[i]=carray;            //在下一位保存进位的值
            }
        }
    }
}
int main()
{
    int num,pos,digit,i,j,m,n;
    double sum=0;
    int *fact;
    printf("输入计算其阶乘的数：Num=");
    scanf("%d",&num);
    for(i=1;i<=num;i++)                       //计算阶乘的位数
        sum+=log10(i);
    digit=(int)sum+1;                         //数据长度
    //分配保存阶乘位数的内存
    if(!(fact=(int *)malloc((digit+1)*sizeof(int))))
    {
        printf("分配内存失败!\n");
        return 0;
    }
    for(i=0;i<=digit;i++)                     //初始化数组
        fact[i]=0;
    fact[0]=1;                                //设个位为1
    for(i=2;i<=num;i++)                       //将2~num逐个与原来的积相乘
    {
        for(j=digit;j>=0;j--)                 //查找最高位
            if(fact[j]!=0)
            {
                pos=j;                        //记录最高位
                break;
            }
        for(j=0;j<=pos;j++)
            fact[j]*=i;                       //每一位与i乘
        carry(fact,pos);                      //进位处理
    }
    for(j=digit;j>=0;j--)                     //查找最高位
        if(fact[j]!=0)
        {
```

```c
            pos=j;                          //记录最高位
            break;
        }
    m=0;                                    //统计输出位数
    n=0;                                    //统计输出行数
    printf("\n输出%d的阶乘结果(按任意键显示下一屏):\n",num);
    for(i=pos;i>=0;i--)                     //输出计算结果
    {
        printf("%d",fact[i]);
        m++;
        if(m%5==0)                          //每5个数字输出一个空格,方便阅读
            printf(" ");
        if(40==m)                           //每行输出40个数字
        {
            printf("\n");
            m=0;
            n++;
            if(10==n)                       //输出10行则暂停
            {
                getch();
                printf("\n");
                n=0;
            }
        }
    }
    printf("\n\n");
    printf("%d的阶乘共有%d位。\n",num,pos+1);
    getch();
    return 0;
}
```

程序执行的结果如图8-7所示。

图 8-7 大数阶乘执行结果

8.7 一元多项式运算

多项式是代数学的一个基本概念，下面将分别讲解实现一元多项式的加法运算和一元多项式的减法运算的过程。

8.7.1 一元多项式的加法运算

实例8-8	编程实现一元多项式的加法运算
源码路径	素材\daima\8\8-7-1.c

问题描述：编程实现一元多项式的加法运算。

具体实现：编写实例文件8-7-1.c，其具体实现流程如下所示。

步骤01 定义一个表示多项式项的数据结构polyn，里面包含系数、指数和下一节点的指针共3个成员。具体代码如下所示。

```
#include <stdio.h>
#include <stdlib.h>
#include <limits.h>
typedef struct polyn        //定义多项式项的结构
{
    float coef;             //系数项
    int expn;               //指数
    struct polyn *next;     //指向下一项
}POLYN,*pPOLYN;
```

步骤02 定义函数PolynInput()，通过此函数输入多项式。首先，分配保存根节点的内存，并设置头节点的系数为0，其指数域中保存当前多项式的项数；然后，让用户循环输入多项式中各项的系数和指数，对输入的系数不进行检查，但是检查指数是否正确，要求指数是按照递增的方式顺序输入；之后，保存本次输入的指数，方便输入下一项时进行对比，接着，将输入的节点插入到链表中，作为表头后面的第1个节点（如果原来有节点，则将原来的节点链接到当前节点的后面）；最后，对输入的链表进行检查，如果存在指数相同的节点，则对其合并。函数PolynInput()的具体代码如下所示。

```
void PolynInput(pPOLYN *p)                       //输入一元多项式
{
    int i,min=INT_MIN;                           //INT_MIN为int型的最小数
    pPOLYN p1,p2;
    if(!(*p=(POLYN *)malloc(sizeof(POLYN))))//为头节点分配内存
    {
        printf("内存分配失败!\n");
```

```c
        exit(0);
    }
    (*p)->coef=0;                                      //设置头节点的系数为0
    printf("输入该多项式的项数:");
    scanf("%d",&((*p)->expn));                         //使用头节点的指数域保存项数
    (*p)->next=NULL;
    for(i=0;i<(*p)->expn;i++)                          //输入多项式各项
    {
        if(!(p1=(pPOLYN)malloc(sizeof(POLYN))))        //分配保存一个多项式项的内存
        {
            printf("内存分配失败!\n");
            exit(0);
        }
        printf("第%d项系数:",i+1);
        scanf("%f",&(p1->coef));
        do{
            printf("第%d项指数:",i+1);
            scanf("%d",&(p1->expn));
            if(p1->expn<min)
                    printf("\n当前项指数值不能小于前一项指数值%d!\n重新输入!\n",(*p)->next->expn);
        }while(p1->expn<min);    //使每一项的指数为递增
        min=p1->expn;            //保存本次输入的指数作为参考依据
        p1->next=(*p)->next;//将节点插入链表中(插入到链表头后面的第1个位置)
        (*p)->next=p1;
    }
    p1=(*p)->next;                //合并多项式中指数值相同的项
    while(p1)
    {
    p2=p1->next;                  //取下一节点
    while(p2 && p2->expn==p1->expn)  //若节点有效,则两个节点的指数相同
    {
        p1->coef+=p2->coef;//累加系数
        p1->next=p2->next;
                      //删除p1指向的节点,p2是要删除的节点p1的前一节点

        free(p2);            //释放p2节点占用的内存
        p2=p1->next;         //处理下一节点
        (*p)->expn--;        //总节点数减1
    }
    p1=p1->next;
    }
}
```

步骤 03 编写函数PolynPrint()，用来输出指定的一元多项式。首先，从链表头节点中取出多项式中项的数量，然后从链表头节点开始，逐项输出多项式中各项系数的指数。在输入多项式时，将后输入的项添加到链表头的下一位置，输出时是从链表头开始的，所以输出的多项式和输入时的顺序是反向的。函数PolynPrint()的具体代码如下所示。

```
void PolynPrint(pPOLYN p)    //输出多项式
{
    pPOLYN p1;
    int i;
    printf("\n\n计算后的多项式共有%d项。\n",p->expn);
    p1=p->next;
    i=1;
    while(p1)
    {
        printf("第%d项,系数:%g,指数:%d\n",i++,p1->coef,p1->expn);
        p1=p1->next;
    }
    printf("\n");
}
```

步骤 04 编写函数PolynAdd()，用于实现多项式相加。首先，用临时指针变量指向pa和pb，这样便于后面的操作；然后，对pa和pb所指向链表中相同项进行相加操作；最后，在相同指数项相加完成后，某多项式中可能还存在一部分未被使用的项，此部分只需直接添加到结果中即可。函数PolynAdd()的具体代码如下所示。

```
void PolynAdd(pPOLYN pa,pPOLYN pb)     //多项式相加pa=pa+pb
{
    pPOLYN pa1,pb1,pc1,p;
    pa1=pa->next;                      //指向被加链表的第1个有效项
    pb1=pb->next;                      //指向加链表的第1个有效项
    pc1=pa;                            //指向被加链表
    pc1->next=NULL;
    pa->expn=0;                        //清空多项式项目数量
    while(pa1 && pb1)                  //两个多项式都未结束
    {
        if(pa1->expn > pb1->expn)      //pa1指数大于pb1指数
        {
            pc1->next=pa1;             //将pa1加入结果链表中
            pc1=pa1;
            pa1=pa1->next;             //处理pa1中的下一项
            pc1->next=NULL;
        }else if(pa1->expn < pb1->expn){   //pa1指数小于pb1指数
```

```
            pc1->next=pb1;              //将pb1加入结果链表中
            pc1=pb1;
            pb1=pb1->next;              //处理pb1中的下一项
            pc1->next=NULL;
        }else{                          //pa1指数等于pb1指数，进行系数相加
            pa1->coef+=pb1->coef;       //累加系数求和
            if(pa1->coef!=0)            //若系数不为0
            {
                pc1->next=pa1;          //将相加结果添加到结果链表中
                pc1=pa1;
                pa1=pa1->next;          //处理pa1中的下一项
                pc1->next=NULL;
                p=pb1;
                pb1=pb1->next;          //处理pb1中的下一项
                free(p);
            }
            else                        //系数为0，则不记录该项
            {
                p=pa1;                  //用临时指针指向pa1中的该项
                pa1=pa1->next;          //从链表中删除该项
                free(p);                //释放该项占用内存
                p=pb1;                  //用临时指针指向pb1中的该项
                pb1=pb1->next;          //从链表中删除该项
                free(p);                //释放该项占用内存
                pa->expn--;             //后面要进行累加操作，此处先减1
            }
        }
        pa->expn++;                     //累加一个结果项
    }
    if(pa1)                             //若pa1中还有项
    {
        pc1->next=pa1;                  //将pa1中的项添加到结果链表中
        while(pa1)
        {
            pa->expn++;
            pa1=pa1->next;
        }
    }
    if(pb1)                             //若pb1中还有项
    {
        pc1->next=pb1;                  //将pb1中的项添加到结果链表中
        while(pb1)
```

```
            {
                    pa->expn++;
                    pb1=pb1->next;
            }
        }
        free(pb);                                    //释放pb头链所占的空间
}
```

步骤 05 编写主函数main()并输出计算结果，具体代码如下所示。

```
int main()
{
    pPOLYN pa=NULL,pb=NULL;//指向多项式链表的指针
    printf("输入第一个多项式数据:\n");
    PolynInput(&pa);                //调用函数输入一个多项式
    printf("\n输入第二个多项式数据:\n");
    PolynInput(&pb);                //调用函数，输入另一个多项式
    PolynAdd(pa,pb);                //调用多项式相加函数
    printf("\n两个多项式之和为：");
    PolynPrint(pa);                 //输出运算得到的多项式
    getch();
    return 0;
}
```

执行结果如图8-8所示。

图 8-8　一元多项式加法运算执行结果

8.7.2 一元多项式的减法运算

实例8-9	编程实现一元多项式的减法运算
源码路径	素材\daima\8\8-7-2.c

问题描述：编程实现一元多项式的减法运算。

具体实现：编写实例文件8-7-2.c，其具体实现流程如下所示。

步骤 01 定义多项式项的结构polyn，作为一个节点在里面包含了系数、指数和下一节点的指针共3个成员。具体代码如下所示。

```c
#include <stdio.h>
#include <stdlib.h>
#include <limits.h>
typedef struct polyn     //定义多项式项的结构
{
    float coef;          //系数项
    int expn;            //指数
    struct polyn *next;  //指向下一项
}POLYN,*pPOLYN;
```

步骤 02 定义函数PolynInput()，用于输入一元多项式。首先，定义INT_MIN为int型的最小数；然后，为头节点分配内存；最后，合并多项式中指数值相同的项。具体代码如下所示。

```c
void PolynInput(pPOLYN *p)                   //输入一元多项式
{
    int i,min=INT_MIN;                       //INT_MIN为int型的最小数
    pPOLYN p1,p2;
    if(!(*p=(POLYN *)malloc(sizeof(POLYN))))   //为头节点分配内存
    {
        printf("内存分配失败!\n");
        exit(0);
    }
    (*p)->coef=0;                            //设置头节点的系数为0
    printf("输入该多项式的项数:");
    scanf("%d",&((*p)->expn));//使用头节点的指数域保存项数
    (*p)->next=NULL;
    for(i=0;i<(*p)->expn;i++)                //输入多项式各项
    {
        //分配保存一个多项式项的内存
        if(!(p1=(pPOLYN)malloc(sizeof(POLYN))))
```

```
            {
                printf("内存分配失败!\n");
                exit(0);
            }
            printf("第%d项系数:",i+1);
            scanf("%f",&(p1->coef));
            do{
                printf("第%d项指数:",i+1);
                scanf("%d",&(p1->expn));
                if(p1->expn<min)
                    printf("\n前一项指数值为%d,当前项指数值应不小于该值!\n重新输
入!\n",(*p)->next->expn);
            }while(p1->expn<min);            //使每一项的指数为递增
            min=p1->expn;  //保存本次输入的指数作为参考依据
            p1->next=(*p)->next;//将节点插入链表中(插入到链表头后面的第1个位置)
            (*p)->next=p1;
        }
        p1=(*p)->next;                          //合并多项式中指数值相同的项
        while(p1)
        {
            p2=p1->next;                    //取下一节点
            while(p2 && p2->expn==p1->expn)//若节点有效,节点与节点的指数相同
            {
                p1->coef+=p2->coef;         //累加系数
                p1->next=p2->next;          //删除p指向的节点
                free(p2);                   //释放p节点占用的内存
                p2=p1->next;                //处理下一节点
                (*p)->expn--;               //总节点数减1
            }
            p1=p1->next;
        }
}
```

步骤 03 定义函数PolynPrint()输出多项式,具体代码如下所示。

```
void PolynPrint(pPOLYN p) //输出多项式
{
    pPOLYN p1;
    int i;
    printf("\n\n计算后的多项式共有%d项。\n",p->expn);
    p1=p->next;
    i=1;
```

```
    while(p1)
    {
        printf("第%d项,系数:%g,指数:%d\n",i++,p1->coef,p1->expn);
        p1=p1->next;
    }
    printf("\n");
}
```

步骤 04 定义函数PolynMinus(),用于实现多项式的减法运算。其中,参数pa是指向被减数链表的第1个有效项,参数pb是指向减数链表的第1个有效项。具体代码如下所示。

```
void PolynMinus(pPOLYN pa,pPOLYN pb)   //多项式减法pa=pa-pb
{
    pPOLYN pa1,pb1,pc1,p;
    pa1=pa->next;                      //指向被减数链表的第1个有效项
    pb1=pb->next;                      //指向减链数表的第1个有效项
    pc1=pa;
    pc1->next=NULL;
    pa->expn=0;                        //清空多项式项目数量
    while(pa1 && pb1)                  //两个多项式都未结束
    {
        if(pa1->expn > ph1->expn)      //pa1指数大于pb1指数
        {
            pc1->next=pa1;             //将pa1加入结果链表中
            pc1=pa1;
            pa1=pa1->next;             //处理pa1中的下一项
            pc1->next=NULL;
        }
        else if(pa1->expn < pb1->expn)//pa1指数小于pb1指数
        {
            pb1->coef*=-1;             //将pb1系数修改为负数
            pc1->next=pb1;             //将pb1加入结果链表中
            pc1=pb1;
            pb1=pb1->next;             //处理pb1中的下一项
            pc1->next=NULL;
        }
        else                           //pa1指数等于pb1指数,执行相减操作
        {
            pa1->coef-=pb1->coef;      //pa1的系数减去pb1的系数
            if(pa1->coef!=0)           //若相减后的系数不为0
            {
```

```
                pc1->next=pa1;          //将相减后的项添加到结果项
                pc1=pa1;
                pa1=pa1->next; //处理pa1中的下一项
                pc1->next=NULL;
                p=pb1;
                pb1=pb1->next; //处理pb1中的下一项
                free(p);            //释放本次相减处理后pb1的内存空间
            }
            else //若相减后的系数为0，则从结果链中删除该指数的项
            {
                p=pa1;
                pa1=pa1->next; //删除pa1指向的项
                free(p);        //释放内存
                p=pb1;
                pb1=pb1->next; //删除pb1指向的项
                free(p);        //释放空间
                pa->expn--;     //后面要进行累加操作，此处先减1
            }
        }
        pa->expn++;             //累加一个结果项
    }
    if (pa1)                    //若pa1中还有项
    {
        pc1->next=pa1;          //将pa1中的项添加到结果链表中
        while(pa1)
        {
            pa->expn++;
            pa1=pa1->next;
        }
    }
    if(pb1)                     //若pb1中还有项
    {
        pc1->next=pb1;          //将pb1中的项添加到结果链表中
        while(pb1)
        {
            pb1->coef*=-1;
            pa->expn++;
            pb1=pb1->next;
        }
    }
    free(pb);                   //释放pb头节点占用的内存
}
```

步骤 05 定义主函数main()并输出结果，具体代码如下所示。

```
int main()
{
    char operation=' ';
    pPOLYN pa=NULL,pb=NULL;  //指向多项式链表的指针
    printf("请输入第一个多项式\n");
    PolynInput(&pa);  //调用函数输入一个多项式
    printf("\n请输入第二个多项式\n");
    PolynInput(&pb);  //调用函数，输入另一个多项式
    PolynMinus(pa,pb);  //调用多项式相减函数
    printf("\n两个多项式之差为：");
    PolynPrint(pa);
    getch();
    return 0;
}
```

执行结果如图8-9所示。

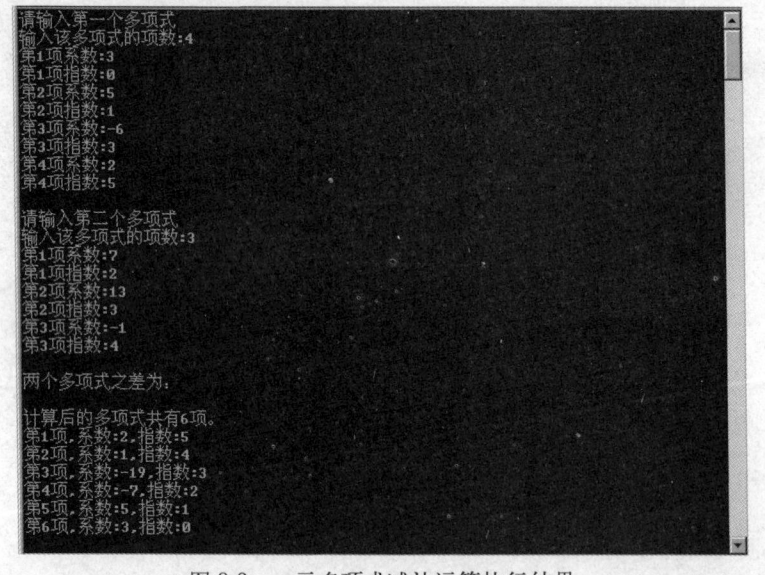

图8-9 一元多项式减法运算执行结果

8.8 方程求解

数学领域中的方程有两种，分别是线性方程和非线性方程。

（1）线性方程（linear equation）：代数方程，例如$y=2x$，其中任一变量都为一次幂。这种方程的函数图像为一条直线，所以称为线性方程。

(2) 非线性方程：即因变量与自变量之间的关系不是线性关系，例如，平方关系、对数关系、指数关系、三角函数关系等，这类方程很多。

8.8.1 用高斯消元法解方程组

实例8-10	用高斯消元法解方程组
源码路径	素材\daima\8\8-8-1.c

问题描述：编写一段程序，实现用高斯消元法解方程组。

具体实现：编写实例文件为8-8-1.c，具体实现流程如下所示。

步骤 01 定义交换函数swap()，用来交换矩阵中的两行数据，然后定义函数gcd()和lcm()，分别返回两个数的最大公约数和最小公倍数。具体代码如下所示。

```c
#include <stdio.h>
#define MAXN 100           //设置矩阵的最大数量
int arr[MAXN][MAXN]; //保存增广矩阵（就是在系数矩阵的右边添上一列，这一列是
                    //线性方程组的等号右边的值）
int result[MAXN];          //保存方程的解
int unuse_result[MAXN];   //判断是否是不确定的变元
int unuse_num;
void swap(int *a,int *b)//交换两数
{
    int t;
    t=*a;
    *a=*b;
    *b=t;
}
int gcd(int a,int b)  //返回最大公约数
{
    int t;
    while(b!= 0)
    {
        t=b;
        b=a%b;
        a=t;
    }
    return a;
}
int lcm(int a,int b) //返回最小公倍数
{
```

```
    return a*b/gcd(a,b);
}
void debug(int equ,int var)
{
    int i,j;
    for(i=0;i<equ;i++)
    {
        for(j=0;j<var+1;j++)
            printf("%d ",arr[i][j]);
        printf("\n");
    }
    printf("\n");
}
```

步骤 02 编写函数Gauss()，实现用高斯消元法解方程组。首先，通过循环对矩阵中各行进行消元，这样可以得到一个三角形矩阵；然后判断，如果最后一行最后一列不为0，表示方程组无解，返回-1，如果未使用变量有多个，表示方程组有多解；最后实现回代求解。函数Gauss()的具体代码如下所示。

```
int Gauss(int equ,int var)
{
    int i,j,k,col;
    int max_r,ta,tb,lcm1;
    int temp,unuse_x_num,unuse_index;
    col=0;  //设当前处理列的值为0，表示从第1列开始处理
    for(k=0;k<equ && col<var;k++,col++)        //循环处理矩阵中的行
    {
        max_r=k;                               //绝对值最大行
        for(i=k+1;i<equ;i++)
            if(abs(arr[i][col])>abs(arr[max_r][col]))
                max_r=i;    //保存绝对值最大的行号
        if(max_r!=k)        //最大行不是当前行，则与第k行交换
            for(j=k;j<var+1;j++)
                swap(&arr[k][j], &arr[max_r][j]); //交换矩阵右上角数据
        if(arr[k][col]==0) //说明col列第k行以下全是0了，则处理当前行的下一列
        {
            k--;
            continue;
        }
        for(i=k+1;i<equ;i++)   //查找要删除的行
        {
            if(arr[i][col]!=0) //左列不为0，进行消元运算
```

```
                {
                    lcm1=lcm(abs(arr[i][col]),abs(arr[k][col])); //求最小公倍数
                    ta=lcm1/abs(arr[i][col]);
                    tb=lcm1/abs(arr[k][col]);
                    if(arr[i][col]*arr[k][col]<0) //相乘为负，表示两数符号不同
                        tb=-tb;   //异号的情况表示为两个数相加的形式
                    for(j=col;j<var+1;j++)
                        arr[i][j]=arr[i][j]*ta-arr[k][j]*tb;
                }
            }
        }
        for(i=k;i<equ;i++)   //判断最后一行最后一列，若不为0，表示无解
            if(arr[i][col]!=0)
                return -1;   //返回无解
        if(k<var)//自由变元有var-k个，即不确定的变元至少有var-k个
        {
            for(i=k-1;i>=0;i--)
            {
                unuse_x_num=0;  //判断该行中不确定变元的数量，若超过1个，则无法求解
                for(j=0;j<var;j++)
                {
                    if(arr[i][j]!=0 && unuse_result[j])
                    {
                        unuse_x_num++;
                        unuse_index=j;
                    }
                }
                if(unuse_x_num>1)
                    continue;                        //  无法求解出确定的解
                temp=arr[i][var];
                for(j=0;j<var;j++)
                {
                    if(arr[i][j]!=0 && j!=unuse_index)
                        temp-=arr[i][j]*result[j];
                }
                result[unuse_index]=temp/arr[i][unuse_index]; // 求出该变元
                unuse_result[unuse_index]=0;    //该变元是确定的
            }
            return var-k;                          //自由变元有var-k个
        }
        for(i=var-1;i>=0;i--)                      //回代求解
        {
```

```
            temp=arr[i][var];
            for(j=i+1;j<var;j++)
            {
                if(arr[i][j]!=0)
                    temp-=arr[i][j]*result[j];
            }
            if(temp % arr[i][i]!=0)                    //若不能整除
                return -2;                              //返回有浮点数解，但无整数解
            result[i]=temp/arr[i][i];
        }
        return 0;
    }
```

步骤 03 编写主函数main()输出结果，具体代码如下所示。

```
int main()
{
    int i,j;
    int equ, var;
    printf("方程数:");
    scanf("%d",&equ);              //输入方程数量
    printf("变元数:");
    scanf("%d",&var);              //输入变元数量
    for(i=0;i<equ;i++)             //循环输入各方程的系数
    {
        printf("第%d个方程的系数:",i+1);
        for(j=0;j<var+1;j++)       //循环输入一个方程的系数
        {
            scanf("%d", &arr[i][j]);
        }
    }
    unuse_num=Gauss(equ,var);      //调用高斯函数
    if(unuse_num==-1)              //无解
        printf("无解!\n");
    else if(unuse_num==-2)         //只有浮点数解
        printf("有浮点数解，无整数解!\n");
    else if(unuse_num>0)           //无穷多解
    {
        printf("无穷多解！自由变元数量为%d\n",unuse_num);
        for(i=0;i<var;i++)
        {
            if(unuse_result[i])
```

```
                    printf("x%d是不确定的\n",i+1);
                else
                    printf("x%d: %d\n",i+1,result[i]);
            }
        }
        else
        {
            for(i=0;i<var;i++)        //输出解
            {
                printf("x%d=%d\n",i+1,result[i]);
            }
        }
        printf("\n");
        getch();
        return 0;
}
```

程序运行，输入数据后的结果如图8-10所示。

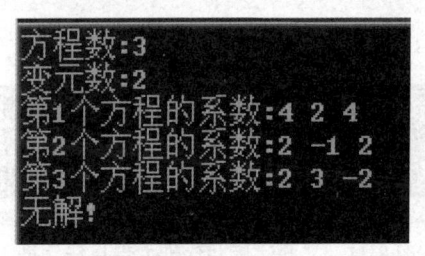

图 8-10 执行结果

8.8.2 用二分法解非线性方程

实例8-11	用二分法解非线性方程
源码路径	素材\daima\8\8-8-2.c

问题描述：编写一段程序，用二分法解非线性方程。

具体实现：编写实例文件8-8-2.c，具体代码如下所示。

```
#include <stdio.h>
#include <math.h>
double func(double x)          //函数
{
    return 2*x*x*x-5*x-1;
}
```

-255-

```c
int main()
{
    double a=1.0,b=2.0;              //初始区间
    double c;
    c=(a+b)/2.0;
    while(fabs(func(c))>1e-5 && func(a-b)>1e-5)
    {
        if(func(c)*func(b)<0)   //确定新的区间
            a=c;
        if(func(a)*func(c)<0)
            b=c;
        c=(a+b)/2;                   //二分法确定新的区间
    }
    printf("二分法解方程:2*x*x*x-5*x-1=0\n");
    printf("结果:%0.5f\n",c);         //输出解
    getch();
    return 0;
}
```

程序执行的结果如图8-11所示。

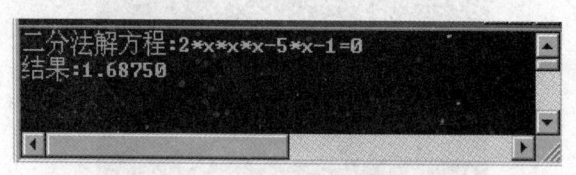

图 8-11　二非法解非线性方程执行结果

8.8.3　用牛顿迭代法解非线性方程

实例8-12	用牛顿迭代法解非线性方程
源码路径	素材\daima\8\8-8-3.c

　　牛顿迭代法又被称为牛顿-拉夫逊方法，是牛顿在17世纪提出的一种在实数域和复数域上近似求解方程的方法。因为大多数方程不存在求根公式，所以求精确根非常困难，甚至不可能，这样寻找方程的近似根就显得特别重要。

　　可以使用函数$f(x)$的泰勒级数的前面几项来寻找方程$f(x)=0$的根。在数学领域中，牛顿迭代法是求方程根的重要方法之一，其最大优点是在方程$f(x)=0$的单根附近具有平方收敛，而且该法还可以用来求方程的重根、复根。另外，该方法还广泛用于计算机编程中。

　　假设r是$f(x)=0$的根，选取x_0作为r初始近似值，经过点$(x_0, f(x_0))$做一条曲线$y = f(x)$的切线L，L的方程为$y=f(x_0)+f'(x_0)(x-x_0)$，求出L与x轴交点的横坐标$x_1=x_0-f(x_0)/f'(x_0)$，

称 x_1 为 r 的一次近似值。过点 $(x_1, f(x_1))$ 做曲线 $y=f(x)$ 的切线，并求该切线与 x 轴交点的横坐标 $x_2=x_1-f(x_1)/f'(x_1)$，称 x_2 为 r 的二次近似值。重复以上过程，得 r 的近似值序列，其中 $x(n+1)=x(n)-f(x(n))/f'(x(n))$，称为 r 的 $n+1$ 次近似值，上式称为牛顿迭代公式。

问题描述：编写一段程序，用牛顿迭代法解非线性方程。

具体实现：本实例的实现文件是8-8-3.c，下面开始讲解其实现流程。

步骤 01 分别定义需要求解的函数func()和导函数func1()，具体代码如下所示。

```c
#include <stdio.h>
double func(double x)    //函数
{
    return x*x*x*x-3*x*x*x+1.5*x*x-4.0;
}
double func1(double x)   //导函数
{
    return 4*x*x*x-9*x*x+3*x;
}
```

步骤 02 定义函数Newton()，根据函数func()和func1()实现迭代操作。其中函数Newton()有如下3个参数：

(1) x：传入初始近似根，计算结束后根的结果将通过该参数返回。
(2) precision：传入迭代需要达到的精度。
(3) maxcyc：传入最大迭代的次数。

函数Newton()的具体代码如下所示。

```c
int Newton(double *x,double precision,int maxcyc)   //迭代次数
{
    double x1,x0;
    int k;
    x0=*x;
    for(k=0;k<maxcyc;k++)
    {
        if(func1(x0)==0.0)   //如果初值通过运算，函数返回值为0
        {
            printf("迭代过程中导数为0!\n");
            return 0;
        }
        x1=x0-func(x0)/func1(x0);        //进行牛顿迭代计算
        if(fabs(x1-x0)<precision || fabs(func(x1))<precision)
                                          //达到结束条件
        {
            *x=x1;                        //返回结果
```

```
            return 1;
        }
        else                                        //未达到结束条件
            x0=x1;                                  //准备下一次迭代
    }
    printf("迭代次数超过预期!\n");                    //迭代次数达到，仍没有达到精度
    return 0;
}
```

步骤 03 编写主函数main()，调用前面定义的函数以输出计算结果，具体代码如下所示。

```
int main()
{
    double x,precision;
    int maxcyc;
    printf("输入初始迭代值x0:");
    scanf("%lf",&x);
    printf("输入最大迭代次数:");
    scanf("%d",&maxcyc);
    printf("迭代要求的精度:");
    scanf("%lf",&precision);
    if(Newton(&x,precision,maxcyc)==1)              //若函数返回值为1
        printf("该值附近的根为:%lf\n",x);
    else                                            //若函数返回值为0
        printf("迭代失败!\n");
    getch();
    return 0;
}
```

程序运行，输入数据及执行后的结果如图8-12所示。

```
输入初始迭代值x0:3
输入最大迭代次数:4
迭代要求的精度:0.01
该值附近的根为:2.648987
```

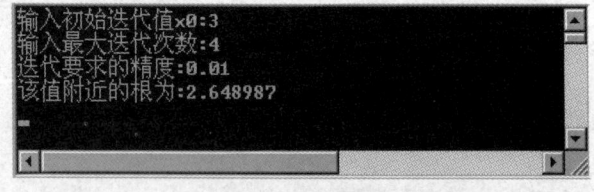

图 8-12　执行结果

8.9 "借书方案"问题

实例8-13	编程解决"借书方案"问题
源码路径	素材\daima\8\8-9.c

8.9.1 问题描述

小明有5本新书，要借给A、B、C三位小朋友，若每人每次只能借一本，则可以有多少种不同的借法？

8.9.2 算法分析

本问题实际上是一个排列问题，即求从5个中取3个进行排列的方法的总数。首先对5本书从1～5进行编号，然后使用穷举的方法。假设3个人分别借这5本书中的一本，当3个人所借的书的编号都不相同时，就是满足题意的一种借阅方法。

8.9.3 具体实现

编写实例文件8-9.c，具体代码如下所示。

```c
#include <stdio.h>
#include <stdlib.h>

int main()
{
    int a,b,c;
    int count = 0;
    printf("共有以下借法：\n");
    for(a = 1;a <= 5;a++)            //a,b,c,分别从一号书借到五号书
    {
        for(b = 1;b <= 5;b++)
        {
            for(c = 1;c <= 5;c++)
            {
                if(0 != (a - b) * (b - c) * (c - a))
                {
                    count++;
                    printf("%d: %d %d %d\t",count,a,b,c);
                    if(0 == count % 3)
                    {
                        printf("\n");
                    }
                }
            }
        }
    }
}
```

```
    return 0;
}
```

程序执行的结果如图8-13所示。

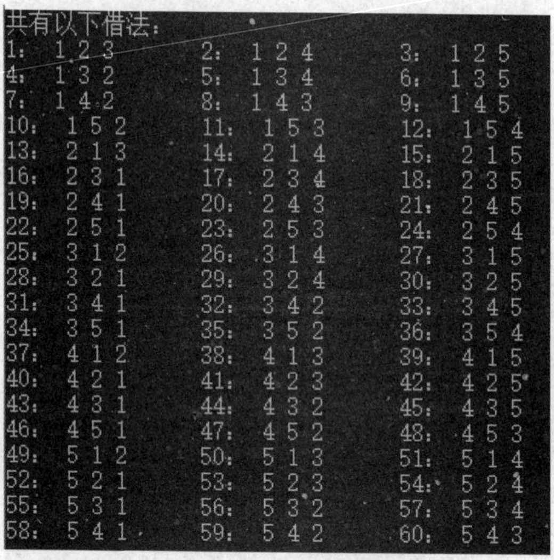

图 8-13 "借书方案"问题执行结果

8.10 "三色球"问题

实例8-14	编程解决"三色球"问题
源码路径	素材\daima\8\8-10.c

问题描述：有红、黄、绿3种颜色的球，其中红球3个，黄球3个，绿球6个。现将这12个球混放在一个盒子中，从中任意摸出8个球，编程计算摸出的球的各种颜色搭配。

8.10.1 算法分析

这是一个排列组合问题，即从12个球中任意摸出8个球，求颜色搭配的种类。解决这类问题的一种比较简单、直观的方法是使用穷举法，在可能的解的空间中找出所有的搭配，然后再根据约束条件加以排除，最终筛选出正确的答案。在本例中，因为是随便从12个球中摸取，一切都是随机的，所以每种颜色的球被摸到的可能的个数如表8-1所示。

表 8-1 每种颜色的球被摸到的可能的个数

红球	黄球	绿球
0, 1, 2, 3	0, 1, 2, 3	2, 3, 4, 5, 6

其中绿球不可能被摸到0个或者1个。假设只摸到1个绿球,那么摸到的红球和黄球的总数一定为7,而红球与黄球全部被摸到的总数才为6,因此假设是不可能成立的。同理,绿球不可能被摸到0个。

可以将红黄绿三色球可能被摸到的个数进行排列,再组合在一起而构成一个解空间,那么解空间的大小为4×4×5=80种颜色搭配组合。但是在这80种颜色搭配组合中,只有满足"红球数+黄球数+绿球数=8"这个条件的才是真正的答案,其余的搭配组合都不能满足题目的要求。

8.10.2 具体实现

编写实例文件8-10.c,具体实现代码如下所示。

```c
#include "stdio.h"
/*三色球问题求解*/
main()
{
    int red,yellow,green;
    printf("red    yellow    green\n");
    for(red=0;red<=3;red++)
        /**红色:0, 1, 2, 3*/
        for(yellow=0;yellow<=3;yellow++)
        /*黄色:0, 1, 2, 3*/
            for(green=2;green<=6;green++)
            /*绿色:2, 3, 4, 5, 6*/
                if(red+yellow+green == 8)
                    printf("%d %d %d\n",red,yellow,green);
    getch();
}
```

程序执行结果如图8-14所示。

图8-14 "三色球"问题执行结果

8.11 "捕鱼和分鱼"问题

实例8-15	编程解决"捕鱼和分鱼"问题
源码路径	素材\daima\8\8-11.c

8.11.1 问题描述

某天夜里，A、B、C、D、E五人一块去捕鱼，到第2天凌晨时都疲惫不堪，于是各自找地方睡觉。天亮了，A第1个醒来，他将鱼分为5份，把多余的一条鱼扔掉，拿走自己的一份。B第2个醒来，也将鱼分为5份，把多余的一条鱼扔掉，拿走自己的一份。C、D、E依次醒来，也按同样的方法拿走鱼。问他们合伙至少捕了多少条鱼？

8.11.2 算法分析

根据题意，总计将所有的鱼进行了5次平均分配，每次分配时的策略是相同的，即扔掉一条鱼后剩下的鱼正好分成5份，然后拿走自己的一份，余下其他的4份。假定鱼的总数为X，则X可以按照题目的要求进行5次分配：$X-1$后可被5整除，余下的鱼为$4 \times (X-1)/5$。若X满足上述要求，则X就是题目的解。

8.11.3 具体实现

编写实例文件8-11.c，具体代码如下所示。

```c
#include <stdio.h>
void main()
{
    int n,i,x,flag=1;          /*flag：控制标记*/
    for(n=6;flag;n++)          /*采用试探的方法，令试探值n逐步加大*/
    {
        for(x=n,i=1&&flag;i<=5;i++)
            if((x-1)%5==0) x=4*(x-1)/5;
            else   flag=0;     /*若不能分配,则设置标记falg=0,表示退出分配过程*/
        if(flag) break;        /*若分配过程正常结束,则找到分配结果,并退出试探过程*/
        else flag=1;           /*否则继续试探下一个数*/
    }
    printf("Total number of fish catched=%d\n",n);  /*输出结果*/
    getch();
}
```

程序执行的结果如图8-15所示。

图 8-15 解决"捕鱼和分鱼"问题执行结果

8.12 "迷宫"问题

实例8-16	编程解决"迷宫"问题
源码路径	素材\daima\8\8-12-1.c

8.12.1 问题描述

问题描述：用C语言编写代码实现迷宫问题求解。

关于迷宫问题，有一个引人入胜的希腊神话，可以把迷宫问题叙述为：骑士靠着线团的帮助—在走过的路上铺线，每到分岔口向没铺线的方向前进，如果遇到死胡同，沿铺的线返回，并铺第2条线，这样一直走进迷宫深处，杀死牛头怪。用计算机处理此问题时，可以将这个线团看作是一个"栈"。在本实例中，将使用栈来解决这个迷宫问题。

8.12.2 算法分析

可以采用回溯法解决迷宫问题，即在一定的约束条件下试探地搜索前进，如果在前进中受阻，则及时回头纠正错误并另择通路继续搜索前进。从入口出发，按某一方向向前探索，如果能走通（未走过的），即某处可达，则到达新点，否则继续试探下一方向；如果所有的方向均没有通路，则沿原路返回前一点，换下一个方向再继续试探，直到所有可能的通路都探索到，或找到一条通路，或无路可走又返回到入口点。

迷宫问题是栈应用的一个典型例子。通过前面的分析，可以知道在试探过程中为了能够沿着原路逆序退回，需要一种数据结构来保存在试探过程中曾经走过的点的下标和从该点前进的方向。当不能继续走下去的时候，需要退回到前一点的位置，然后在此位置继续试探下一个方向。在栈中，栈底元素表示入口，栈顶元素是回退的第1站，也就是说后走过的点先退回，先走过的点后退回，这与栈的"后进先出，先进后出"的特点一致，所以该问题求解的程序中可以采用栈这种数据结构。当迷宫有通路时，栈中保存的点逆序连起来就是一条迷宫的通路，否则没有通路。

8.12.3 具体实现

编写实例文件8-12-1.c，具体实现流程如下所示。

步骤01 定义相关的数据结构，具体代码如下所示。

```c
#include <stdio.h>
#define MAXLEN 30              // 设置迷宫最大行列数目（包括外墙）
#define INIT_SIZE 100          // 存储空间初始分配值
typedef struct
{
    int row;                   //迷宫的行数
    int column;                //迷宫的列数
    //'1'表示障碍,'0'表示空,'2'表示可通,'3'表示已走过但不通
    char grid[MAXLEN][MAXLEN];
}MazeType;                     // 迷宫类型
typedef struct                 // 迷宫中的坐标
{
    int row;                   //行号
    int column;                //列号
}Coordinate;
typedef struct
{
    int ord;                   // 当前位置在路径上的序号
    Coordinate seat;           // 当前坐标
    int di;                    // 探测下一点的方向
}MazeNode;                     // 栈元素类型
```

步骤02 在探测时需要使用栈来保存已探测的单元格，具体代码如下所示。

```c
typedef struct
{
    MazeNode base[INIT_SIZE];  //迷宫节点信息
    int top;                   //栈顶指针
}Stack;                        // 栈类型
int InitStack(Stack *S)        // 构造空栈S
{
    S->top = -1;
    return 1;
}
int StackEmpty(Stack *s)       // 如果s为空返回1,否则返回0
{
    if (s->top == -1)
        return 1;
    return 0;
}
int StackIsFull(Stack *s)      //判断栈是否已满,已满返回1,不满返回0
```

```
{
    if (s->top == INIT_SIZE - 1)
        return 1;
    else
        return 0;
}
int Push(Stack *s, MazeNode mn)// 插入元素mn表示新的栈顶元素
{
    if (!StackIsFull(s))            //如果栈未满
    {
        s->top++;                    //修改栈顶指针
        s->base[s->top] = mn;        //将节点信息入栈
    }
}
// 如果栈不空则删除栈
int Pop(Stack *s, MazeNode *mn)
{
    if (s->top != -1)               //栈不为空
    {
        *mn = s->base[s->top];
        s->top--;
        return 1;
    }
    return 0;
}
int DestroyStack(Stack *s)          //销毁栈s
{
    s->top=-1;
    return 1;
}
```

步骤 03 编写迷宫初始化函数MazeInit()。为了便于程序的探测操作，在迷宫的最外面设置一个全部是障碍的边框。然后由用户输入迷宫中的障碍的具体坐标，系统会生成迷宫的初始化二维数组。函数MazeInit()的具体代码如下所示。

```
int MazeInit(MazeType *maze)                              // 初始化迷宫
{
    int m, n, i, j;
    printf("输入迷宫的行数和列数:");
    scanf("%d %d", &maze->row, &maze->column);            // 迷宫行数和列数
    for (i = 0; i <= maze->column + 1; i++)               // 迷宫行外墙
    {
```

```c
        maze->grid[0][i] = '1';                         //设置为障碍墙
        maze->grid[maze->row + 1][i] = '1';
    }
    for (i = 0; i <= maze->row + 1; i++)                // 迷宫列外墙
    {
        maze->grid[i][0] = '1';                //设置为障碍墙
        maze->grid[i][maze->column + 1] = '1';
    }
    for (i = 1; i <= maze->row; i++)                    // 初始化迷宫
        for (j = 1; j <= maze->column; j++)
            maze->grid[i][j] = '0';                     //设置为可通过
    printf("输入障碍墙的坐标(输入坐标(0,0)结束): ");
    while(1)
    {
        scanf("%d %d", &m, &n);                     // 接收障碍的坐标
        if(m==0)  //输入0
            break;                                  //结束坐标的输入
        if (m<=0 || n<=0 || m > maze->row || n > maze->column) //越界
        {
            printf("坐标越界,重新输入!\n");
            continue;
        }
        maze->grid[m][n] = '1'; // 迷宫障碍用'1'标记
    }
    return 1;
}
```

步骤 04 定义函数MazePath(),获取从迷宫maze的入口到出口的探查路径。根据入口坐标从右侧开始在4个方向进行探测,找到能通的单元格即将其入栈,然后从能通的单元格再向右侧探测。如果右侧单元格不通,则探测下方、左方和上方,按照上述思路依次循环进行。函数MazePath()的具体代码如下所示。

```c
//从迷宫maze的入口到出口的探查路径
int MazePath(MazeType *maze, Coordinate start, Coordinate end)
{
    Stack S;                        //定义栈
    Coordinate pos;
    int curstep;       //表示当前序号,用数字1、2、3、4分别表示东、南、西、北4个方向
    MazeNode e;
    InitStack(&S);                  //初始化栈
    pos = start;                    //从入口位置开始查找路径
    curstep = 1;                    // 探索第1步
```

```c
    do
    {
        if (Pass(maze, pos))    //若指定位置可通过
        {
            MarkerPass(maze, pos);//标记能通过
            e.ord = curstep;        //保存步数
            e.seat = pos;           //保存当前坐标
            e.di = 1;               //向右侧探测
            Push(&S, e);            //将节点添加到栈中(保存路径)
                                    //如果当前位置是出口坐标
            if (pos.row == end.row && pos.column == end.column)
            {
                DestroyStack(&S);   //释放栈占用的空间
                return 1;           //返回查找成功
            }
            else                    //与出口坐标不同
            {
                pos = NextCoord(pos, 1);//向右侧探测
                curstep++;              //增加前进步数
            }
        }
        else                        //如果指定位置不通(为障碍墙或已走过)
        {
            if (!StackEmpty(&S))    //若栈不为空(之前有走过的位置)
            {
                Pop(&S, &e);        //出栈(返回上一步的位置)
                                    //上一步4个方向都探测完,且栈不为空
                while (e.di -= 4 && !StackEmpty(&S))
                {
                    MarkerNoPass(maze, e.seat);//标记该位置不通
                    Pop(&S, &e);    //出栈(返回上一步)
                }
                if (e.di < 4)       //若未探测完4个方向
                {
                    e.di++;         //准备探测下一个方向
                    Push(&S, e);//将当前节点入栈(保存当前位置,准备下一位置的探测)
                    pos = NextCoord(e.seat, e.di);//查找下一个应该探测位置的坐标
                }
            }
        }
    }while (!StackEmpty(&S));
                        //程序运行到这里,表示没有能通达的路径
```

```c
        DestroyStack(&S);              //释放栈占用的空间
        return 0;                      //返回失败
}
```

步骤 05 编写本项目需要的辅助函数，具体代码如下所示。

```c
int Pass(MazeType *maze, Coordinate pos)      //判断指定坐标是否可通过
{
    if (maze->grid[pos.row][pos.column] == '0')    // 可通
        return 1;
    else
        return 0;
}
int MarkerPass(MazeType *maze, Coordinate pos)      //标记可通过
{
    maze->grid[pos.row][pos.column] = '2';          //"2"表示可通
    return 1;
}
Coordinate NextCoord(Coordinate pos, int i)         //获取下一位置
{
    switch(i)           // 1,2,3,4分别表示东,南,西,北方向
    {
        case 1:
            pos.column += 1;       //向右侧查找
            break;
        case 2:                    //向下方查找
            pos.row += 1;
            break;
        case 3:                    //向左侧查找
            pos.column -= 1;
            break;
        case 4:                    //向上方查找
            pos.row -= 1;
            break;
        default:
            exit(0);
    }
    return pos;
}
//曾走过,但不是通路,则用数字"3"标记,并返回1
int MarkerNoPass(MazeType *maze, Coordinate pos)
{
```

```c
        maze->grid[pos.row][pos.column] ='3';     // "3"表示曾走过但不通
        return 1;
}
```

步骤 06 编写函数PrintMaze(),输出在迷宫中找到的一条路径。在二维数组中是以不同的标记标识路径的。为了让用户看到这个路径,就需要编写输出迷宫的函数。此函数只需判断迷宫各单元格的状态,并根据不同状态输出不同的字符。

```c
void PrintMaze(MazeType *maze)                          //输出迷宫
{
    int i, j;
    printf("\n迷宫路径(◇表示通路):\n");
    for (i = 0; i <= maze->row + 1; i++)
    {
        for (j = 0; j <= maze->column + 1; j++)
        {
            if ( maze->grid[i][j] == '1')              //如果是障碍墙
                printf("■");
            else if ( maze->grid[i][j] == '2')          //如果是可通路径
                printf("◇");
            else                    //其他位置
                printf("  ");
        }
        printf("\n");
    }
}
```

步骤 07 定义主函数main(),调用前面的函数并输出迷宫结果,具体代码如下所示。

```c
int main()
{
    MazeType maze;              //迷宫数据
    Coordinate start, end;
    char cmd;
    printf("创建迷宫\n");
    if (!MazeInit(&maze))    //初始化并创建迷宫
    {
        printf("\n创建迷宫结构时出错!\n");
        exit(-1);               // 初始化错误
    }
    do                      // 输入迷宫入口坐标
    {
        printf("\n输入迷宫入口坐标:");
```

```c
        scanf("%d %d", &start.row, &start.column);
        if (start.row > maze.row || start.column > maze.column)
        {
            printf("\n输入的坐标越界,重新输入!\n");
            continue;
        }
    }while (start.row > maze.row || start.column > maze.column);
    do// 输入迷宫出口坐标
    {
        printf("\n输入迷宫出口坐标:");
        scanf("%d %d", &end.row, &end.column);
        if (end.row > maze.row || end.column > maze.column)
        {
            printf("\n输入的坐标越界,重新输入!\n");
            continue;
        }
    }while (end.row > maze.row || end.column > maze.column);
    if (!MazePath(&maze, start, end))        //调用函数查找路径
        printf("\n没有路径可由入口到达出口!\n");
    else
        PrintMaze(&maze);    // 打印找到的路径
    getch();
    return 0;
}
```

程序执行结果如图8-16所示。

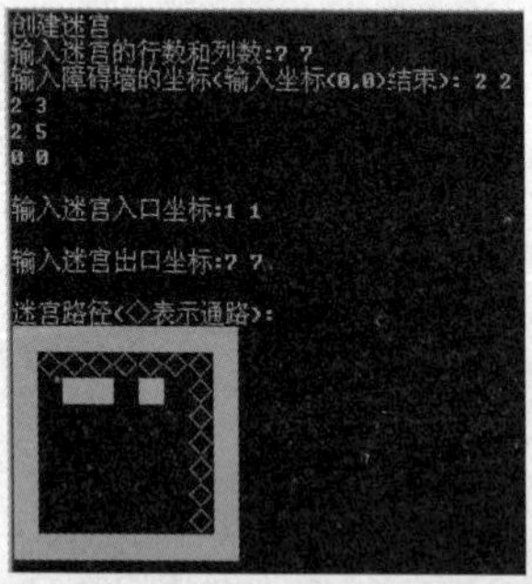

图 8-16 使用栈解决"迷宫"问题执行结果

8.12.4 找出"迷宫"问题中的所有路径

实例8-17	找出"迷宫"问题中的所有路径
源码路径	素材\daima\8\8-12-2.c

对于迷宫来说，可能有多条路径可供用户选择。上述实例代码只是找出了一条路径，本实例代码是找出迷宫问题的所有路径，编写的实例文件为8-12-2.c，其具体实现流程如下所示。

步骤01 初始化迷宫数组maze[][]，具体代码如下所示。

```c
#include <stdio.h>
#include <stdlib.h>
#define MAXROW 25
int maze[MAXROW][MAXROW] = {
                {1,1,1,1,1,1,1,1,1,1,1,1,1,1,1,1,1,1,1,1,1,1,1,1,1},
                {1,0,0,0,0,0,0,0,0,0,0,0,0,0,0,0,0,0,0,0,0,0,0,0,1},
                {1,0,1,1,1,1,1,1,1,1,1,1,1,1,1,1,1,1,1,1,1,1,0,1},
                {1,0,1,0,0,0,0,0,0,0,0,0,0,0,0,0,0,0,0,0,0,1,0,1},
                {1,0,1,0,1,1,1,1,1,1,1,1,1,1,1,1,1,1,1,1,0,1,0,1},
                {1,0,1,0,1,0,0,0,0,0,0,0,0,0,0,0,0,0,0,1,0,1,0,1},
                {1,0,1,0,1,0,1,1,1,1,1,1,1,1,1,1,1,0,1,0,1,0,1,0,1},
                {1,0,1,0,1,0,1,0,0,0,0,0,1,0,0,0,0,0,1,0,1,0,1,0,1},
                {1,0,1,0,1,0,1,0,1,1,1,1,1,1,1,1,0,1,0,1,0,1,0,1},
                {1,0,1,0,1,0,1,0,1,0,0,0,0,0,0,0,1,0,1,0,1,0,1,0,1},
                {1,0,1,0,1,0,1,0,1,0,1,1,1,1,1,0,1,0,1,0,1,0,0,0,1},
                {1,0,1,0,1,0,1,0,1,0,1,0,1,0,1,0,1,0,1,0,1,0,1,0,1},
                {1,1,1,0,1,0,1,0,1,0,1,0,1,0,1,0,1,0,1,1,1,1,1,1},
                {1,0,1,0,1,0,1,0,1,0,1,0,1,0,1,0,1,0,1,0,1,0,1,0,1},
                {1,0,1,0,0,0,1,0,1,0,1,1,1,1,1,0,1,0,1,0,1,0,1,0,1},
                {1,0,1,0,1,0,1,0,1,0,0,0,1,0,0,0,1,0,1,0,1,0,1},
                {1,0,1,0,1,1,1,0,1,1,0,1,1,1,0,1,1,0,1,0,1,0,1,0,1},
                {1,0,1,1,1,0,0,0,0,0,0,1,0,0,0,0,1,0,1,0,1,0,1},
                {1,0,1,0,0,0,1,1,1,1,1,1,1,1,0,1,0,1,0,1,0,1,0,1},
                {1,0,0,0,1,0,0,1,0,0,0,0,0,0,0,1,0,0,1,0,1,0,1},
                {1,0,1,0,1,1,1,1,0,1,1,1,1,1,1,1,1,0,1,0,1,0,1,0,1},
                {1,0,1,0,0,1,0,0,0,0,0,0,0,0,0,0,0,0,1,0,1},
                {1,0,1,1,1,1,1,1,1,1,1,1,1,1,1,1,1,1,1,1,1,0,1},
                {1,0,0,0,0,0,0,0,0,0,0,0,0,0,0,0,0,0,0,0,0,0,0,0,1},
                {1,1,1,1,1,1,1,1,1,1,1,1,1,1,1,1,1,1,1,1,1,1,1,1,1}
};                                                              //迷宫数组
int InX = 1, InY = 1;                                           // 入口
int OutX = MAXROW-2,OutY = MAXROW-2 ;                           // 出口
```

步骤02 编写函数PrintMaze()来显示迷宫。因为使用了全局变量，所以在此不需要参数，只需直接从全局数组中获取数据并显示即可。函数PrintMaze()的具体代码如下所示。

```
void PrintMaze()
{
    int i,j;
    for (i = 0; i < MAXROW; i++)
    {
        for (j = 0; j < MAXROW; j++)
        {
            if (maze[i][j] == 1)
                printf("■");
            else if (maze[i][j] == -1)
                printf("◇");
            else
                printf("  ");
        }
        printf("\n");
    }
    getch();
}
```

步骤 03 编写函数pass()，使用递归调用方式查找通路，在指定的单元格坐标中的相邻单元格内进行路径查找。函数pass()的具体代码如下所示。

```
void pass(int x, int y)
{
    int m, n;
    maze[x][y] = -1;              //初始时设置可以通过该位置
    if (x == OutX && y == OutY)   //若已到终点
    {
        printf("\n路径:\n");
        PrintMaze();
    }
    if (maze[x][y + 1] == 0)      //若右侧位置为空
        pass(x, y + 1);   //递归调用pass函数测试右侧
    if (maze[x + 1][y] == 0)      //若下位置为空
        pass(x + 1, y);   //递归调用pass函数测试下方
    if (maze[x][y - 1] == 0)      //若左侧位置为空
        pass(x, y - 1);
    if (maze[x - 1][y] == 0)      //若上侧位置为空
        pass(x - 1, y);
    maze[x][y] = 0;               //若该位置上下左右都没有路径，设置为不通
}
```

步骤 04 编写主函数main()，调用前面的函数并输出结果，具体代码如下所示。

```
int main(void)
{
    int i, j,x,y;
    printf("迷宫:\n");
    PrintMaze();
    pass(InX, InY);
    getch();
    return 0;
}
```

程序执行后的结果如图8-17所示，按下任意键后能够显示出一条路径，如图8-18所示。

图 8-17　执行结果　　　　　　　　图 8-18　显示出的一条路径

8.13 "背包"问题

"背包"问题是由Merkel和Hellman在1978年提出的。假设某人拥有大量物品，物品的质量都不相同。此人秘密选择一部分物品，并将物品放到背包中。已知背包中物品的质量是公开的，所有可能的物品也是公开的，但背包中装的物品种类是保密的。"背包"问题的要求是：给定一组物品，每种物品都有自己的质量和价格，在限定的总质量内，如何选择才能使物品的总价格最高。

8.13.1 使用动态规划法解决"背包"问题

实例8-18	使用动态规划法解决"背包"问题
源码路径	素材\daima\8\8-13-1.c

问题描述：设定一个载重量为m的背包，装有n个物品，其中物品的质量为wi，对应

的价值为v_i，$1 \leq i \leq n$，要求把物品装入背包，并使包内物品价值最大。

算法分析：在"背包"问题中，物品要么被装入背包，要么不被装入背包。设置循环变量i，前i个物品能够装入载重量为j的背包中。用value[i][j]数组表示前i个物品能装入载重量为j的背包中物品的最大价值。如果w[i]>j，第i个物品不装入背包；如果w[i]<=j且第i个物品装入背包后的价值>value[$i-1$][j]，则记录当前最大价值（替换为第i个物品装入背包后的价值）。

计算最大价值的动态规划算法如下所示。

```
//计算
for(i=1;i<row;i++)
{
    for(j=1;j<col;j++)
    {
        //w[i]>j,第i个物品不装入背包
        value[i][j]=value[i-1][j];
        //w[i]<=j,且第i个物品装入背包后的价值>value[i-1][j],
        //则记录当前最大价值
        int temp=value[i-1][j-w[i]]+v[i];
        if(w[i]<=j && temp>value[i][j])
            value[i][j]=temp;
    }
}
```

上述程序段完成以下n个阶段。

（1）只装入1个物品，确定在各种不同载重量的背包中能够得到的最大价值。

（2）装入2个物品，确定在各种不同载重量的背包中能够得到的最大价值。

以此类推，装入n个物品，确定在各种不同载重量的背包中，能够得到的最大价值。

确定装入背包的具体物品，从value[n][m]向前开始逆推。如果value[n][m]>value[$n-1$][m]，则第n个物品被装入背包，且前$n-1$个物品被装入载重量为$m-w[n]$的背包中；否则，第n个物品没有装入背包，且前$n-1$个物品被装入载重量为m的背包中。按照上述方法类推，直到确定第1个物品是否被装入背包为止。逆推代码如下所示。

```
//逆推法求装入的物品
j=m;
for(i=row-1;i>0;i--)
{
    if(value[i][j]>value[i-1][j])
    {
        c[i]=1;
        j-=w[i];
    }
}
```

具体实现：编写实例文件8-13-1.c，具体实现代码如下所示。

```c
#include <stdio.h>
#include <stdlib.h>
#include <string.h>
#define FILENAMELENGTH 100
class cbeibao{
public:
    int m_nNumber;                          //物品数量
    int m_nMaxWeight;                       //最大载重量
    int *m_pWeight;                         //每个物品的质量
    int *m_pValue;                          //每个物品的价值
    int *m_pCount;                          //每个物品被选中的次数
    int m_nMaxValue;                        //最大价值
public:
    CBeibao(const char *filename);
    ~CBeibao();

    int GetMaxValue();
    int GetMaxValue(int n,int m,int *w,int *v,int *c);
    void Display(int nMaxValue);
    void Display(int nMaxValue,const char *filename);
};
                                            //读入数据
CBeibao::CBeibao(const char *filename)
{
    FILE *fp=fopen(filename,"r");
    if(fp==NULL)
    {
        printf("can not open file!");
        return;     //exit(0);
    }
    //读入物品数量和最大载重量
    fscanf(fp,"%d %d",&m_nNumber,&m_nMaxWeight);
    m_pWeight=new int[m_nNumber+1];
    m_pValue=new int[m_nNumber+1];
    m_pWeight[0]=0;
    //读入每个物品的质量
    for(int i=1;i<=m_nNumber;i++)
        fscanf(fp,"%d",m_pWeight+i);
    m_pValue[0]=0;
    //读入每个物品的价值
```

```cpp
    for(int i=1;i<=m_nNumber;i++)
        fscanf(fp,"%d",m_pValue+i);
    //初始化时每个物品被选中次数为0
    m_pCount=new int[m_nNumber+1];
    for(int i=0;i<=m_nNumber;i++)
        m_pCount[i]=0;
    fclose(fp);
}
CBeibao::~CBeibao()
{
    delete[] m_pWeight;
    m_pWeight=NULL;
    delete[] m_pValue;
    m_pValue=NULL;
    delete[] m_pCount;
    m_pCount=NULL;
}
/**//************************************************************
 *  动态规划求出满足最大载重量的价格最大值
 *  参数说明：n:物品个数
 *           m:背包载重量
 *           w:质量数组
 *           v:价值数组
 *           c:是否被选中数组
 *  返回值：最大价值
 ***************************************************************/
int CBeibao::GetMaxValue(int n,int m,int *w,int *v,int *c)
{
    int row=n+1;
    int col=m+1;
    int i,j;        //循环变量：前i个物品能够装入载重量为j的背包中
    //value[i][j]表示前i个物品能装入载重量为j的背包中物品的最大价值
    int **value=new int*[row];
    for(i=0;i<row;i++)
        value[i]=new int[col];
            //初始化第0行
    for(j=0;j<col;j++)
        value[0][j]=0;
            //初始化第0列
    for(i=0;i<row;i++)
```

```cpp
            value[i][0]=0;
            //计算
    for(i=1;i<row;i++)
    {
        for(j=1;j<col;j++)
        {
            //w[i]>j,第i个物品不装入背包
            value[i][j]=value[i-1][j];
            //w[i]<=j,且第i个物品装入背包后的价值>value[i-1][j],
            //则记录当前最大价值
            int temp=value[i-1][j-w[i]]+v[i];
            if(w[i]<=j && temp>value[i][j])
                value[i][j]=temp;
        }
    }
    //逆推求装入的物品
    j=m;
    for(i=row-1;i>0;i--)
    {
        if(value[i][j]>value[i-1][j])
        {
            c[i]=1;
            j-=w[i];
        }
    }
    //记录最大价值
    int nMaxVlaue=value[row-1][col-1];
    //释放该二维数组
    for(i=0;i<row;i++)
    {
        delete [col]value[i];
        value[i]=NULL;
    }
    delete[] value;
    value=NULL;
    return nMaxVlaue;
}
int CBeibao::GetMaxValue()
{
    int nValue=GetMaxValue(m_nNumber,m_nMaxWeight,m_pWeight,m_pValue,
m_pCount);
    m_nMaxValue=nValue;
```

```cpp
    return nValue;
}
//显示结果
void CBeibao::Display(int nMaxValue)
{
    printf("   %d ",nMaxValue);
    for(int i=1;i<=m_nNumber;i++)
    {
        if(m_pCount[i])
            printf(" %d   %d ",i,m_pCount[i]);
    }
    printf(" ");
}
void CBeibao::Display(int nMaxValue,const char *filename)
{
    FILE *fp=fopen(filename,"w");
    if(fp==NULL)
    {
        printf("can not write file!");
        return;     //exit(0);
    }
    fprintf(fp,"%d ",nMaxValue);
    for(int i=1;i<=m_nNumber;i++)
    {
        if(m_pCount[i])
            fprintf(fp,"%d   %d ",i,m_pCount[i]);
    }
    fclose(fp);
}
//显示菜单
void show_menu()
{
    printf("----------------------------------------------- ");
    printf("input command to test the program ");
    printf("   i or I : input filename to test ");
    printf("   q or Q : quit ");
    printf("----------------------------------------------- ");
    printf("$ input command >");
}
void main()
{
    char sinput[10];
```

```
    char sfilename[FILENAMELENGTH];
    show_menu();
    scanf("%s",sinput);
    while(stricmp(sinput,"q")!=0)
    {
        if(stricmp(sinput,"i")==0)
        {
            printf("  please input a filename:");
            scanf("%s",sfilename);
            //获取满足最大载质量的最大价值
            CBeibao beibao(sfilename);
            int nMaxValue=beibao.GetMaxValue();
            if(nMaxValue)
            {
                beibao.Display(nMaxValue);
                int nlen=strlen(sfilename);
                strcpy(sfilename+nlen-4,"_result.txt");
                beibao.Display(nMaxValue,sfilename);
            }
            else
                printf("error! please check the input data!");
        }
        //输入命令
        printf("$ input command >");
        scanf("%s",sinput);
    }
}
```

程序执行后的结果如图8-19所示。

图 8-19 使用动态规划法解决"背包"问题执行结果

8.13.2 使用递归法解决"背包"问题

实例8-19	使用递归法解决"背包"问题
源码路径	素材\daima\8\8-13-2.c

问题描述：假设有一个背包最多能装8 kg物体，假设要使背包能装下下面的水果，并要求背包里面的水果价值最大，问应该装哪些水果符合要求？

- 苹果：5 kg，40元。
- 梨：2 kg，12元。
- 桃：1 kg，7元。
- 葡萄：1 kg，8元。
- 香蕉：6 kg，48元。

具体实现：编写实例文件8-13-2.c，具体实现流程如下所示。

步骤 01 定义结构goods来保存水果的相关信息，具体实现代码如下所示。

```c
typedef struct goods
{
    double *value;              //价值
    double *weight;             //质量
    char *select;               //是否选中到方案
    int num;                    //物品数量
    double limitw;              //限制质量
}GOODS;
```

步骤 02 分别定义全局变量maxvalue、totalvalue和select1，然后定义函数backpack()，通过递归方法完成背包的装入操作。具体实现代码如下所示。

```c
double maxvalue,totalvalue;//方案最大价值,物品总价值
char *select1;                      //临时数组
//参数为物品i,当前选择物品已经达到的质量和tw,本方案可能达到的总价值tv
void backpack(GOODS *g, int i, double tw, double tv)
{
    int k;
    //将物品i包含在当前方案,且质量小于等于限制质量
    if (tw + g->weight[i] <= g->limitw)
    {
        select1[i] = 1;             //选中第i个物品
        if (i < g->num - 1)         //若物品i不是最后一个物品
            backpack(g, i + 1, tw + g->weight[i], tv);
                                    //递归调用,继续添加下一物品
```

```c
        else                                     //如果已到最后一个物品
        {
            for (k = 0; k < g->num; ++k)         //将状态标志复制到选择数组中
                g->select[k] = select1[k];
            maxvalue = tv;                       //保存当前方案的最大价值
        }
    }
    select1[i] = 0;                              //取消物品i的选择状态
    //如果物品总价值减去物品i的价值还大于maxvalue方案中已有的价值,说明还可以继续
    //向方案中添加物品
    if (tv - g->value[i] > maxvalue)
    {
        if (i < g->num - 1)                      //若物品i不是最后一个物品
            backpack(g, i + 1, tw, tv - g->value[i]);
                                                 //递归调用,继续加入下一物品
        else                                     //若已到最后一个物品
        {
            for (k = 0; k < g->num; ++k)         //将状态标志复制到选择数组中
                g->select[k] = select1[k];
            //保存当前方案的最大价值(从物品总价值中减去物品i的价值)
            maxvalue = tv - g->value[i];
        }
    }
}
```

步骤03 定义主函数main(),调用上面定义的函数实现背包求解,具体实现代码如下所示。

```c
int main()
{
    double sumweight;
    GOODS g;
    int i;
    printf("背包最大质量:");
    scanf("%lf",&g.limitw);
    printf("可选物品数量:");
    scanf("%d",&g.num);
    //分配内存保存物品价值
    if(!(g.value = (double *)malloc(sizeof(double)*g.num)))
    {
        printf("内存分配失败\n");
        exit(0);
```

```c
    }
    //分配内存保存物品的质量
    if(!(g.weight = (double *)malloc(sizeof(double)*g.num)))
    {
        printf("内存分配失败\n");
        exit(0);
    }
    //分配内存保存物品的质量(选中方案的质量)
    if(!(g.select = (char *)malloc(sizeof(char)*g.num)))
    {
        printf("内存分配失败\n");
        exit(0);
    }
    //分配内存保存物品的质量(某类选择物体)
    if(!(select1 = (char *)malloc(sizeof(char)*g.num)))
    {
        printf("内存分配失败\n");
        exit(0);
    }
    totalvalue=0;
    for (i = 0; i < g.num; i++)
    {
        printf("输入第%d号物品的质量和价值:",i + 1);
        scanf("%lf %lf",&g.weight[i],&g.value[i]);
        totalvalue+=g.value[i];//统计所有物品的价值总和
    }
    printf("\n背包最大能装的质量为:%.2f\n\n",g.limitw);
    for (i = 0; i < g.num; i++)
        printf("第%d号物品重:%.2f,价值:%.2f\n", i + 1, g.weight[i], g.value[i]);
    for (i = 0; i < g.num; i++)            //初始时设各物品都没加入选择集
        select1[i]=0;
    maxvalue=0;//加入方案物品的总价值
    //第0号物品加入方案,总质量为0,所有物品价值为totalvalue
    backpack(&g,0,0.0,totalvalue);
    sumweight=0;
    printf("\n可将以下物品装入背包,使背包装的物品价值最大:\n");
    for (i = 0; i < g.num; ++i)
        if (g.select[i])
        {
            printf("第%d号物品,质量:%.2f,价值:%.2f\n", i+1, g.weight[i], g.value[i]);
            sumweight+=g.weight[i];
        }
```

```
        printf("\n总质量为: %.2f,总价值为:%.2f\n", sumweight, maxvalue );
        getch();
        return 0;
}
```

程序执行结果如图8-20所示。

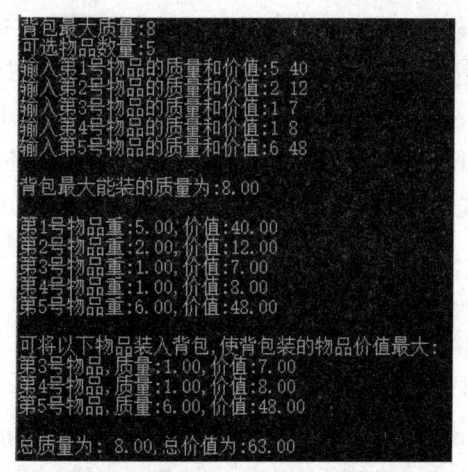

图8-20 使用递归法解决"背包"问题执行结果

8.14 "停车场管理"问题

实例8-20	编程解决"停车场管理"问题
源码路径	素材\daima\8\8-14.c

8.14.1 问题描述

设停车场是一个可停放n辆汽车的通道，并且只有一个大门可供汽车进出。汽车在停车场内按车辆到达时间的先后顺序从停车场最里面向大门口处停放。如果车场内已停满n辆汽车，则后来的汽车只能在门外的过道上等候。一旦有车开走，则排在过道上的第1辆车即可驶入；当停车场内某辆车要离开时，在它之后进入的车辆必须先退出车场为它让路，待该辆车开出大门外后，其他车辆再按原次序进入。每辆停放在车场的车在它离开停车场时必须按它停留的时间长短交纳费用。如果停留在过道上的车未进入停车场就要离开，允许其离开并不收钱。试为停车场编制按上述要求进行管理的模拟程序。

8.14.2 算法分析

以栈模拟停车场，以队列模拟车场外的过道，按照从终端读入的输入数据序列进行模拟管理。每一组输入数据包括3个数据项：汽车"到达"或"离去"信息、汽车牌照号码及到达或离去的时刻，对每一组输入数据进行操作后的输出数据为：若是车辆到达，则输出汽车在停车场内或过道上的停车位置；若是车离去，则输出汽车在停车场内停留的时间和应交纳的费用（在过道上停留的时间不收费）。栈以顺序结构实现，队列以链表实现。还需另设一个栈，临时存放为给要离去的汽车让路而从停车场退出来的汽车信息，也用顺序存储结构实现，按照到达或离去的时刻有序输入数据。栈中每个元素表示一辆汽车，包含两个数据项：汽车的牌照号码和进入停车场的时刻。

例如，假设$n=2$，输入数据为：('A', 1, 5), ('A', 2, 10), ('D', 1, 15), ('A', 3, 20), ('A', 4, 25), ('A', 5, 30), ('D', 2, 35), ('D', 4, 40), ('E', 0, 0)。每一组输入数据包括3个数据项：汽车"到达"或"离去"信息、汽车牌照号码及到达或离去的时刻，其中，'A'表示到达，'D'表示离去，'E'表示输入结束。

根据上述分析，停车场的管理流程如下所示。

步骤01 当车辆要进入停车场时，检查停车场是否已满：如果未满，则车辆进入停车场；如果停车场已满，则车辆进入过道等候。

步骤02 当车辆要求出停车场时，先让在它之后进入停车场的车辆退出停车场为它让路，再让该车退出停车场，让路的所有车辆再按其原来进入停车场的次序进入停车场。之后，再检查在过道上是否有车等候，有车则让最先等待的那辆车进入停车场。

8.14.3 具体实现

编写实例文件8-14.c，具体实现流程如下所示。

步骤01 首先定义要使用的数据结构，具体代码如下所示。

```c
#include "stdio.h"
#include "time.h"
#define MAXNUM 5                //停车场车位数
#define PRICE 2.0               //每小时收费
typedef struct car              //定义车的结构体
{
    char num[10];               //车牌号(最多10个字节)
    struct tm intime;           //进入时间
    struct tm outtime;          //离开时间
    int expense;                //费用
    int length;                 //停车时长
    int position;               //停车位
}CAR;
```

步骤02 编写和栈操作相关的函数。先定义栈结构，然后初始化栈，并判断栈是否为空和是否为满，最后分别实现进栈和出栈操作。具体代码如下所示。

```c
typedef struct                        //栈结构
{
    CAR car[MAXNUM];                  //车辆信息
    int top;                          //栈顶指针
} SeqStack;
void StackInit(SeqStack *s)//初始化栈
{
    s->top = -1;
}
int StackIsEmpty(SeqStack *s)  //判断栈是否为空
{
    if (s->top == -1)
        return 1;
    else
        return 0;
}
int StackIsFull(SeqStack *s)   //判断栈是否为满
{
    if (s->top == MAXNUM - 1)
        return 1;
    else
        return 0;
}
void StackPush(SeqStack *s, CAR car) // 进栈
{
    if (!StackIsFull(s))              //若栈未满
    {
        s->top++;                     //修改栈顶指针
        s->car[s->top] = car;         //将车辆信息入栈
    }
}
CAR StackPop(SeqStack *s)             //出栈
{
    CAR car;
    if (s->top != -1)                 //栈不为空
    {
        car = s->car[s->top];
        s->top--;
        return car;
    }
}
```

算法与数据结构

```
CAR StackGetTop(SeqStack *s)      //取栈顶元素
{
    CAR car;
    if (s->top != -1)
    {
        car = s->car[s->top];
        return car;
    }
}
```

步骤 03 编写栈操作函数来管理停在过道上的车辆。首先定义链表中一个节点的结构，然后定义链表队列的初始结构，最后分别实现队列初始化、入队列和出队列的相关操作。具体代码如下所示。

```
                                        //队列链表
typedef struct carnode                  //定义链队列的节点
{
    CAR data;
    struct carnode *next;
}CarNodeType;
typedef struct                          //链队列
{
    CarNodeType *head;                  //头指针
    CarNodeType *rear;                  //尾指针
}CarChainQueue;
void ChainQueueInit(CarChainQueue *q)   //初始化链队列
{
    if(!(q->head = (CarNodeType *) malloc(sizeof(CarNodeType))))
    {
        printf("内存分配失败!\n");
        exit(0);
    }
    q->rear = q->head;          //头尾指针相同
    q->head->next = NULL;       //头尾指针的下一个节点为空
    q->rear->next = NULL;
}
void ChainQueueIn(CarChainQueue *q, CAR car)     //入队列
{
    CarNodeType *p;
    if(!(p = (CarNodeType *) malloc(sizeof(CarNodeType))))
    {
```

```
            printf("内存分配失败!\n");
            exit(0);
        }
        p->data = car;
        p->next = NULL;
        q->rear->next = p;
        q->rear = p;
    }
    CAR ChainQueueOut(CarChainQueue *q)                //出队列
    {
        CarNodeType *p;
        CAR car;
        if (q->head != q->rear)
        {
            p = q->head->next;
            if (p->next == NULL)
            {
                car = p->data;
                q->rear = q->head;
                free(p);
            } else
            {
                q->head->next = p->next;
                car = p->data;
                free(p);
            }
            return car;
        }
```

步骤04 编写系统需要的辅助函数，其中，函数separator()用于输出多个字符，函数PrintDate()用于定义输出日期的格式。具体代码如下所示。

```
void separator(int n,char ch,char newline)  //输出多个字符
{
    int i;
    for(i=0;i<n;i++)
        printf("%c",ch);
    if(newline==1)
        printf("\n");
}
void PrintDate(struct tm gm_date)
```

```
{
    printf("%d/%d %02d:%02d:%02d\n", gm_date.tm_mon,gm_date.tm_mday,gm_date.tm_hour+8, gm_date.tm_min, gm_date.tm_sec);
}
```

步骤 05 编写函数ChainQueueIsEmpty()，用于判断链队列是否为空，具体代码如下所示。

```
int ChainQueueIsEmpty(CarChainQueue *)        //判断链队列是否为空
{
    if (q->rear == q->head)                    //若队首等于列尾
        return 1;                              //返回空
    else
        return 0;                              //返回非空
}
```

步骤 06 编写函数ShowPark()，用于查看车位状态。如果栈为空，则表示停车场中没有车辆；然后循环从栈中获取并显示已有车辆的信息，接着显示出共停了多少辆车，显示还能停多少辆车；最后调用函数separator()输出40个下划线，作为当前输出信息和后面信息的分隔。具体代码如下所示。

```
void ShowPark(SeqStack *s)    //查看车位状态
{
    int i;
    struct tm gm_date;
    printf("\n车位使用情况\n");
    separator(40,'_',1);
    if (StackIsEmpty(s))                       //若栈是空
        printf("停车场内已没有车辆!\n");
    else
    {
        printf("位置\t车牌号\t进站时间\n");
        for (i = 0; i <= s->top; i++)
        {
            printf("%d\t", s->car[i].position);
            printf("%s\t", s->car[i].num);
            PrintDate(s->car[i].intime);       //输出进站日期时间
        }
        printf("\t\t\t共%d辆", s->top + 1);
        if (s->top == MAXNUM - 1)
```

```
            printf("(已满)\n");
        else
            printf("(还可停放%d辆)\n", MAXNUM - 1 - s->top);
        printf("\n");
    }
    separator(40,'_',1);
}
```

步骤07 编写函数ShowAll()，用于查看车位和显示过道使用情况，具体代码如下所示。

```
void ShowAll(SeqStack *s, CarChainQueue *q)    //查看车位和过道使用情况
{
    ShowPark(s);                                //显示车位使用情况
    ShowAisle(q);                               //显示过道使用情况
}
```

步骤08 编写函数ShowAisle()，用于显示过道上的车辆情况。如果过道队列不为空，则表示有车辆在过道中等候；如果队列为空则表示没有车辆停在过道。具体代码如下所示。

```
void ShowAisle(CarChainQueue *q)           //显示过道上车辆的情况
{
    if (!ChainQueueIsEmpty(q))             //若队列不为空
    {
        CarNodeType *p;
        p = q->head->next;                 //队列中的第1辆车
        printf("\n\n过道使用情况\n");
        separator(30,'_',1);
        printf("车牌\t进入时间\n");
        while (p!= NULL)  //队列不为空
        {
            printf("%s\t", p->data.num);
            PrintDate(p->data.intime);     //显示该辆车的进入时间
            p = p->next;                   //下一辆
        }
    } else
        printf("\n过道上没有车在等待\n");
    separator(30,'_',1);
    printf("\n\n");
}
```

步骤 09 编写函数InPark()，表示车辆进入停车场。首先判断停车场车位是否用完，如果未用完则让车辆进入停车场，否则让车辆在过道等候。具体代码如下所示。

```
void InPark(SeqStack *s, CarChainQueue *q)          //车辆进入停车场
{
    CAR car;
    struct tm *gm_date;
    time_t seconds;
    time(&seconds);
    gm_date = gmtime(&seconds);;

    printf("\n车牌号:");
    scanf("%s",&car.num);
    car.intime=*gm_date;                             //进入停车场的时间

    //如果车位未占完，且过道上没有车
    if (!StackIsFull(s) && ChainQueueIsEmpty(q))
    {
        car.position = (s->top) + 2;                 //车位号
        StackPush(s, car);                           //车辆直接进入车位
        ShowPark(s);                                 //输出现在停车场的情况
    }
    //如果车位已满，过道上还有车，则必须放在过道上
    else if (StackIsFull(s) || !ChainQueueIsEmpty(q))
    {
        printf("提示：车位满,只有先停放在过道中。\n");
        car.position = MAXNUM;
        ChainQueueIn(q, car);                        //停放在过道
        ShowPark(s);                                 //显示车位的情况
        ShowAisle(q);                                //输出过道上的情况
    }
}
```

步骤 10 编写函数OutPark()，用于处理车辆离开停车场。只有停在停车场的车辆才考虑离开的情况，在过道中的车辆必须先进入停车场后才能离开，因为不能倒退出来。停车场车辆在离开时会做下面的工作。

（1）退出后进入的车辆，定义一个临时栈来保存退出的车辆。

（2）按照停车时间对离开的车辆进行计费。

（3）将临时栈中的车辆重新入栈。

（4）如果过道中有等候的车辆，将队列首部车辆入栈。

函数OutPark()的具体代码如下所示。

```c
void OutPark(SeqStack *s, CarChainQueue *q)   //处理车辆离开停车场的情形
{
    struct tm *gm_date;
    time_t seconds;
    SeqStack p;                                //申请临时放车的地方
    StackInit(&p);
    char nowtime[10];
    int i, pos;
    CAR car;
    if (StackIsEmpty(s))                       //如果车位中没有车辆停放
    {
        printf("所有车位都为空,没有车辆需要离开!\n");
    }
    else
    {
        printf("现在车位使用情况是:\n");
        ShowPark(s);  //输出车位使用情况
        printf("哪个车位的车辆要离开:");
        scanf("%d", &pos);
        if (pos > 0 && pos <= s->top + 1)      //输入车位号正确
        {
            //在将pos车位之后停的车放入临时栈,以使pos车位的车出来
            for (i = s->top + 1; i > pos; i--)
            {
                car = StackPop(s);              //出栈
                car.position = car.position - 1; //修改车位号
                StackPush(&p, car);             //将车辆放入临时栈
            }
            car = StackPop(s);                  //将位于pos车位的车辆出栈
            time(&seconds);
            gm_date = gmtime(&seconds);         //获取当前时间
            car.outtime=*gm_date;//离开时间
            car.length=mktime(&car.outtime)-mktime(&car.intime);
                                                //停车场中停放时间
            car.expense=(car.length/3600+1)*PRICE;    //费用
            PrintRate(&car);//输出车出站时的情况,输出信息包括进入时间、出站时间、
                            //原来位置、花的费用等
            while (!StackIsEmpty(&p))           //将临时栈中的车重新进入车位
            {
                car = StackPop(&p);             //从临时栈中取出一辆车
                StackPush(s, car);              //将车进入车位
            }
```

```
            //如果车位未满,且过道上还有车
            while(!StackIsFull(s) && !ChainQueueIsEmpty(q))
            {
                car = ChainQueueOut(q);  //将最先停在过道中的车辆进入车位
                time(&seconds);
                gm_date = gmtime(&seconds);//获取当前时间
                car.intime = *gm_date;   //保存进入车位的时间
                StackPush(s, car);        //将车辆进入车位
            }
        }
        else                             //车位号输入错误
        {
            printf("车位号输入错误,或该车位没有车辆!\n");
        }
}
```

步骤11 编写函数PrintRate(),处理离开时的输出费用情况,具体代码如下所示。

```
void PrintRate(CAR *car)       //离开时输出费用等情况
{
    printf("\n\n   账单\n" );
    separator(30,'_',1);
    printf("车牌:%s\n", car->num);
    printf("停车位置:%d\n", car->position);
    printf("进入时间:");
    PrintDate(car->intime);
    printf("离开时间:");
    PrintDate(car->outtime);
    printf("停车时间(秒):%d\n", car->length);
    printf("费用(元):%d\n", car->expense);
    separator(30,'_',1);
    printf("\n\n");
}
```

步骤12 编写主函数main(),调用前面的函数实现具体功能。首先显示一个菜单供用户选择,然后根据用户选择的不同菜单分别调用不同的函数进行处理。具体代码如下所示。

```
int main()
{
```

```c
    SeqStack Park;              //停车场栈
    CarChainQueue Aisle;    //过道链表
    StackInit(&Park);
    ChainQueueInit(&Aisle);
    char choice;
    do{
        printf("\n\n");
        separator(10,' ',0);
        printf("停车场管理\n");
        separator(30,'_',1);
        printf("1.车辆进入\n");
        printf("2.车辆离开\n");
        printf("3.查看停车场情况\n");
        printf("0.退出系统\n");
        separator(56,'_',1);
        printf("提示：本停车场有%d个车位，车位停满后的车辆将停放在过道上。\n",MAXNUM);
        printf("本停车场按时间计费，收费标准:%.2f元/小时，过道上不收费。\n\n",PRICE);
        printf("\n选择操作(0～3):");
        fflush(stdin);
        choice=getchar();
        switch (choice)
        {
            case '1': //车辆进入
                InPark(&Park,&Aisle);
                break;
            case '2': //车辆离开
                OutPark(&Park,&Aisle);
                break;
            case '3':
                ShowAll(&Park,&Aisle);
                break;
        }
    }while(choice!='0');
    return 0;
}
```

程序运行时先显示选择菜单，如图8-21所示。输入1按下【Enter】键，会输出一辆停车信息，如图8-22所示。可以继续根据菜单提示进行操作，系统执行会显示对应的界面，从而实现对停车场的管理。

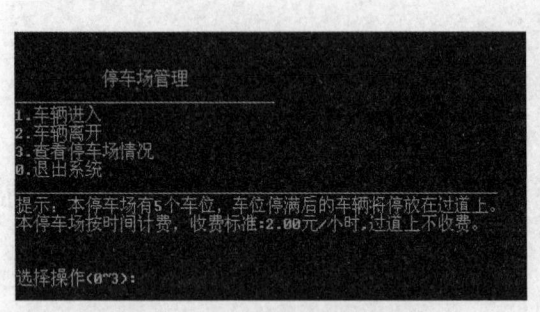

图 8-21　停车场管理选择菜单　　　　　图 8-22　显示一辆停车信息

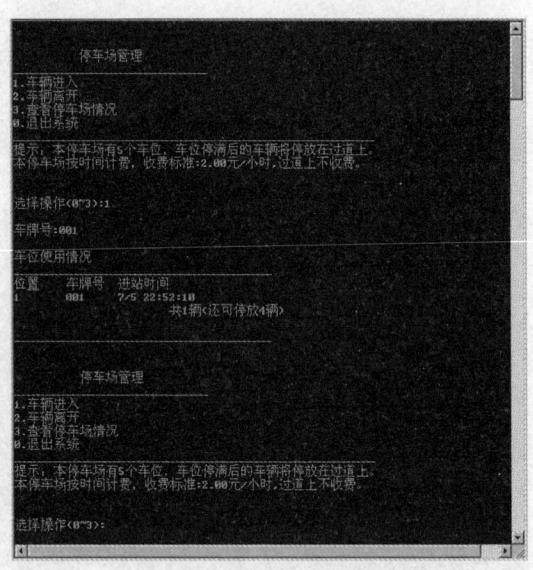

思考与练习

1. 思考本章中所讲的问题各采用的是什么算法。
2. 上机实现8.2、8.3、8.5、8.7、8.12、8.13中所讲问题的算法，仔细体会算法的思想及实现方法。

参考文献

[1] 马克·艾伦·维斯（Mark Allen Weiss）.数据结构与算法分析（C语言描述）.冯舜玺,译.北京：机械工业出版社,2019.

[2] 周幸妮,任智源,马彦卓,樊凯.数据结构与算法分析新视角.2版.北京：电子工业出版社,2021.

[3] 严蔚敏,吴伟民.数据结构（C语言版）.北京：清华大学出版社,2021.

[4] 吕国英,李茹,王文剑,曹付元,钱宇华,郭丽峰.算法设计与分析.4版.北京：清华大学出版社,2021.

[5] Aditya Bhargava.算法图解.袁国忠,译.北京：人民邮电出版社,2021.

[6] 游洪跃,唐宁九.数据结构与算法（C++版）.2版.北京：清华大学出版社,2020.

[7] 陈黎娟.C/C++常用算法手册.4版.北京：中国铁道出版社有限公司,2020.

[8] 唐发根.数据结构教程.3版.北京：北京航空航天大学出版社,2018.

[9] 徐士良.常用算法程序集（C++描述）.6版.北京：清华大学出版社,2019.

[10] Thomas H.Cormen, Charles E.Leiserson, Ronald L.Rivest, Clifford Stein.算法导论.3版.殷建平,徐云,王刚等译.北京：机械工业出版社,2013.